# DIE FARBEN DER NATUR

PATRICK BATY (HG.)

# DIE FARBEN DER NATUR

## ÜBER 100 FARBTÖNE AUS DER WELT DER TIERE, PFLANZEN UND MINERALIEN

AUS DEM ENGLISCHEN VON
THEODOR FASEN

DUMONT

# FARBEN

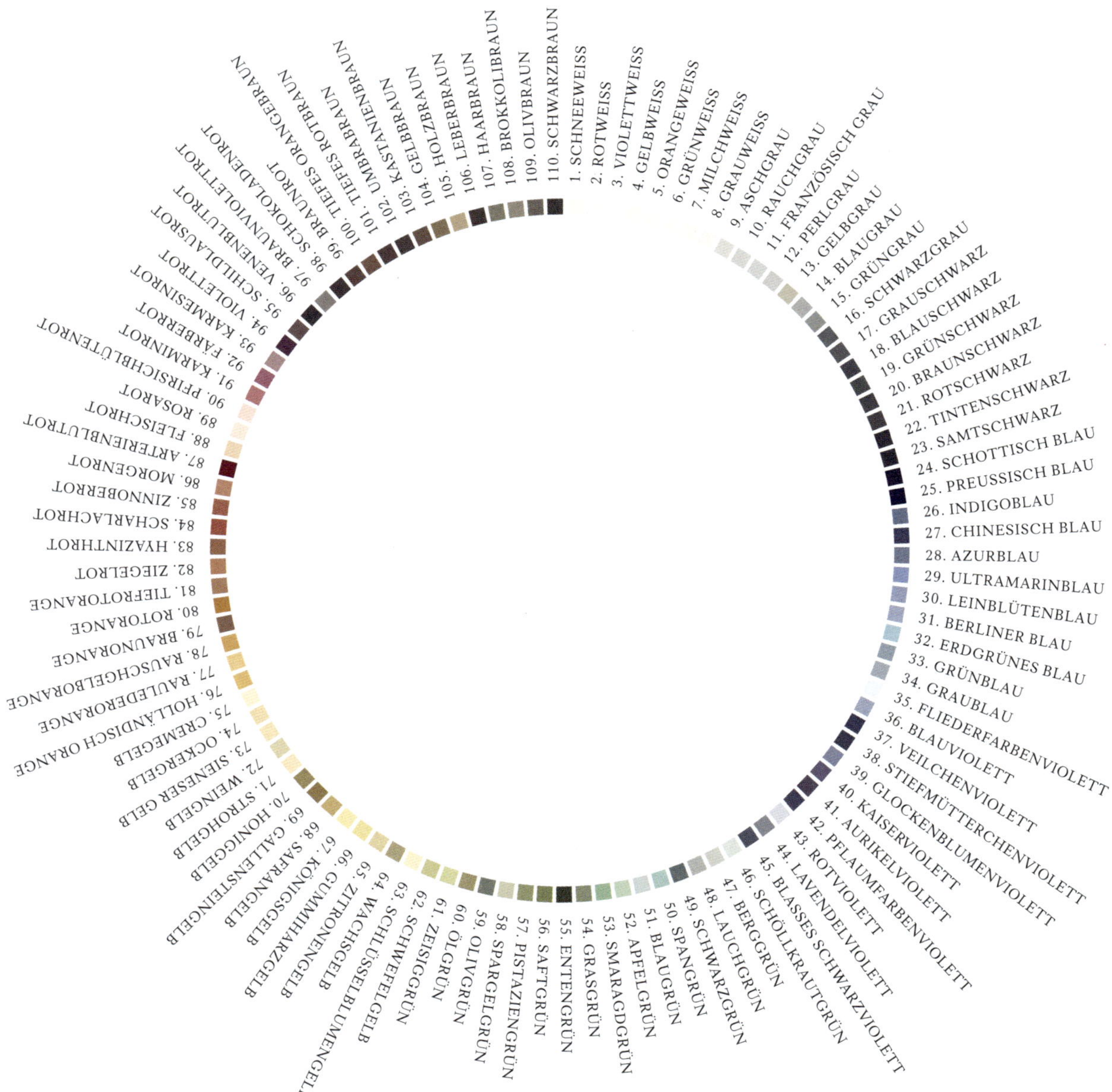

1. SCHNEEWEISS
2. ROTWEISS
3. VIOLETTWEISS
4. GELBWEISS
5. ORANGEWEISS
6. GRÜNWEISS
7. MILCHWEISS
8. GRAUWEISS
9. ASCHGRAU
10. RAUCHGRAU
11. FRANZÖSISCH GRAU
12. PERLGRAU
13. GELBGRAU
14. BLAUGRAU
15. GRÜNGRAU
16. SCHWARZGRAU
17. GRAUSCHWARZ
18. BLAUSCHWARZ
19. GRÜNSCHWARZ
20. BRAUNSCHWARZ
21. ROTSCHWARZ
22. TINTENSCHWARZ
23. SAMTSCHWARZ
24. SCHOTTISCH BLAU
25. PREUSSISCH BLAU
26. INDIGOBLAU
27. CHINESISCH BLAU
28. AZURBLAU
29. ULTRAMARINBLAU
30. LEINBLÜTENBLAU
31. BERLINER BLAU
32. ERDGRÜNES BLAU
33. GRÜNBLAU
34. GRAUBLAU
35. FLIEDERFARBENVIOLETT
36. BLAUVIOLETT
37. VEILCHENVIOLETT
38. STIEFMÜTTERCHENVIOLETT
39. GLOCKENBLUMENVIOLETT
40. KAISERVIOLETT
41. AURIKELVIOLETT
42. PFLAUMFARBENVIOLETT
43. ROTVIOLETT
44. LAVENDELVIOLETT
45. BLASSES SCHWARZVIOLETT
46. SCHÖLLKRAUTGRÜN
47. BERGGRÜN
48. LAUCHGRÜN
49. SCHWARZGRÜN
50. SPANGRÜN
51. BLAUGRÜN
52. APFELGRÜN
53. SMARAGDGRÜN
54. GRASGRÜN
55. ENTENGRÜN
56. SAFTGRÜN
57. PISTAZIENGRÜN
58. SPARGELGRÜN
59. OLIVGRÜN
60. ÖLGRÜN
61. ZEISIGGRÜN
62. SCHWEFELGELB
63. SCHLÜSSELBLUMENGELB
64. WACHSGELB
65. ZITRONENGELB
66. GUMMIHARZGELB
67. KÖNIGSGELB
68. SAFRANGELB
69. GALLENSTEINGELB
70. HONIGGELB
71. STROHGELB
72. WEINGELB
73. SIENESER GELB
74. OCKERGELB
75. CREMEGELB
76. HOLLÄNDISCH ORANGE
77. RAULEDERORANGE
78. RAUSCHGELBORANGE
79. BRAUNORANGE
80. ROTORANGE
81. TIEFROTORANGE
82. ZIEGELROT
83. HYAZINTHROT
84. SCHARLACHROT
85. ZINNOBERROT
86. MORGENROT
87. ARTERIENBLUTROT
88. FLEISCHROT
89. ROSAROT
90. PFIRSICHBLÜTENROT
91. KARMINROT
92. FÄRBERROT
93. KARMESINROT
94. VIOLETTROT
95. SCHILDLAUSROT
96. VENENBLUTROT
97. BRAUNVIOLETTROT
98. SCHOKOLADENROT
99. BRAUNROT
100. TIEFES ORANGEBRAUN
101. TIEFES ROTBRAUN
102. UMBRABRAUN
103. KASTANIENBRAUN
104. GELBBRAUN
105. HOLZBRAUN
106. LEBERBRAUN
107. HAARBRAUN
108. BROKKOLIBRAUN
109. OLIVBRAUN
110. SCHWARZBRAUN

# INHALT


EINFÜHRUNG 16

*Vorgeschichte, Entwicklung und Wirkung der Farbbestimmung nach Abraham Gottlob Werner*
von Patrick Baty

*I.* WEISS, GRAU UND SCHWARZ 36

*Von Werners mineralogischem System zu Symes* Nomenklatur der Farben 74
von Peter Davidson

*II.* BLAU UND VIOLETT 88

*Farbbestimmung im Tierreich: subjektiv oder systematisch?* 122
von Elaine Charwat

*III.* GRÜN 144

*Die Farbenwelt der Pflanzen* 172
von Giulia Simonina

*VI.* GELB UND ORANGE 190

*Einer für alle? Symes Farbnomenklatur als allgemeiner Farbstandard und ihr besonderer Nutzen für die Medizin* 224
von André Karliczek

*V.* ROT UND BRAUN 236

HEUTIGE FARBREFERENZEN ZU SYMES FARBTÖNEN 282
LITERATURVERZEICHNIS 284
BILDNACHWEIS 286
REGISTER 288
DANK 290

# EIN FARBREFERENZSYSTEM AUS DEM REICH DER NATUR

In seiner Schrift *Von den äußerlichen Kennzeichen der Foßilien* publizierte der deutsche Geologe Abraham Gottlob Werner 1774 ein Farbreferenzsystem mit insgesamt 54 Farben zur Beschreibung und Bestimmung von Mineralien. Werner legte zu Unterrichtszwecken außerdem eine eigene Mineraliensammlung an (abgebildet S. 8/9). Zudem überarbeitete er seine Farbliste in den folgenden vier Jahrzehnten mehrfach und bedachte auch seine Schüler mit der jeweils aktuellen Fassung, die wiederum Eingang in deren Arbeiten und Veröffentlichungen fand. Der schottische Pflanzenmaler Patrick Syme entwickelte Werners System weiter, ergänzte dessen Mineralienbeispiele um solche aus der Tier- und Pflanzenwelt und erweiterte die Zahl der Farbtöne auf das Doppelte; außerdem versah er jeden Farbton mit einem handkolorierten Farbmuster. Die zweite Auflage von Symes Schrift *Werner's Nomenclature of Colours* von 1821 kommt schließlich auf 110 „der verbreitetsten Farben und Farbtöne, welche uns in der Natur begegnen".

Symes insgesamt 13 Farbtabellen sind hier im Original abgebildet. Sie enthalten jeweils die Farbbezeichnung, gefolgt von einem Farbmuster sowie Beispielen für das Vorkommen in der Natur, geordnet nach Tier- und Pflanzenwelt sowie Mineralien. Syme unterscheidet zehn Hauptfarben: Weiß, Grau, Schwarz, Blau, Violett, Grün, Gelb, Orange, Rot und Braun. Dieses Farbreferenzsystem bildet die Grundlage für das vorliegende Buch. Die Vergleichsangaben aus dem Reich der Natur sind mit Abbildungen aus zeitgenössischen Werken illustriert (bei Symes Farbmustern wie bei den historischen Illustrationen kann das Farbbild alterungsbedingt vom Ursprungszustand abweichen). Wo Syme keinen Vergleich nennt, wurde dieser ergänzt (kenntlich gemacht durch einen Asterisk *). Im Kopf der Bildseiten sind Symes Farbmuster, sein Farbname, die von ihm aufgeführten Farbvergleiche und seine Farbbeschreibung abgedruckt; seine Ergänzung des [W] verweist darauf, dass der jeweilige Farbton bereits zu den von Werner genannten Farben gehört.

WEISS, GRAU UND SCHWARZ *(siehe S. 36–73)*

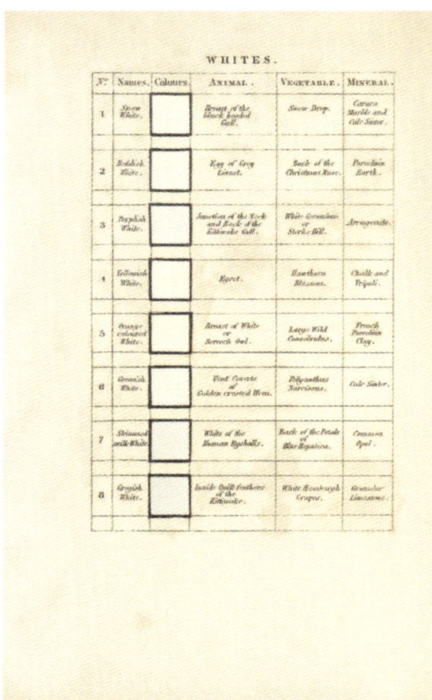


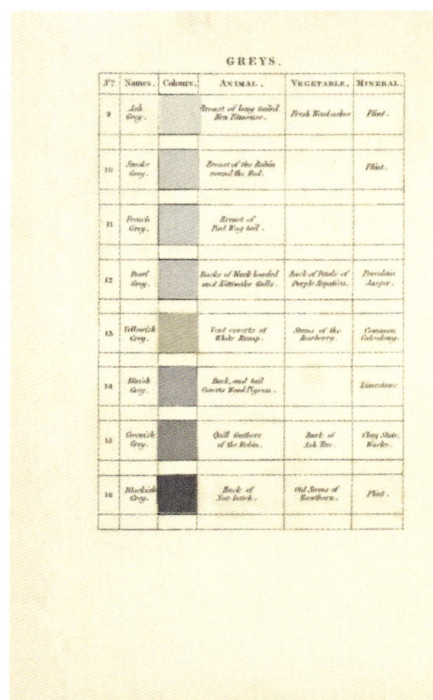


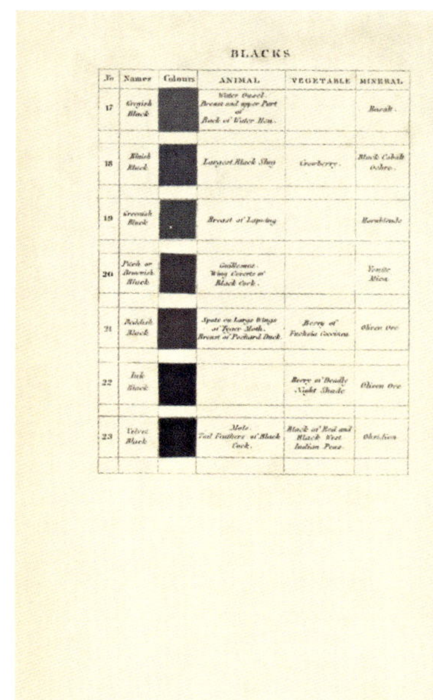


BLAU UND VIOLETT *(siehe S. 88–121)*

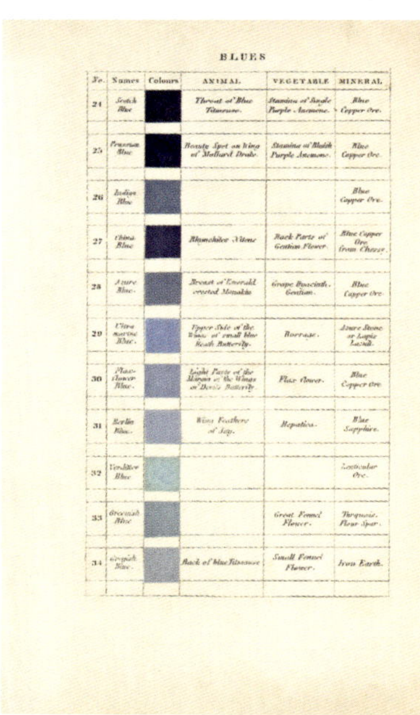


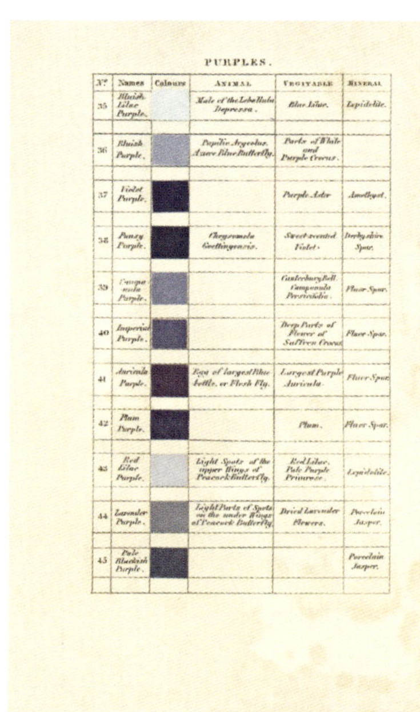


ANMERKUNG

Für die vorliegende Ausgabe wurden Symes Farbnamen neu übersetzt. Bei Werner wie bei Syme sind die Farbbezeichnungen aus der Hauptfarbe samt vorangestellter Farbnuance gebildet (diese meist als Farbattribut mit der Nachsilbe *-lich/-ish*). Abweichend hiervon werden im Folgenden die historischen Farbbegriffe, in Anlehnung an den modernen Sprachgebrauch, als Komposita wiedergegeben, wobei der erste Wortbestandteil die Hauptfarbe als Gattungsbegriff hinsichtlich ihrer Art näher definiert und so den jeweiligen Farbton bestimmt.

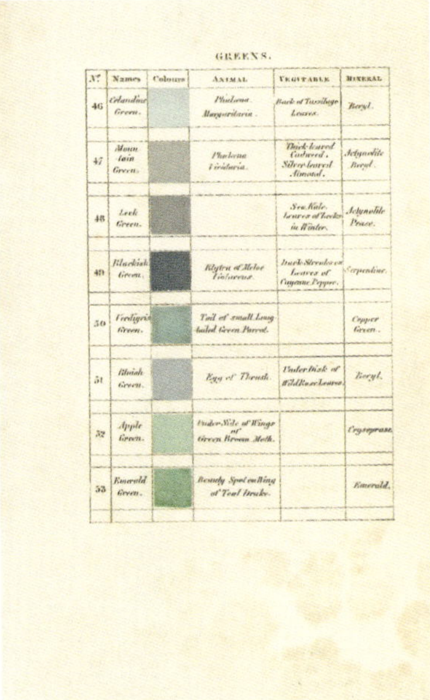


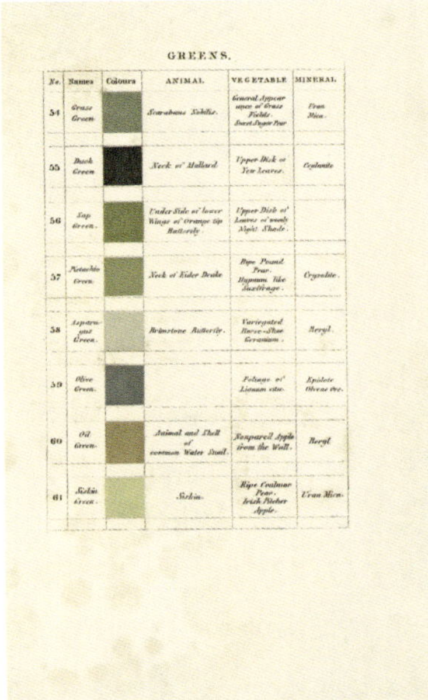


GRÜN *(siehe S. 144–171)*

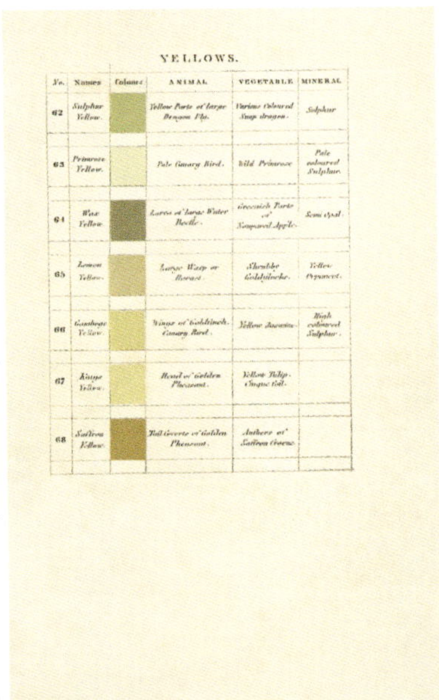


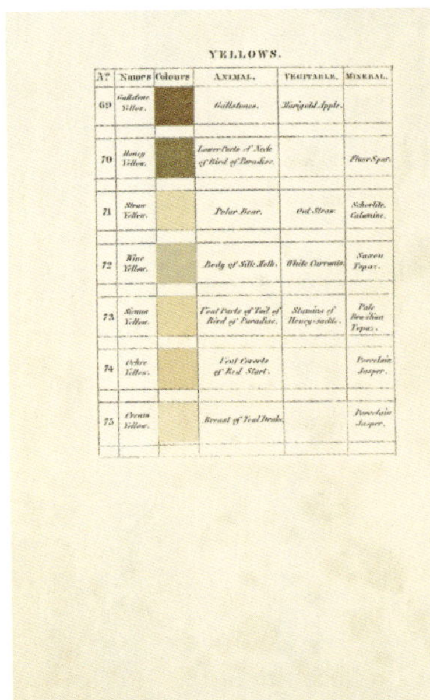


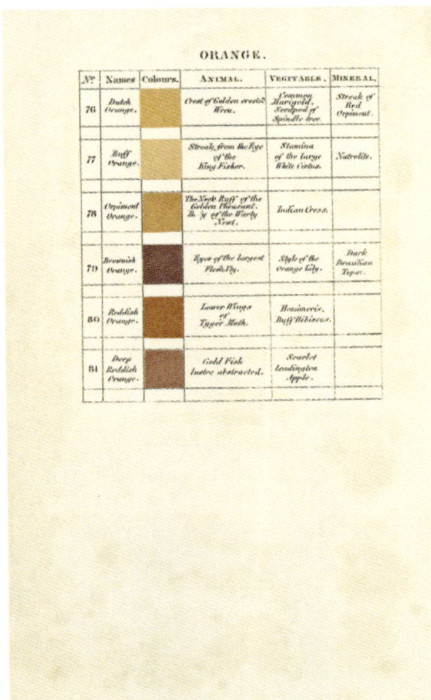


GELB UND ORANGE *(siehe S. 190–223)*

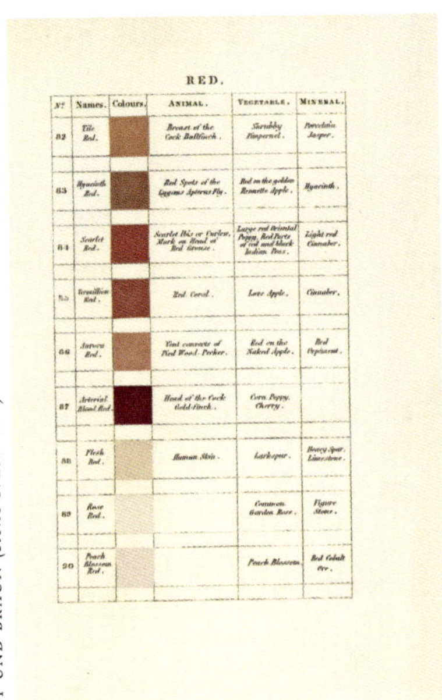


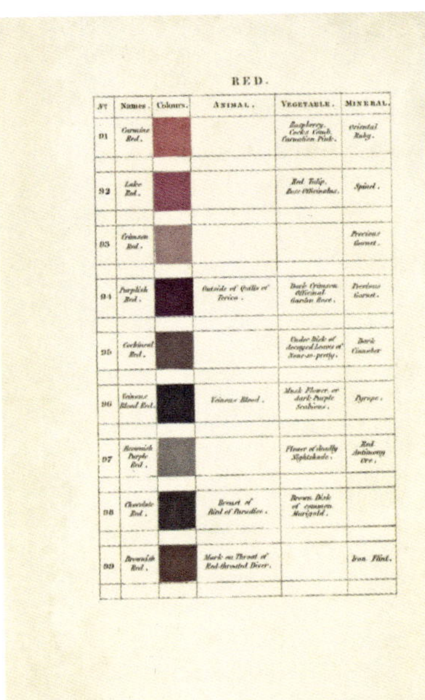


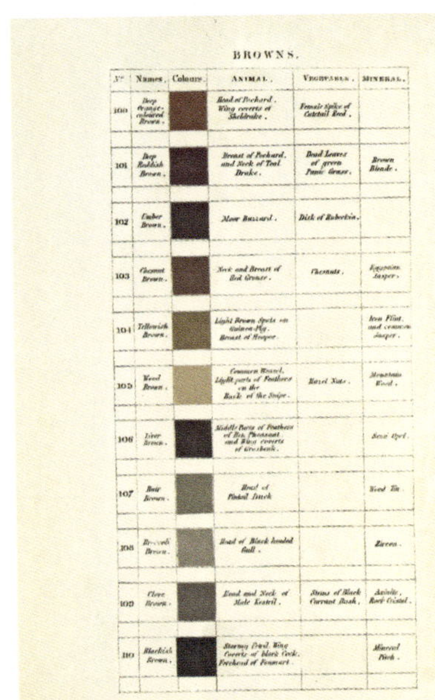


ROT UND BRAUN *(siehe S. 236–281)*

*Feinkörniger Marmor* 1. | *Braunspat mit Kalcitkristallen* 2. | *Feinkörniger Braunspat* 2. | *Kaolin* 2. | *Feinkörniger Marmor* 4. | *Baryt* 4.

*Mittelkörniger Sandstein* 4. | *Arsenopyrit in Gneis* 5. | *Arsenopyrit* 5. | *Fettglänzender Quarz* 8. | *Krummblättriger Talk* 6. | *Asbestfasern* 6.

*Feinkörniger Kalkstein* 6. | *Milchquarz* 7. | *Opal* 7. | *Antimon* 12. | *Skutteruditkristall in Quarz* 12. | *Feinnieriges Arsen* 13.

*Spätiger Antinomit* 15. | *Feinkörniger Antinomit* 15. | *Molybdänit mit Quarz* 14. | *Galeniterz mit Baryt und Quarz* 14. | *Chalkosin* 16. | *Feinkörniger grauer Kalkstein* 14.

*Feinkörniger Kalkstein* 14. | *Porzellanjaspis* 12. | *Porzellanjaspis* 12. | *Amethyst auf Fluorit* 12. | *Feuerstein* 10. | *Polierte Feuerstein-scheibe* 10.

*Fluoritkristalle auf Baryt* 10. | *Tonschiefer* 15. | *Feuerstein* 13. | *Hellglimmer* 13. | *Quarz mit Akanthit* 9. | *Fahlerz mit Siderit* 16.

*Platinglimmer* 16. | *Fahlerz auf Quarz und Pyrit* 16. | *Basalt mit Olivin und Augit* 17. | *Basalt* 17. | *Magnetit mit Kalcit* 21. | *Feinkörniger Magnetit* 21.

*Obsidian* 23. | *Obsidian* 23. | *Gneis mit Biotit* 20. | *Amphibolit* 19. | *Amphibolit* 19. | *Asbolan auf Limonit* 18.

*Fluoritkristalle aus Quarz* 42. | *Amethystgerölle* 37. | *Geschliffene Amethystplatte* 37. | *Toniges Gestein („Steinmark")* 44. | *Geschliffener und polierter Azurit* 28. | *Azurit mit faserigem Malachit* 28.

*Vivianitpulver* 26. | *Vivianitpulver* 26. | *Vivianitpulver* 26. | *Chloritaggregat* 27. | *Geschliffener und polierter Türkis* 33. | *Geschliffener und polierter Türkis* 33.

*Kryptokristallines Chrysokolla* 50. | *Seladonit* 46. | *Tonstein* 47. | *Strahliger Aktinolith* 48. | *Prasem mit Seidenglanz* 48. | *Faseriger Malachit mit Chalkopyrit* 50.

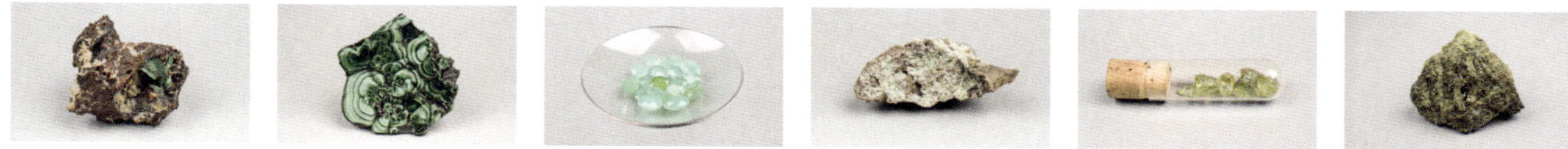

*Malachit auf Quarz und Limonit* 50.
*Geschliffener und polierter Malachit* 50.
*Geschliffener und polierter Chrysopras* 52.
*Nickelocker auf Nebengestein* 52.
*Chrysolit (Olivin)* 57.
*Grosskristalliner Epidot (Pistazit)* 57.

*Serpentintafel mit Granaten* 49.
*Chrysoberyllkörner* 58.
*Pechstein mit muscheligen Brüchen* 59.
*Polierte Phonolithtafel* 59.
*Goldberyll (Heliodor)* 60.
*Tonstein (Walkerde)* 60.

*Zippeit auf Nebengestein* 61.
*Autunit auf hämatithaltigem Hornstein* 61.
*Talk auf Serpentinit* 61.
*Schwefel auf Kalcit und Kalkstein* 62.
*Schwefel auf Kalcit und Kalkstein* 62.
*Chalkopyrit auf Quarz* 63.

*Bunt angelaufener Chalkopyrit* 63.
*Mehlschwefel auf Mergel* 71.
*Derber Pyrit* 75.
*Pyritbruchstücke* 75.
*Wachsopal* 64.
*Fluoritkristalle auf Quarz* 70.

*Auripigment-aggregate* 65.
*Goldplättchen in Quarzgang* 67.
*Limonithaltiger Tonstein* 74.
*Limonithaltiger Tonstein* 74.
*Ockergelber Jaspis* 74.
*Sideritbruchstück* 68.

*Topasbruchstücke* 72.
*Wulfenit auf Kalkstein* 76.
*Realgar auf Grauwacke* 86.
*Realgar auf Hornstein* 86.
*Roteisenocker auf Hämatit* 83.
*Zirkonkristalle* 83.

*Blätterzeolith auf Basalt* 82.
*Blätterzeolith auf Basalt* 82.
*Porzellanjaspis mit Eiseneinschlüssen* 82.
*Cinnabarit* 84.
*Cinnabarit* 84.
*Pyropkörner* 87.

*Siderit mit Nickel* 85.
*Feinkörniger Kalkstein mit Tonstein* 88.
*Baryt mit Fluorit* 88.
*Feldspat mit Schörl* 88.
*Spinellkristalle* 93.
*Cinnabarit auf Quarz und Fahlerz* 95.

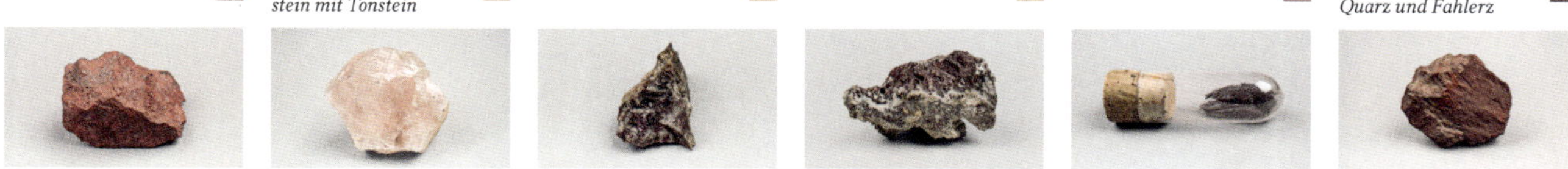

*Feinkörniger, derber Cinnabarit* 95.
*Rosenquarz* 89.
*Faseriger Erythrin auf Quarz* 91.
*Faseriger Kermesit auf Quarz* 97.
*Kermesitnadeln* 97.
*Feinkörniger Toneisenstein* 99.

*Ooidförmiger Toneisenstein* 99.
*Pechstein* 101.
*Pechstein* 101.
*Sphalerit auf Sahlit und Feldspat* 101.
*Sphalerit auf Quarz* 101.
*Rauchquarz* 109.

*Faseriger Glaskopf mit Limonit* 109.
*Jaspis* 104.
*Hellglimmer-blättchen* 105.
*Opalisierter brauner Jaspis* 106.
*Ooidförmige Goethitkügelchen* 110.
*Rohbitumen* 110.

| | | | | | | | | | |
|---|---|---|---|---|---|---|---|---|---|
| | 27. | | 71. | | 32. | | 56. | | 77. |

| | | | | | | | | | |
|---|---|---|---|---|---|---|---|---|---|
| | 10. | | 102. | | 86. | | 12. | | 75. |

| | | | | | | | | | |
|---|---|---|---|---|---|---|---|---|---|
| | 41. | | 84. | | 50. | | 54. | | 76. |

| | | | | | | | | | |
|---|---|---|---|---|---|---|---|---|---|
| | 28. | | 61. | | 66. | | 34. | | 14. |

| | | | | | | | | | |
|---|---|---|---|---|---|---|---|---|---|
| | 44. | | 84. | | 89. | | 87. | | 32. |

| | | | | | | | | | |
|---|---|---|---|---|---|---|---|---|---|
| | 85. | | 76. | | 56. | | 29. | | 50. |

| | | | | | | | | | |
|---|---|---|---|---|---|---|---|---|---|
| | 25. | | 30. | | 86 | | 27. | | 15. |

| | | | | | | | | | |
|---|---|---|---|---|---|---|---|---|---|
| | 57. | | 52. | | 85. | | 108. | | 92. |

| | | | | | | | | |
|---|---|---|---|---|---|---|---|---|
| 1 | | *78. Rauschgelborange* | 2 | | *85. Zinnoberrot* | 3 | | *53. Smaragdgrün* |
| 4 | | *1. Schneeweiß* | 5 | | *28. Azurblau* | 6 | | *77. Raulederorange* |
| 7 | | *64. Wachsgelb* | 8 | | *81. Tiefrotorange* | 9 | | *32. Erdgrünes Blau* |

| | | | | | | | | |
|---|---|---|---|---|---|---|---|---|
| 1 | | *76. Holländisch Orange* | 2 | | *98. Schokoladenrot* | 3 | | *29. Ultramarinblau* |
| 4 | | *67. Königsgelb* | 5 | | *84. Scharlachrot* | 6 | | *78. Rauschgelborange* |
| 7 | | *50. Spangrün* | 8 | | *8. Grauweiß* | 9 | | *33. Grünblau* |

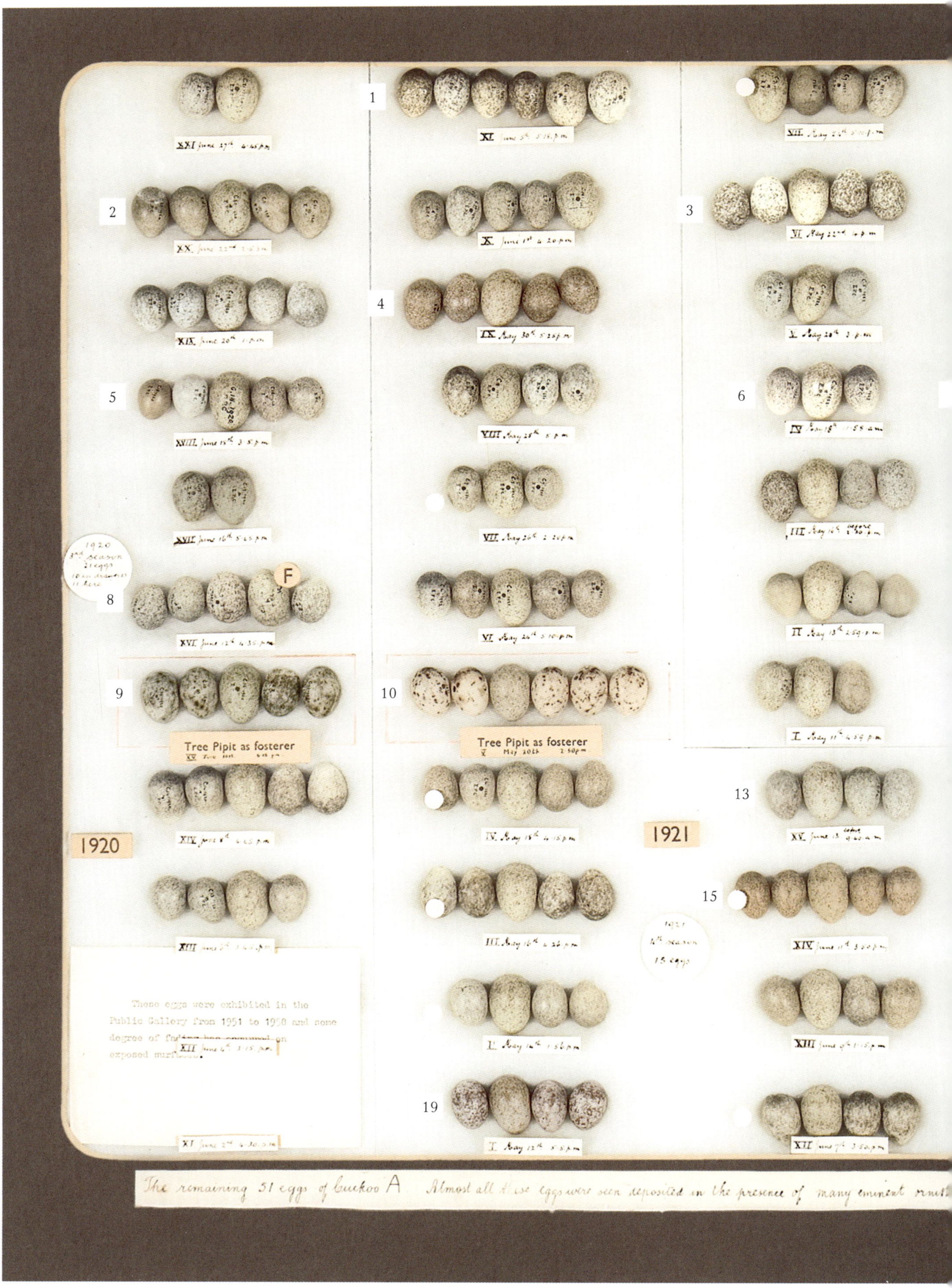
1
2
3
4
5
6
8
F
9
10
Tree Pipit as fosterer
Tree Pipit as fosterer
13
1920
1921
15
19
These eggs were exhibited in the
Public Gallery from 1951 to 1958 and some
degree of f
exposed surf
The remaining 51 eggs of Cuckoo A. Almost all these eggs were seen deposited in the presence of many eminent ornit

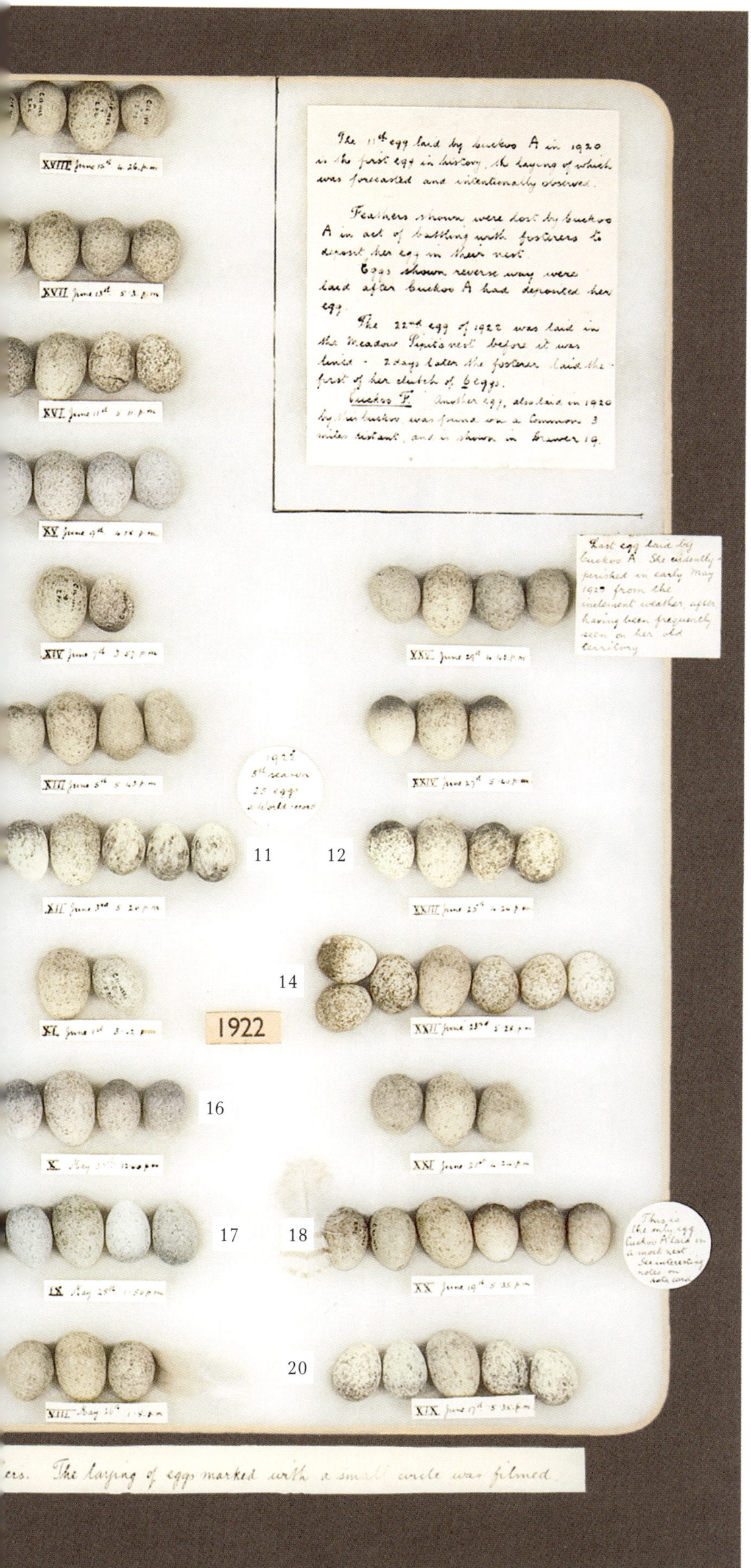


| | | |
|---|---|---|
| 1 | | *4. Gelbweiß* |
| 2 | | *108. Brokkolibraun* |
| 3 | | *5. Orangeweiß* |
| 4 | | *103. Kastanienbraun* |
| 5 | | *35. Fliederfarbenviolett* |
| 6 | | *2. Rotweiß* |
| 7 | | *46. Schöllkrautgrün* |
| 8 | | *13. Gelbgrau* |
| 9 | | *107. Haarbraun* |
| 10 | | *90. Pfirsichblütenrot* |
| 11 | | *7. Milchweiß* |
| 12 | | *6. Grünweiß* |
| 13 | | *8. Grauweiß* |
| 14 | | *104. Gelbbraun* |
| 15 | | *88. Fleischrot* |
| 16 | | *43. Rotviolett* |
| 17 | | *51. Blaugrün* |
| 18 | | *102. Umbrabraun* |
| 19 | | *79. Braunorange* |
| 20 | | *3. Violettweiß* |



links — Symes Farbnomenklatur angewandt auf eine Sammlung von Kuckuckseiern aus dem Besitz des britischen Ornithologen Edgar Percival Chance, 1920–1922.

S. 10–11 — Symes Farbnomenklatur angewandt auf Papageienbilder aus Edward Lears *Illustrations of the Family of Psittacidae, or Parrots*, 1832.

S. 12–13 — Symes Farbnomenklatur angewandt auf historische Präparate von Tropenvögeln aus der Zeit um 1880.

# EINFÜHRUNG

*Vorgeschichte, Entwicklung und Wirkung der Farbbestimmung nach Abraham Gottlob Werner*

PATRICK BATY



Im Jahr 1735 legte der schwedische Botaniker und Zoologe Carl von Linné (1707–1778) unter dem Titel *Systema naturae* ein umfassendes Konzept zu einer Klassifizierung aller Gegenstandsbereiche der natürlichen Welt vor. Linné unterscheidet darin drei „Reiche“: Tierreich (*regnum animale*), Pflanzenreich (*regnum vegetabile*) sowie das Reich der Gesteine bzw. Mineralien (*regnum lapideum*).

Unter Anwendung der von ihm entwickelten binären Benennungsmethode nach Gattung und Art erarbeitete Linné bis 1753, dem Erscheinungsjahr seiner Schrift *Species plantarum*, ein vollständiges Verzeichnis aller damals bekannten Pflanzenarten. In der zehnten Auflage des *Systema naturae* von 1758/59 wendet er dasselbe Klassifizierungsschema dann auch auf das Tierreich an, das er in sechs Klassen unterteilt: *mammalia* (Säuger), *aves* (Vögel), *pisces* (Fische), *insecta* (Kerbtiere) und *vermes* (Würmer). Weniger erfolgreich blieben Linnés Einteilungsbestrebungen im Reich der Mineralien, da es ihm an technischen Mitteln zur Bestimmung ihrer chemischen Zusammensetzung und dem notwendigen Wissen über Kristalle mangelte.

Von einer Wissenschaft der Minerale im modernen Sinne kann vor dem Ende des 18. Jahrhunderts kaum die Rede sein. Die gleiche Substanz lief häufig unter verschiedenen Namen, unterschiedliche Stoffe trugen nicht selten dieselbe Benennung; die Begrifflichkeit zu ihrer Beschreibung war uneinheitlich und oft willkürlich gewählt. In der Gelehrtenwelt bestand Einigkeit, dass erst eine verbindliche Terminologie zur Benennung von Gestalt, Farbe und aller übrigen Eigenschaften eine systematische Klassifizierung und Erforschung auch der Minerale möglich machen würde. Hier nun tritt Abraham Gottlob Werner (1749–1817) auf den Plan. Dem Lehrer an der Bergakademie im sächsischen Freiberg, so der irische Geologe Richard Kirwan (1733–1812) im Vorwort zur zweiten Auflage seiner *Elements of Mineralogy* (1794), sei es in dessen 1774 erschienener Abhandlung *Von den äußerlichen Kennzeichen der Foßilien*, gelungen, „nach etlichen unwirksamen Versuchen, wie sie Linné, Peithner[1] und andere unternommen hatten, die Sprache zur Beschreibung der Minerale auf den größtmöglichen Grad an Präzision zu vereinfachen.“[2]

## ABRAHAM GOTTLOB WERNER UND SEIN WERK

Werner wurde 1749 in Wehrau geboren. Mitglieder seiner Familie waren schon seit Generationen im Bergwesen tätig, sein Vater als Inspektor der Gräflich-Solmsschen Eisenhüttenwerke in Wehrau und Lorenzdorf im heutigen Polen. Nachdem er auch selbst einige Zeit in Wehrau als Hüttenschreiber gearbeitet hatte, erhielt Werner 1769 eine Einladung an die kürzlich gegründete Bergakademie in Freiberg. Bald stellte er jedoch fest, dass für sein Fortkommen die Ablegung des juristischen Examens unerlässlich sein würde, und schrieb sich in Leipzig als Student der Rechtswissenschaften ein. Auch während des dreijährigen Studiums der Rechte widmete Werner sich weiter der Erforschung der Minerale. Noch als Student in Leipzig veröffentlichte Werner das erste moderne Handbuch der deskriptiven Mineralogie. *Von den äußerlichen Kennzeichen der Foßilien*[3] (Leipzig 1774) trug Werner die Aufmerksamkeit führender Gelehrter seiner Zeit ein, und es wurde schon bald als „das erste Beispiel eines wahrhaften verlässlichen Verfahrens zur Beschreibung der Arten im Reich der Minerale“[4] gerühmt.

Werner legt in seiner Erstlingsschrift eine Methode zur Bestimmung von Gesteinen und Mineralien nach ihren äußeren Merkmalen vor, wie sie von den fünf Sinnen wahrgenommen werden: Gesichts-, Tast-, Geruchs-, Hör- und Geschmackssinn. „Die Farbe“, so konstatiert Werner, sei „unter den generischen Kennzeichen das erste, so uns an den Foßilien in die Sinne fällt.“[5] Dies veranlasste ihn dazu, eine Liste von insgesamt 54 Farbtönen aufzustellen, gruppiert unter der Überschrift der

a

(a) James Caldwall nach John Russell und John Opie, *Äskulap, Flora, Ceres und Cupido huldigen einem Standbild Carl von Linnés*, kolorierter Punktstich, 1806. Carl von Linné (latinisiert: Linnaeus) gilt als Begründer der modernen Taxonomie zur Benennung der natürlichen Arten, wie sie im 18. Jahrhundert entwickelt wurde.

a

b

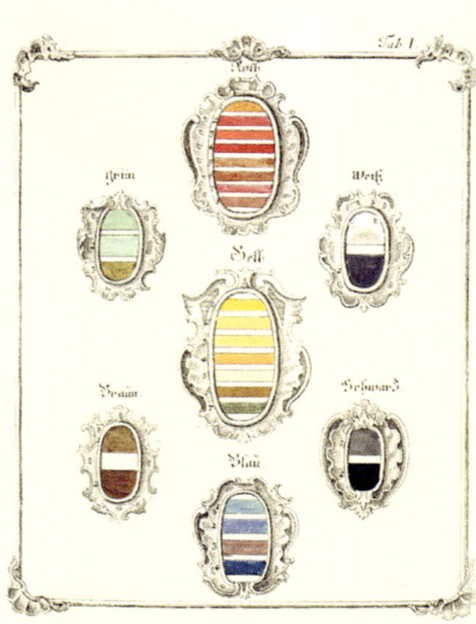

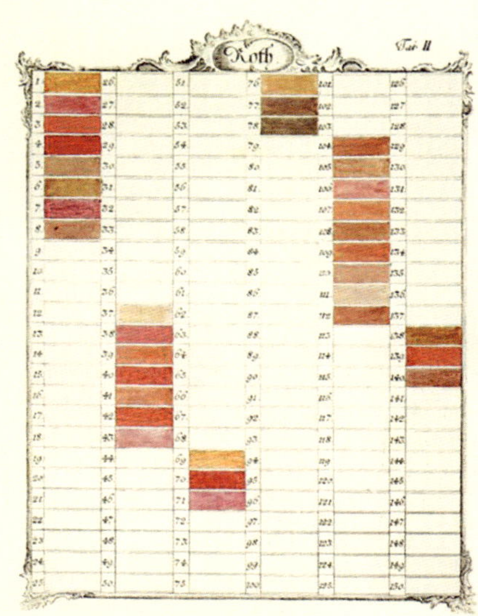

c

d

(a) Bildtafel mit verschiedenen Mineralien, aus: Swebach-Desfontaines, *Histoire naturelle*, 1789, Tafel 1.

(b) Bildtafel mit verschiedenen Mineralien, aus: Swebach-Desfontaines, *Histoire naturelle*, 1789, Tafel 6 a.

(c) „Farbenmuster der sieben einfachen und natürlichen Hauptfarben“, aus: Jacob Christian Schäffer, *Entwurf einer allgemeinen Farbenverein*, 1769.

(d) Übersicht über die Rottöne, aus: Jacob Christian Schäffer, *Entwurf einer allgemeinen Farbenverein*, 1769, Tafel 2.

jeweiligen „Hauptfarbe“, als da sind Weiß, Grau, Schwarz, Blau, Grün, Gelb, Rot und Braun. Die Hauptfarbe wird jeweils durch eine vorgeschaltete zweite Farbangabe (Graublau, Blauschwarz, Schwarzbraun etc.), durch die Angabe eines Farbmittels (Ockergelb, Karmesinrot, Spangrün) oder den Verweis auf eine allgemein bekannte Vergleichsinstanz (Himmelblau, Apfelgrün, Milchweiß) näher bestimmt. Darüber hinaus kann jeder Farbton als „dunkel, hoch, licht und blass“[6] näher beschrieben werden, was die Zahl der Farben potenziell auf 216 steigen lässt.

Mit dieser Methode ließ sich nun in der Gesteinsebenso wie in der allgemeinen Naturkunde arbeiten. Auch waren Werners Farbbezeichnungen mehr oder weniger unmittelbar verständlich. Jedoch enthielt sein Buch keine kolorierten Farbmuster, sodass es zu subjektiv „gefärbten“ Interpretationen kommen konnte. Ein Gesteinskundler etwa, der auf sich hielt, mochte eine Mineraliensammlung sein Eigen nennen, auf die er zu Vergleichszwecken zurückgreifen konnte. Johann Wolfgang von Goethe (1749–1832) besaß eine solche Sammlung, die er in zwei eigens hierzu bestimmten Schränken in seinem Gartenhaus in Weimar aufbewahrte;[7] Robert Jameson (1774–1854), der bei Werner in Freiburg studierte (siehe S. 24), verfügte wiederum über eine unter Aufsicht seines Lehrers angelegte Farbübersicht der Minerale;[8] Studenten hatten möglicherweise Zugang zu den Naturaliensammlungen ihrer Lehranstalten – aber für den Amateurgeologen wird die exakte Farbbestimmung eines Gesteinsfundes nach Werners Nomenklatur nicht immer einfach gewesen sein.

Um möglichst genaue Farbangaben zu erreichen, gibt Werner für einige Farbtöne auch Mischrezepturen und Pigmente an. „Morgenroth oder Auror“ beispielsweise beschreibt er als Mischung aus „Scharlachrot und Oraniengelb“ und fügt hinzu, „im Malen“ werde sie „durch die Mennige hervorgebracht“; als Vergleichsmineralien verweist Werner auf „das rothe Bleierz (aus Sib[i]rien), die rothe Blende, das Rauchgelb, de[n] Hyazinth“.[9]

Werner geht im Farbenkapitel seines Buches ausführlich auf den aus Querfurt stammenden Theologen und Naturforscher Jacob Christian Schäffer (1718–1790) und dessen 1769 erschienene Schrift *Entwurf einer allgemeinen Farbenverein oder Versuch und Muster einer gemeinnützlichen Bestimmung und Benennung aller Farben*[10] ein. Er folgt jedoch dessen Beispiel nicht, seinem Text kolorierte Farbmuster beizugeben. Schäffer war die Idee zu seinem Farbenbuch im Zuge der Arbeit an einem Werk über Insekten mit handkolorierten Farbtafeln gekommen – sein theoretisches Vorgehen war jedoch letztendlich an der praktischen Umsetzung gescheitert.

Schäffer setzt sieben Grundfarben an: Weiß, Schwarz, Blau, Grün, Gelb, Rot und Braun. Sodann listet er genau die jeweiligen Farbsubstanzen auf, aus deren Mischung sie sich ergeben, bei Rot etwa Mennige, Schildlauslack, Zinnober, Karmesin, Kugellack,[11] Brasilianisch Rot, Florentiner Rot und Englisch Rot (bzw. Rotbraun). Mit den gleichen Pigmentfarben sind die Querstreifen des roten Wappenmedaillons sowie die Farbfelder 1 bis 8 im Rotbereich von Schäffers Farbentabelle am Ende des Bandes koloriert (siehe gegenüber Abb. c und d). Letztere ist in 150 Felder aufgeteilt, von denen jedoch nur 33 koloriert sind; die übrigen Farbtöne konnten aus zwei oder drei von Schäffers Grundfarben gemischt werden. Die Felder 69 bis 71 sind Farben aus dem Pflanzenreich gewidmet, Nr. 71 z. B. dem Rosenrot, einer Mischung aus Schildlauslack und Bleiweiß. Nr. 76 bis 78 zeigen Mineralfarbtöne, in Feld 76 etwa Ziegelrot, gemischt aus Mennige, Bleiweiß, Auripigment und Englisch Rot. Die Farbfelder 104 bis 112 schließlich enthalten verschiedene Farbtöne, 105 beispielsweise eine Mischung aus Kugellack und Florentiner Rot.

Hier zeigt sich bereits eine der Schwierigkeiten, mit denen Schäffer es zu tun hatte. Kugellack und Florentiner Rot sind jeweils Varianten von Karmesinrot, das aus der Kermeslaus gewonnen wird. Mehr noch als auf das Wissen über die Herstellung und Verwendung der verschiedenen Pigmente aufseiten des Benutzers kam es also auf die Verlässlichkeit des Farbenhändlers an. Historische Farbmittel wurden auf ganz unterschiedliche Weise hergestellt und nicht selten verfälscht, weshalb unter dem gleichen Namen ganz verschiedene Farben in den Handel kamen (was auch daran lag, dass Rezepturen oft keine exakten Mengenangaben und Mischungsverhältnisse enthielten).

Werner übernimmt Schäffers Grundfarben, ergänzt sie aber um Grau, dessen Schattierungen bei Gesteinen und Mineralien bekanntlich reich vertreten sind. Dass Werner mit Schäffers Farbmustern gearbeitet hat, zeigt die Tatsache, dass allein acht von den zehn bei ihm aufgeführten Rottönen Schäffers Farbtabelle entsprechen; wäre diese vollständig koloriert gewesen, hätte Werner wohl auch für die übrigen Grundfarbenvarianten davon Gebrauch gemacht. Was Werner nicht übernimmt, ist Schäffers Farbnummerierung. Als Grund führt er an, diese allein seien „schwer im Gedächtnis zu behalten".[12]

## REZEPTION UND WEITERENTWICKLUNG VON WERNERS FARBNOMENKLATUR

Die erste Übersetzung von Werners Mineralienbuch stammt aus der Feder des Ungarn Ferentz Benkö (1745–1816), eines calvinistischen Geistlichen. Benkö hatte Werners Abhandlung in den Vorlesungen über Mineralogie bei dem Göttinger Professor Johann Friedrich Gmelin (1748–1804) kennengelernt, bei dem er in den 1770er-Jahren studiert hatte. Seine nach der Rückkehr in sein Heimatland 1784 publizierte ungarische Fassung von Werners Traktat[13] wurde auch als „Böhmischer Werner" bekannt. Benkö ergänzt den Text um eigene Beobachtungen sowie um Angaben von Fundorten und Beispielen aus seiner Heimat; sämtliche Zusätze sind als solche gekennzeichnet.

Eine französische Übersetzung aus der Feder von Claudine Picardet (1735–1820) erschien 1790 unter dem Titel *Traité des caractères extérieurs des fossiles*. Picardet hatte bereits mehrere naturwissenschaftliche Werke aus dem Englischen, Schwedischen und Deutschen übertragen; später wurde sie die Ehefrau des großen französischen Chemikers, Politikers und Ballonfahrers Louis Bernard Guyton de Morveau (1737–1816), der als Autor der ersten Methode zur Benennung chemischer Substanzen gilt. Picardet ergänzte Werners Liste ihrerseits um 17 weitere Farbtöne.

Bereits im Vorwort zur ersten Ausgabe seiner *Elements of Mineralogy* von 1784 hatte der bereits zitierte Richard Kirwan Werners Methode erwähnt. Vom Nutzen seiner Farbnomenklatur zeigte er sich indes wenig überzeugt, hielt er es doch für „schwierig, wenn nicht unmöglich, die verschiedenen Schattierungen einer Farbe durch eine Beschreibung gleich welcher Art wiederzugeben."[14] Ein Jahrzehnt später, in der Ausgabe von 1794, neu aufgelegt mit „beachtlichen Verbesserungen und Ergänzungen", scheint Kirwan sich eines Besseren besonnen zu haben und listet nun insgesamt 52 Farben auf;[15] etwas weniger als bei Werner, aber ganz offensichtlich gestützt auf dessen französische Übersetzung von Picardet. Kirwan benutzt bei der Beschreibung verschiedener Mineralien auch eine Reihe allgemeinerer Farbausdrücke und vermischt die Werner'sche Nomenklatur mit jener späterer Autoren, was zu so vagen Attributen wie „rötlich-", „gelblich-" oder „gräulichweiß" und zu Neuprägungen wie „violettrot" und „rotviolett" führt. Kirwans Farbverzeichnis kennt nur ein generisches Schwarz und wenige Grau- und Weißtöne, enthält jedoch neue Bezeichnungen wie „Spargelgrün" und „Kupfergelb"; ob Ersteres (engl. *sparrow grass green*) mit Grasgrün identisch oder dieser Farbton wiederum mit Kirwans „Wiesengrün" gemeint sein soll, bleibt indes ungewiss. Für Verwirrung sorgt auch, dass Kirwan Chlorit als „grasgrün" beschreibt.[16] Nicht weniger als 20 Farbbegriffe verwendet Kirwan auf das Farbenspiel des Achats, welcher, „wie Mr. Werner zu recht anmerkt, keine eigene Gesteinsart bildet, sondern aus Quarz, Kristall, Hornfels, Feuerstein, Chalcedon, Amethyst, Jaspis, Karneol, Heliotrop und Jade besteht".[17]

Auch Werners Schüler und Fachkollegen griffen in ihren Werken auf die Farbnomenklatur des Freiberger Mineralogen zurück. Zu ihnen zählt Johann Georg Lenz (1748–1832), Professor für Bergwesen und Mineralogie an der Universität Jena. Lenz hatte zunächst Philosophie studiert, sich unter dem Einfluss von Werners Lehren aber der Gesteinskunde zugewandt. 1791 veröffentlichte er sein *Mineralogisches Handbuch. Durch weitere Ausführung des Wernerschen Systems*, das, wie der Titel besagt, auf Werner aufbaut und dessen Terminologie übernimmt. Von den acht Farbattributen in Lenz' Beschreibung des Feuersteins – „... bald kommt er rauch-, gelb-, dunkelgrau und gräulichschwarz, bald bräunlichroth, ocker-gelb, röthlich- und gelblichbraun vor"[18] – sind sieben bereits bei Werner zu finden, „dunkelgrau" gehörte schon vor Werner zum Wortschatz.

Lenz' Handbuch wurde mehrfach wiederaufgelegt und erweitert. Die fünfte Auflage von 1796 enthält zusätzliche 150 Seiten mit Mineralienbeschreibungen nach Werners Methode. Auch neue

a

b

c

(a) Bildnis des irischen Geologen Richard Kirwan von unbekannter Hand.

(b) Bildnis des Freiberger Mineralogen Abraham Gottlob Werner von unbekannter Hand.

(c) Die französischen Chemikerinnen und Chemiker (v. l. n. r.) Marie-Anne Paulze Lavoisier, Claudine Picardet, Claude-Louis Berthollet, Antoine-Francois de Fourcroy, Antoine de Lavoisier und Louis-Bernard Guyton de Morveau in einem zeitgenössischen Gemälde von unbekannter Hand.

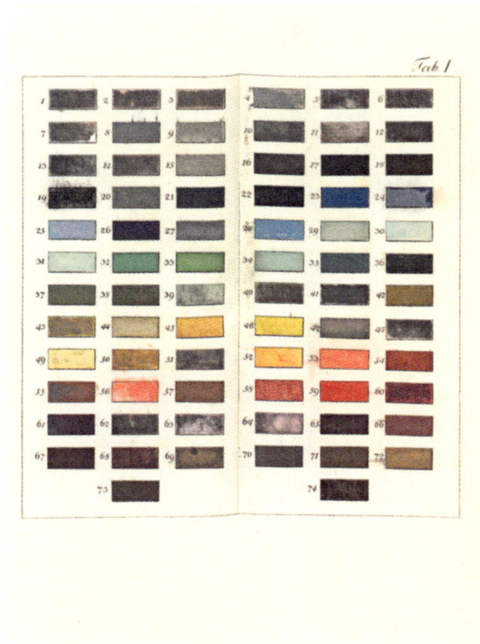


a

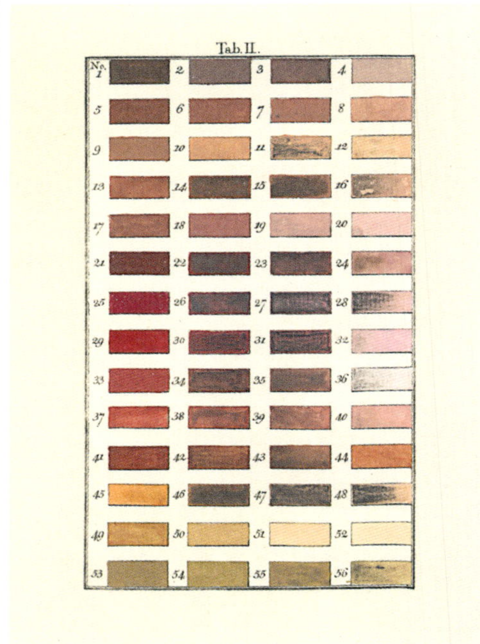


b

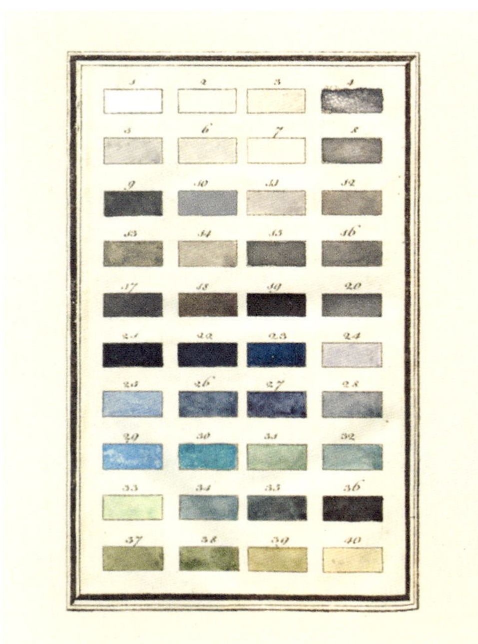

c

d

(a) Farbtafel, aus: Johann Friedrich Wilhelm Widenmann, *Handbuch des oryktognostischen Theils der Mineralogie*, 1794.

(b) Farbtafel, aus: Franz Joseph Anton Estner, *Versuch einer Mineralogie*, 1794.

(c) Farbmuster Nr. 1 bis 40, aus: Henri Struve, *Méthode analytique des fossiles*, 1798.

(d) Farbmuster Nr. 41 bis 80, aus: Henri Struve, *Méthode analytique des fossiles*, 1798.

Farben kommen hinzu, von denen Kolombinrot, Haarbraun oder Holzbraun sich bei späteren Autoren besonderer Beliebtheit erfreuen.

Im Jahr 1797 gründete Lenz die „Societät für die gesammte Mineralogie zu Jena", die u. a. Goethe und Alexander von Humboldt (1769–1859) zu ihren Mitgliedern zählte. Goethe gehörte außerdem zum Kreis der 26 Subskribenten einer der heute wahrscheinlich seltensten kolorierten Schriften zur Mineralogie: Lenz' *Mustertafeln*, erschienen 1794 in Jena (mit vollständigem Titel *Mustertafeln der bis jetzt bekannten einfachen Mineralien, worauf dieselben nach ihren Gestalten und natürlichen Farben abgebildet und ihre übrigen Verhältnisse gegen einander bestimmt werden*), Lenz' Tabellen boten in der ersten Spalte eine Aquarellzeichnung des jeweiligen Minerals, in den übrigen Angaben zu äußerer Erscheinung, Bruchverhalten, Durchsichtigkeit und Glanz, Härte, gefolgt vom Namen des Gesteins.

Es war schließlich einer von Werners Freiberger Schülern, Johann Friedrich Wilhelm Widenmann (1764–1798), der sein *Handbuch des oryktognostischen*[19] *Theils der Mineralogie* (1794) mit dem ausstattete, was bisher gefehlt hatte: mit einer kolorierten Farbtabelle. Widenmann stützt sich auf Picardets erweiterte französische Version des Werner'schen Textes und ergänzt diese Farbliste um drei Töne (ein Weißgrau und zwei Brauntöne, die offenbar von Lenz entlehnt sind) auf die Zahl von insgesamt 74. Die Farben von Tafel I sind in den erhaltenen Exemplaren altersbedingt jedoch stark nachgedunkelt (siehe gegenüber Abb. a).

Ebenfalls 1794 veröffentlichte der Wiener Geistliche Franz Joseph Anton Estner (1730–1801) seinen auf Werner aufbauenden *Versuch einer Mineralogie für Anfänger und Liebhaber nach des Herrn Bergcommissionraths Werner Methode*[20] – die hier auf 79 Einträge angewachsene Farbnomenklatur schöpft sichtbar aus Picardet und Lenz. Estner ordnet seine Farbmuster zur besseren Handhabung in vier separaten Tabellen an und kann so als Erster auch die von Werner angesetzten Farb-„Höhen" berücksichtigen, die z. B. im Fall von Blutrot von dunkel bis blass reichen.[21]

Von dem Schweizer Chemiker Henri Struve (1751–1826), der über die Medizin zur Mineralogie gelangt war, stammt das in dessen Zeit als Honorarprofessor in Lausanne entstandene Werk *Méthode analytique des fossiles, fondée sur leurs caractères extérieurs* (Verfahren zur Zergliederung der Fossilien nach ihren äußeren Merkmalen). Es war, wie damals nicht unüblich, in zwei Ausführungen erhältlich, eine mit 80 auf einer Doppelseite angeordneten kolorierten Farbmustern sowie eine günstigere Version ohne Kolorierung. Struve stützt sich vor allem auf Widenmann und Lenz, zitiert aber auch Kirwan[22] und steuert einige ganz besondere Farbbezeichnungen bei, etwa ein *Rouge de Kinorodon* (das als Hagebuttenrot definiert wird)[23] oder ein *Bleu d'Evêque* (Bischofsblau).

Ludwig August Emmerling (1765–1841), Berginspektor im nordhessischen Thalitter, der ab 1786 bei Werner in Freiberg studiert hatte, brachte 1793 bis 1797 ein dreibändiges *Lehrbuch der Mineralogie* heraus. Emmerling folgt Werners Methode, bezieht aber auch Lenz, Estner und Widenmann mit ein und liefert nicht weniger als 83 Farbbeschreibungen nach der Nomenklatur seines Lehrers. Emmerlings Verdienst war es vor allem, die Methode seines Lehrers bekannt zu machen, der selbst wenig publizierte.

Kaum Spuren hinterlassen hat das Werner'sche Werk überraschenderweise in der 14-bändigen *Histoire naturelle, générale et particulière des crustacés et des insects* (Allgemeine und besondere Geschichte der Krusten- und Kerbtiere) des französischen Zoologen Pierre André Latreille (1762–1833). Band I enthält ein längeres Kapitel zum Thema Farbe, in dem der Autor auf verschiedene Autoren und ihre Methoden zur Farbbestimmung eingeht. Als zu niedrig bewertet er die Farbenzahl des österreichischen Jesuiten und Insektenforschers Nikolaus Poda von Neuhaus (1723–1798), mit dem sich Giovanni Antonio Scopoli (1723–1788) auseinandergesetzt hatte; auch erläutert Latreille den Farbzirkel des englischen Insektenforschers Moses Harris (1730–um 1788; siehe auch S. 138 f.). Sein eigenes Farbvokabular umfasst 72 Begriffe, von denen kaum einer bei Werner oder seinen Nachfolgern auftaucht. Zwar erwähnt Latreille den Freiberger Mineralogen namentlich, stützt sich aber ganz offensichtlich auf Struve, dessen auf 80 erweiterte Farbliste er verwendet. Ohne sich zu Werners Methode zu äußern, kommt der Autor schließlich auf das zu sprechen, was er als „das vernünftigste aller bisher veröffentlichten Systeme der

Farbnomenklatur" ansieht und das seiner Ansicht nach von dem großen französischen Naturkundler Jean-Baptiste de Lamarck (1744–1829) stammt.[24]

Unverkennbar ist der Werner'sche Einfluss dagegen im *Mineralogischen Handlexikon* des österreichischen Karmeliters Joseph Maria Redemtus Zappe (1751–1826), veröffentlicht 1804. Zappe führt die acht Hauptfarben nach Werner auf, kommt insgesamt aber auf 82 Farbtöne, wobei er offenbar aus Picardet, Lenz und Emmerling schöpft. Schon im Titel trägt den Namen des Freiberger Forschers das ebenfalls 1804 erschienene *Handbuch der Mineralogie nach A. G. Werner* von Christian Friedrich Ludwig (1757–1823), dessen zweiter Band vollständig Werners Farbnomenklatur in der Weiterentwicklung durch Lenz und Emmerling folgt.

Die erste englische Übersetzung von Werners mineralogischem Schlüsseltext erschien 1805. Sie stammt ebenfalls von einem seiner Schüler, dem Geologen und Bergsachverständigen Thomas Weaver (1773–1855). Weaver hatte von 1790 bis 1792 in Freiberg studiert, anschließend bereiste er die deutschen Lande, um seine Kenntnisse zu vertiefen. Nach seiner Rückkehr entsandte ihn die britische Regierung zur Goldmine von Croghan Moira in der Grafschaft Wicklow in Irland, wo er bis 1811 blieb. In einem Schreiben an die Royal Dublin Society würdigt Sir Humphry Davy (1778–1829), Chemiker und Erfinder der nach ihm benannten Grubenlampe, Weavers Übersetzung als „sorgfältig und von tiefem Verständnis".[25]

Die Richard Kirwan gewidmete, in Dublin erschienene Schrift trägt den Titel *A Treatise on the External Characters of Fossils*. Weaver nutzt die Gelegenheit der Übersetzung, Werners Abhandlung *Von den äußerlichen Kennzeichen der Foßilien* auf den neuesten Stand zu bringen und zu ergänzen. Die von ihm verwendeten 77 Farbbegriffe lassen erkennen, dass er sich weitestgehend auf die Arbeiten von Widenmann und Emmerling stützt, wie er selbst im Vorwort angibt, sowie auf Lenz. Weaver zufolge waren es Werners vielfältige Aufgaben, die ihn davon abhielten, der mehrfach an ihn herangetragenen Bitte um eine Neuauflage nachzukommen. Darum, so Weaver, berücksichtigte er bei seiner Übersetzung auch noch andere Quellen: „... hauptsächlich Abschriften von Werners eigenen Korrekturen und Zusätze, wie sie unter seinen Studenten kursierten, Mitschriften seiner Vorlesungen der Jahre 1791/92 und die mineralogischen Werke seiner Schüler Wiedenmann [sic] und Emmerling."[26]

Seinen Werner gelesen hatte offenbar auch der englische Mineraloge John Mawe (1764–1829). Deutlich wird dies spätestens in seinem *Treatise on Diamonds and Precious Stones* von 1813, in dem es von Werner'schen Farbbegriffen nur so wimmelt. Das Farbenspiel des Turmalin wird von Mawe als zwischen Hyazinthrot, Rötlichbraun und Gelblichbraun, Karmesinrot, Indigoblau, Himmelblau und Veilchenblau schillernd beschrieben, Opal und Granat als blutrot, kirschrot, karmesinrot und feuerrot.[27]

1814 erschien in London das *Manual of Mineralogy* des englischen Gesteinskundlers Arthur Aikin (1773–1854), die amerikanische Ausgabe ein Jahr später; auch hier finden sich Spuren der Werner'schen Farbterminologie, so wenn Aikin für den Hornsteinflint die Farbadjektive wachs- und honiggelb, blutrot und rauchgrau verwendet.[28] Zu den frühen in Amerika publizierten Handbüchern zählt der 1816 erschienene *Elementary Treatise on Mineralogy and Geology* von Parker Cleaveland (1780–1858), der neben Werner auch Kirwan und Jameson benutzt; Cleavelands acht Grundfarben und die 80 Einträge umfassende Farbliste stimmen nahezu vollständig mit Jamesons Schrift von 1805 überein, die wiederum auf Werner aufbaut.

## JAMESON ALS ANWALT DER WERNER'SCHEN THEORIEN

Im Jahr 1800 schrieb sich der Schotte Robert Jameson an der Bergakademie in Freiberg zum Studium ein. Jameson wurde zu einem der Hauptverfechter der Werner'schen Theorie des Neptunismus, der Entstehung der Gesteine aus Ablagerungen eines Urozeans (siehe auch S. 83), in der britischen Gelehrtenwelt. 1804 erhielt Jameson einen Lehrstuhl für Naturkunde an der Universität Edinburgh, im gleichen Jahr veröffentlichte er eine *Übersichtstabelle der äußerlichen Eigenschaften der Mineralien für Geologen*, die er eigenen Angaben zufolge von Werner erhalten hatte. Es war die englische Übersetzung einer Liste von 80 Farbnamen, die Jameson – in erweiterter Fassung und vermehrt um die entsprechenden französischen und lateinischen Bezeichnungen – auch in seine ein Jahr später

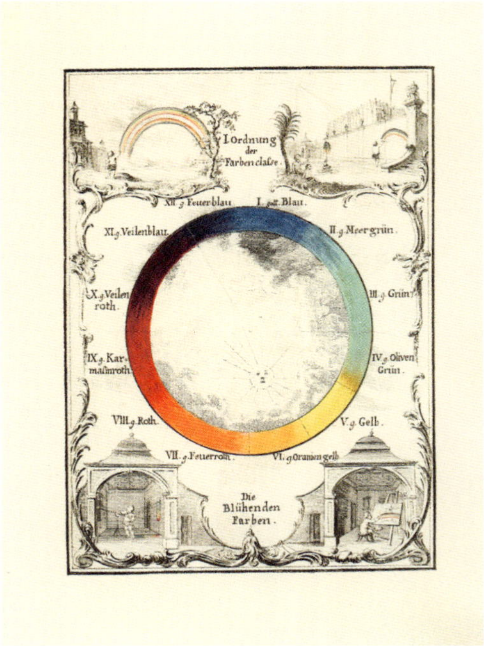


a

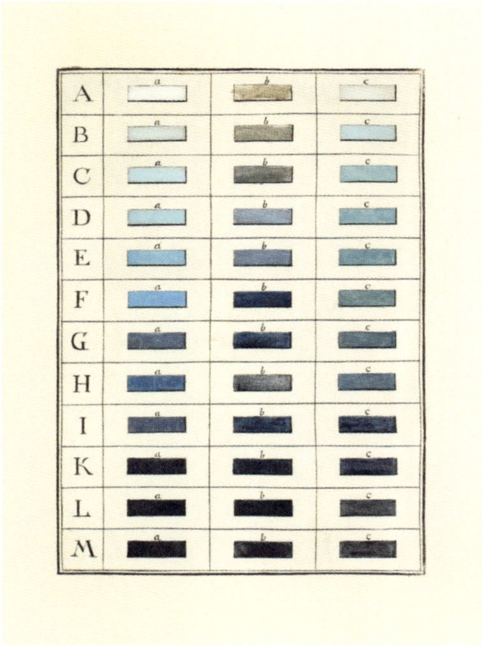


b

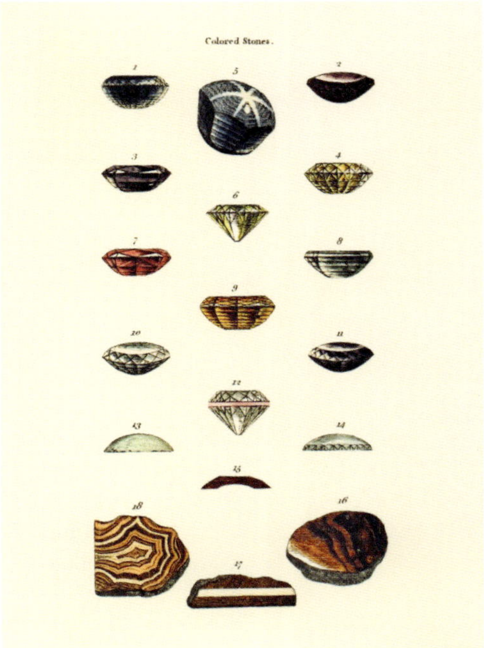


c

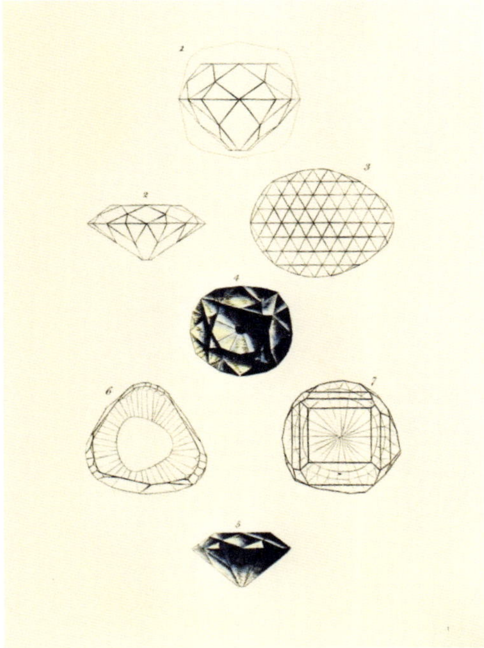

d

(a) Farbkreis, aus: Ignaz Schiffermüller, *Versuch eines Farbensystems*, 1772.
(b) Blaues Farbregister, aus: Ignaz Schiffermüller, *Versuch eines Farbensystems*, 1772.
(c) Farbige Edelsteine, aus: John Mawe, *A Treatise on Diamonds*, 1813.
(d) Diamantformen, aus: John Mawe, *A Treatise on Diamonds*, 1813.

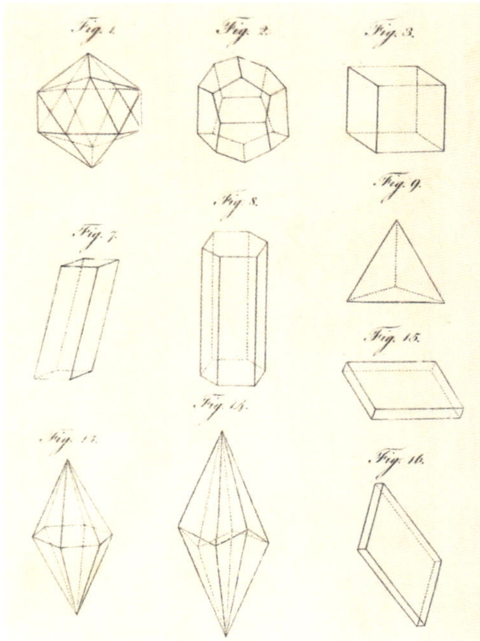


a

b

c

(a) Kristallformen, aus: Robert Jameson, *A Treatise on the External Characters of Minerals*, 1805, Tafel 1.
(b) George Watson, *Bildnis von Robert Jameson*, um 1800.
(c) Georges Cuvier und Alexandre Brongniart, *Carte géognostique des environs de Paris*, 1810.

erschienene Schrift *Treatise on the External Characters of Minerals* aufnahm.[29]

Jameson ergänzt und modifiziert das Werner'sche Farbenrepertoire in seiner bisher gebräuchlichen englischen Fassung an einigen Stellen; statt nur einer führt seine Liste nun vier Schattierungen von Bleigrau: einfaches, frisches, schwärzliches und weißliches Bleigrau. Insgesamt umfasst sie 84 Farben, in der dritten Auflage von 1817[30] sind es noch drei mehr, bei den Blautönen Schwarzblau und Entenblau sowie Erbsengelb, die jeweils zuerst von Lenz benutzt wurden.

1808 gründete Jameson in Edinburgh die nach seinem Freiberger Lehrer benannte „Wernerian Natural History Society", als deren Vorsitzender er bis Anfang der 1850er-Jahre fungierte. In einer der ersten Sitzungen der naturkundlichen Gesellschaft hielt Jameson einen Vortrag über das Farbbild von Karten aus dem Gebiet der „Geognosie"[31] (wie Werner das Studium der Gesteine, Mineralien sowie der Erdentstehung bezeichnete). Jameson führte aus: „Die Farben müssen so weit als möglich mit der Natur übereinstimmen, das heißt mit der gewöhnlichen Farbe des Gesteins." Dann listet er gut 30 Farbtöne für die unterschiedlichen Gesteinsarten auf, wie sie „von Werner empfohlen wurden" und wie er sie mehrheitlich bereits in seiner Schrift von 1805 abgedruckt hatte. Wahrscheinlich hat auch Charles Darwin (1809–1882) Jamesons Vortragstext gelesen, der in den *Memoirs of the Wernerian Natural History Society* erschien und auf Darwins 1839 begonnener Leseliste als „gelesen" vermerkt ist.[32]

Darwin hatte in Edinburgh bei Jameson studiert, fand dessen Vorlesungen zur Naturgeschichte aber „unglaublich langweilig, [...] die einzige Wirkung, die sie in mir auslösten, war der Entschluss, niemals ein Buch über Geologie zu lesen oder diese Wissenschaft zu studieren".[33] Ganz so spurlos mag Jamesons Unterricht aber vielleicht doch nicht an Darwin vorbeigegangen sein, hielt dieser doch auch eine Vorlesung „Über den Ursprung der Arten im Tierreich". Zweifelsohne hat der Student einiges Nützliches aus Jamesons Unterricht gezogen, nicht zuletzt den Hinweis auf Jamesons Handbuch der Mineralogie (1821), dessen Exemplar in Darwins Handbibliothek zahlreiche handschriftliche Anmerkungen aufweist.[34]

In den fünf Jahrzehnten an der Universität von Edinburgh stockte Jameson die mineralogische und geologische Sammlung bis 1852 auf insgesamt 74 000 Einzelstücke auf und machte sie damit zur zweitgrößten im gesamten Land. Zwar waren ihre Räume nicht öffentlich zugänglich, doch Jameson selbst bestellte dreimal wöchentlich seine Studenten dorthin, um sie in der präzisen Beschreibung naturkundlicher Objekte nach der Werner'schen Methode zu unterweisen.[35]

## SYMES BEITRAG

Jameson war es auch, der eine entscheidende Rolle beim Zustandekommen eines schmalen, 1814 in Edinburgh erschienenen Bändchens spielte, dessen vollständiger Titel wörtlich übersetzt lautet: *Die Nomenklatur der Farben nach Werner, mit Ergänzungen und so eingerichtet, dass sie den Künsten und Wissenschaften, namentlich der Zoologie, Botanik, Chemie, Mineralogie und Pathologie von höchsten Nutzen; versehen mit ausgewählten Beispielen von wohlbekannten Gegenständen aus dem Reich der Tiere, Pflanzen und Minerale*; als Autor des nützlichen Opusculums firmiert „Patrick Syme, Pflanzen-Maler aus Edinburgh, Maler bei der Wernerschen sowie der Kaledonischen Gärtnerischen Gesellschaft".[36]

Patrick Syme (1774–1845) war Botaniker, Insektenforscher und Maler in einer Person und in dieser Eigenschaft für die genannten wissenschaftlichen Gesellschaften tätig. Jameson seinerseits gehörte beiden Institutionen an, war Gründer und Vorsitzender der bereits genannten Wernerian Society. Im Vorwort dankt Syme dem Professor, „welcher die Freundlichkeit besaß, Proben jener Mineralien zusammenzustellen, welche Werner in seiner Nomenklatur der Farben als Vergleichsbeispiele nennt. Er übertrug die Farben jener Mineralien und stellte dabei fest, dass die Bestandteile jedes einzelnen Farbtons von Werner ungemein zuverlässig angegeben wurden". [37]

Symes Büchlein enthält eine Liste mit insgesamt 108 (1814) bzw. 110 (1821) durchlaufend nummerierten Farbmustern, geordnet nach den acht Grundfarben Weiß, Grau, Schwarz, Blau, Grün, Gelb, Rot und Braun. Syme ergänzt sie um Violett und Orange, denn, wie er schreibt, „verdienen diese doch – bei allem Respekt vor Werners Ansichten – die Bezeichnung ‚Farbe' gewiss ebenso wie […] jede andere Mischfarbe auch".[38] Das von Werner angesetzte Spektrum von 79 Farbtönen genüge zwar zur „Beschreibung der meisten Minerale", reiche indes „für die allgemeine Wissenschaft nicht aus". Deshalb, so Syme, wurde die Anzahl „auf hundertzehn erweitert, sodass nun die gebräuchlichsten der in der Natur vorkommenden Farben und Farbtöne enthalten sind".[39] Wie in Titel und Vorwort von Symes Farbenbuch zum Ausdruck kommt, soll es als Richtschnur in Sachen Farbe für eine breite Leserschaft aus allen Wissensbereichen dienen. Hierzu gibt der Autor den Lesern Farbbeispiele aus dem Tier-, Pflanzen- und Mineralienreich an die Hand. Tabellarisch angeordnet folgen diese auf das jeweilige auf einen Papierstreifen aufgetragene Farbmuster. Erläuterungen zu den Farben und ihren Mischungsverhältnissen ergänzen die Liste. Die bereits in der Werner'schen Nomenklatur enthaltenen Farbtöne sind bei Syme zur Unterscheidung von dessen Ergänzungen mit dem Buchstaben W gekennzeichnet.

Einen Hinweis, mit welcher Vorlage Syme gearbeitet hat, gibt die von ihm genannte Zahl von 79 Werner'schen Farben. Von den zahlreichen im Zeitraum zwischen 1790 und 1805 erschienenen Werken zur Farbbestimmung enthält nur eines diese Farbenzahl, Estners *Versuch einer Mineralogie*. Doch sind dort sieben Weißtöne aufgelistet. Symes zusätzliches „Grauweiß" taucht zuerst 1791 bei Lenz auf. Estner kennt dagegen zehn Grautöne, Syme nur acht – keine Farbgruppe stimmt zwischen beiden Autoren zahlenmäßig überein.

Die Farblisten bei Struve und Latreille enthalten jeweils 80 Einträge, keine ist identisch mit der von Syme. Zwar kommt Symes Farbskala jener der ersten Auflage von Jamesons *Treatise* am nächsten, aber auch hier herrscht keine Eins-zu-eins-Beziehung. Umgekehrt zeigt die Erweiterung um fast 40 neue Farben den Einfluss anderer Autoren wie Lenz, Zappe und Picardet.

Dass die Farbliste der dritten Auflage von Jamesons *Treatise* – erschienen 1817, also drei Jahre nach Symes Farbenbuch – kaum Veränderungen gegenüber der ersten aufweist, mag darauf hindeuten, dass Jameson nicht in allen Punkten mit Syme übereinging. Umgekehrt fehlen Jamesons Ergänzungen in Symes Neuauflage von 1821. Dieser erweitert seine Liste lediglich um Schottisch Blau und Violettrot, wobei die Mischung für Ersteres verwirrenderweise mit der für Indigoblau in der Ausgabe von 1814 übereinstimmt; Indigoblau wird als Farbbezeichnung beibehalten und mit einer eigenen Mischungsangabe versehen. Violettrot (*Purplish red*) taucht zuerst 1794 bei Kirwan auf. Auch wurde das „Rabenschwarz" der ersten Auflage in der zweiten in „Tintenschwarz" umbenannt.

Symes Farbenbuch zeichnet sich vor den zahlreichen, in ihrer Art sehr unterschiedlichen Vorgängern durch Vollständigkeit und Übersichtlichkeit aus, nicht zuletzt aber auch durch das handliche Format, das es zum idealen Begleiter auf naturkundlichen Erkundungsgängen und Forschungsreisen machte. Zudem waren Symes Farbmuster kräftiger und heller als die der mineralogischen Vergleichsliteratur.

## BLEIBENDE WIRKUNG

Im Jahr 1858 gibt der britische Ägyptologe Sir John Gardner Wilkinson (1797–1875) ein Buch mit dem eigenwilligen Titel *Über Farbe und die Notwendigkeit einer allgemeinen Verbreitung des Geschmacks unter allen Klassen der Gesellschaft* in Druck.[40] Wilkinson beginnt seine Ausführungen mit der Bemerkung, dass die Engländer „ruhige Farben" zwar bevorzugten, doch wer „etwas Verständnis" aufbringe, sei durchaus in der Lage, das Zusammenspiel auch stärkerer Farben zu goutieren. Unter Hinweis auf Symes *Nomenklatur der Farben* enthält Wilkinsons Buch eine Übersicht der „Hauptfarben" in englischer, französischer, deutscher, griechischer, lateinischer und italienischer Sprache; 37 davon entsprechen der Werner'schen Farbterminologie.[41]

Ein eigenes Farbsystem, bestimmt zum Gebrauch von Botanikern und Zoologen, legt 1894 der italienische Mykologe Pier Andrea Saccardo (1845–1920) in seiner *Chromotaxia* vor.[42] Das auf Latein abgefasste Büchlein enthält Tabellen mit einem vergleichenden Farbglossar in italienischer, französischer, englischer und deutscher Sprache sowie 50 Farbmuster (siehe S. 186). Zwar findet die Werner'sche Farbnomenklatur keine direkte Erwähnung, aber Saccardos Liste bietet etliche in ihr enthaltene Farbbegriffe in den verschiedenen Sprachen.[43]

Einen für lange Zeit verbindlichen Standard setzte schließlich der amerikanische Ornithologe

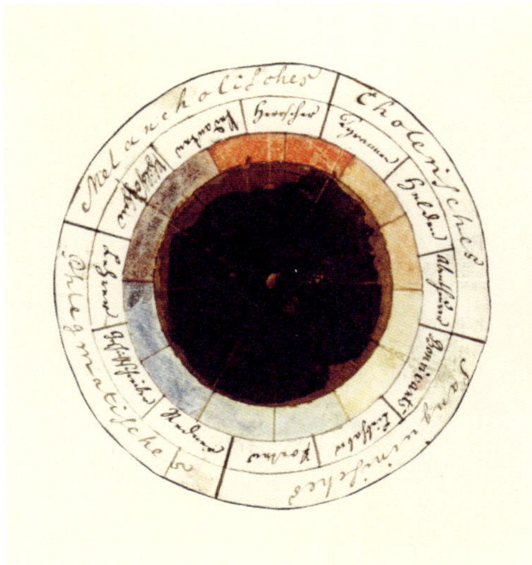


a

b

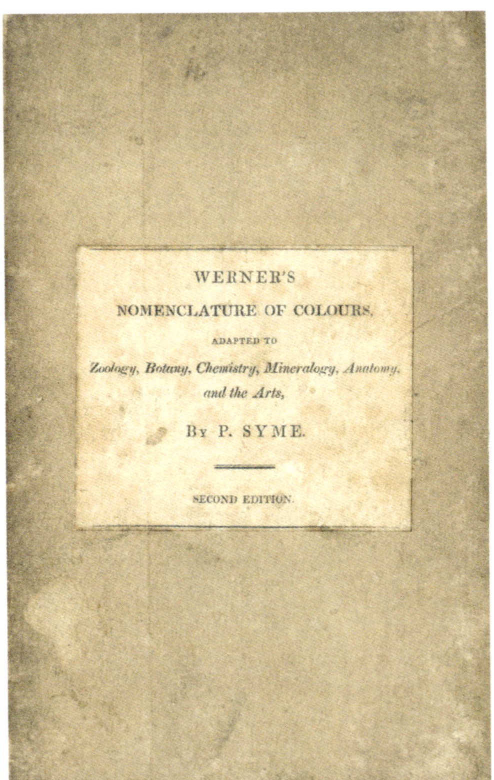


c

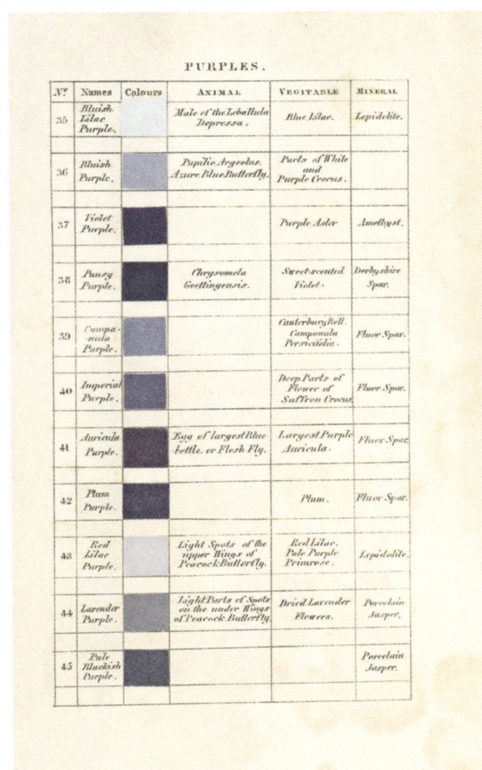

PURPLES.

| Nº | Names | Colours | ANIMAL | VEGITABLE | MINERAL |
|---|---|---|---|---|---|
| 35 | Bluish Lilac Purple. | | Male of the Leballula Depressa. | Blue Lilac. | Lepidelite. |
| 36 | Bluish Purple. | | Papilio Argeolus. Azure Blue Butterfly. | Parts of White and Purple Crocus. | |
| 37 | Violet Purple. | | | Purple Aster | Amethyst. |
| 38 | Pansy Purple. | | Chrysomela Goettingensis. | Sweet-scented Violet. | Derbyshire Spar. |
| 39 | Campanula Purple. | | | Canterbury Bell. Campanula Persicifolia. | Fluor Spar. |
| 40 | Imperial Purple. | | | Deep Parts of Flower of Saffron Crocus. | Fluor Spar. |
| 41 | Auricula Purple. | | Egg of largest Blue-bottle, or Flesh Fly. | Largest Purple Auricula. | Fluor Spar. |
| 42 | Plum Purple. | | | Plum. | Fluor Spar. |
| 43 | Red Lilac Purple. | | Light Spots of the upper Wings of Peacock Butterfly. | Red Lilac. Pale Purple Primrose. | Lepidolite. |
| 44 | Lavender Purple. | | Light Parts of Spots on the under Wings of Peacock Butterfly. | Dried Lavender Flowers. | Porcelain Jasper. |
| 45 | Pale Blackish Purple. | | | | Porcelain Jasper. |

d

(a) Temperamentenrose, entworfen von Johann Wolfgang von Goethe und Friedrich Schiller, 1798/99. Die zwölf Farben entsprechen jeweils einem Charakterzug.

(b) Farbkreis, aus: Johann Wolfgang von Goethe, *Zur Farbenlehre*, 1810.

(c) Umschlagseite von Patrick Syme, *Werner's Nomenclature of Colours*, 1821.

(d) Liste der Violetttöne, aus: Patrick Syme, *Werner's Nomenclature of Colours*, 1821.

a

b

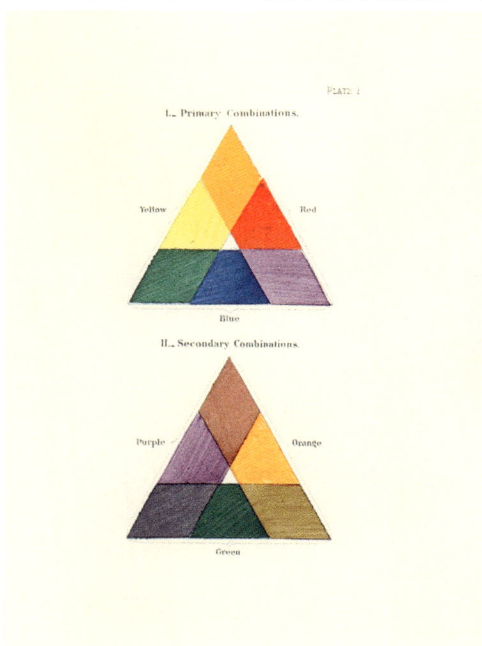


c

d

(a) Unterschiedliche Farbzusammenstellungen, aus: John Gardner Wilkinson, *On Colour*, 1858.
(b) Pier Andrea Saccardo, *Chromotaxia seu Nomenclator colorum*, 1894, Tafel 1.
(c) Primäre und sekundäre Farbmischungen, aus: Robert Ridgway, *A Nomenclature of Colors for Naturalists*, 1886.
(d) Liste der Blautöne, aus: Robert Ridgway, *A Nomenclature of Colors for Naturalists*, 1886.

Robert Ridgway (1850–1929). Ridgway war nicht nur der erste offizielle Kurator für Vogelkunde am heutigen Smithsonian Institute und Autor des achtbändigen Werks *The Birds of North and Middle America* (1901–1919), er verfasste auch zwei Bücher mit einer Methode zur Farbbestimmung bei der Beschreibung von Vögeln (siehe auch S. 143). Zuerst erschien 1886 *A Nomenclature of Colors for Naturalists*. Der Band enthält 186 Farbmuster; 19 davon gehen auf Syme zurück, darunter Schlüsselblumengelb, Wachsgelb, Safrangelb, Aurikelviolett und Holzbraun. Im Eigenverlag brachte Ridgway 1912 das sehr viel umfangreichere Werk *Color Standards and Color Nomenclature* heraus, mit insgesamt 1115 Farbmustern auf 53 Tafeln. Auch hier wird Symes *Nomenklatur der Farben* in der Ausgabe von 1821 benutzt;[44] mindestens 25 der dort verwendeten Farbbezeichnungen lassen sich mehr oder weniger direkt auf Syme oder Werner zurückführen. Ridgways Farbenbuch galt jahrzehntelang als Standardwerk für Ornithologen, wurde aber auch in anderen Bereichen benutzt, von der Pilzkunde und Philatelie bis hin zur Bestimmung von Lebensmittelfarben.[45]

Es sollten noch viele weitere Farbstandards für die naturkundliche Forschung folgen. Französische Nelken- und Chrysanthemenzüchter (siehe S. 189) nahmen sich des Themas ebenso an wie englische Gartenarchitekten; Farbstandards spielen in der Pädagogik eine Rolle und es existieren sogar eigene Farbübersichten zur Produktion von Tarnstoffen. Die Grundlage zu all diesen Varianten und Weiterentwicklungen der Farbterminologie hat Patrick Syme gelegt, der die Werner'sche Methode zu einem nützlichen Instrument nicht nur für Mineralogen gemacht hat. Mit seiner *Nomenklatur der Farben* hat Syme der Naturforschung nichts weniger als einen universellen Schlüssel zum Reich der Farben an die Hand gegeben.



ANMERKUNGEN—(1) Johann Thaddäus Anton Peithner (1727–1792), tschechischer Bergbaufachmann. (2) Kirwan 1794, S. xii (3) Als Fossilien werden in der damaligen Gelehrtensprache alle Gesteine bezeichnet, wobei diese aus verschiedenen Mineralien zusammengesetzt sein können. (4) Jameson, zitiert bei Rees 1819, Bd. 38, Stichwort „Werner". (5) Werner 1774, S. 87. (6) Werner 1774, S. 96 f. (7) Hamm 2001, passim. (8) Jameson 1816, S. 85–86; dt. bei Syme 2018, S. 19. (9) Werner 1774, S. 120. (10) Gedruckt 1769 in Regensburg „… nebst zwei ausgemalten Kupfertafeln"; vgl. Simonini 2018, Nr. 17. (11) Ein auch als „Columbinroth" oder „Kolombinroth" (Lenz) bezeichnetes Pigment; Eyssvogel 1756, S. 166. (12) Werner 1774, S. 94 (13) *A köveknek és értzeknek külsömegesmértetöjegyeikröl.* (14) Kirwan 1784, S. ix. (15) Kirwan 1794, S. 27–30. (16) Verwechslungsgefahr besteht auch bei Preußisch Blau und Berliner Blau: im Prinzip derselbe Farbton, dennoch ordnet Syme beide Begriffe je eigenen Blauschattierungen zu, vgl. in Symes Farbliste Nr. 25 und 31. (17) Kirwan 1794, S. 330 f. (18) Lenz 1791, S. 14. (19) So die aus dem Griechischen abgeleitete Bezeichnung für die Bestimmung der Mineralien nach ihren äußeren Kennzeichen. (20) Wien 1794–1804. (21) Siehe oben zu Werner 1774, S. 96 f. (22) Struve vermerkt, dass die neue (zweite) Auflage von Kirwans Buch sich erheblich von der ersten unterscheide und dieser nun der Werner'schen Methode folge. (23) Struve 1797, S. 8. (24) Latreille 1803/04, S. 331. (25) Curry 1834, S. 167. (26) Weaver 1805, S. viii f. (27) Mawe 1813, S. 116, 137 und 141; chronologisch liegt eine Vermittlung durch Jameson oder Weaver 1805 nahe. (28) Aikin 1815, S. 198. (29) Jameson 1805, S. 5–15 sowie im Tabellenteil. (30) Nun unter dem Titel *A Treatise on the External, Chemical, and Physical Characters of Minerals*. (31) Jameson 1811, S. 149–161. (32) https://www.darwinproject.ac.uk/people/about-darwin/what-darwin-read/darwin-s-reading-notebooks (33) Hartley 2001, S. 61. (34) Secord 1991 (b), S. 135. Sehr wahrscheinlich ist Darwin während seiner Studienzeit in Edinburgh auch *Werners Nomenklatur der Farben* von Patrick Syme untergekommen, von dessen Farbbeschreibungen er auf seiner Reise mit der *Beagle* so ausgiebig Gebrauch machte, siehe S. 127 f. (35) Morrell 1972, S. 49. (36) Der Originaltitel lautet: *Werner's Nomenclature of Colours, with Additions, Arranged so as to Render it Highly Useful to the Arts and Sciences, Particularly Zoology, Botany, Chemistry, Mineralogy, and Morbid Anatomy. Annexed to which are Examples Selected from Well-Known Objects in the Animal, Vegetable, and Mineral Kingdoms*. By Patrick Syme, Flower-Painter, Edinburgh, Painter to the Wernerian and Caldonian Horticultural Societies. (37) Syme 1821, S. 8 f. (38) Syme 1821, S. 11 f. (39) Syme 1821, S. 9. (40) *On Colour and on the Necessity for a General Diffusion of Taste Among All Classes*. (41) Wilkinson 1858, S. 81–90. (42) Mit vollem Titel *Chromotaxia seu Nomenclator colorum polyglottus additis speciminibus coloratis ad usum botanicorum et zoologorum*. (43) Bei Saccardo: Fleischrot, Pfirsichblütenrot, Ziegelrot, Berliner Blau. (44) Ridgway 1912, S. 11. (45) Lewis 2012, S. 235.

# FARBREFERENZSYSTEME VON WERNER BIS SYME, 1774–1821

**Werner, 1774**
*54 Farbtöne*

Helles Weiß
Rötlichweiß
Gelblichweiß
Silberweiß
Grünlichweiß
Milchweiß
Zinnweiß
Bleigrau
Bläulichgrau
Rauchgrau
Gelblichgrau
Schwärzlichgrau
Eisengrau
Gräulichschwarz
Bräunlichschwarz
Dunkelschwarz
Bläulichschwarz
Indigoblau
Berliner Blau
Azurblau
Schmalteblau
Veilchenblau
Himmelblau
Spangrün
Berggrün
Grasgrün
Apfelgrün
Lauchgrün
Zeisiggrün
Schwefelgelb
Zitronengelb
Goldgelb
Speisgelb
Strohgelb
Weingelb
Isabellengelb
Ockergelb
Oraniengelb
Morgenrot
Scharlachrot
Blutrot
Kupferrot
Karminrot
Karmesinrot
Pfirsichblütenrot
Fleischrot
Goldrot
Bräunlichrot
Rötlichbraun
Nelkenbraun
Gelblichbraun
Tombakbraun
Lederbraun
Schwärzlichbraun

**Picardet, 1790**
*71 Farbtöne*

Helles Weiß
Rotweiß
Gelbweiß
Silberweiß
Grünweiß
Milchweiß
Zinnweiß
Bleigrau
Bläulichgrau
Perlgrau
Rauchgrau
Grüngrau
Gelbgrau
Stahlgrau
Schwarzgrau
Grauschwarz
Braunschwarz
Pechschwarz
Eisenschwarz
Blauschwarz
Indigoblau
Preußisch Blau
Azurblau
Kobaltblau
Lavendelblau
Veilchenblau
Himmelblau
Spangrün
Seladongrün
Berggrün
Smaragdgrün
Grasgrün
Apfelgrün
Lauchgrün
Pistaziengrün
Schwarzgrün
Spargelgrün
Olivgrün
Sittichgrün
Schwefelgelb
Messinggelb
Zitronengelb
Goldgelb
Honiggelb
Wachsgelb
Bronzegelb
Strohgelb
Weingelb
Ockergelb
Isabellengelb
Orangegelb
Morgenrot
Hyazinthrot
Ziegelrot
Scharlachrot
Kupferrot
Blutrot
Karminrot
Schildlausrot
Karmesinrot
Fleischrot
Rosarot
Pfirsichblütenrot
Goldrot
Braunrot
Rotbraun
Nelkenbraun
Gelbbraun
Tombakbraun
Leberbraun
Schwarzbraun

**Lenz, 1794 u. a.**
*94+ Farbtöne*

Schneeweiß
Rötlichweiß
Gelblichweiß
Silberweiß
Grünlichweiß
Milchweiß
Zinnweiß
Gräulichweiß
Bläulichweiß
Schwärzlichgrau
Stahlgrau
Gelblichgrau
Rauchgrau
Bläulichgrau
Bleigrau
Perlgrau
Rötlichgrau
Aschgrau
Grünlichgrau
Gräulichschwarz
Bräunlichschwarz
Dunkelschwarz
Bläulichschwarz
Eisenschwarz
Grünlichschwarz
Samtschwarz
Indigoblau
Berliner Blau
Lasurblau
Schmalteblau
Violblau
Himmelblau
Lavendelblau
Grünlichblau
Spangrün
Berggrün
Grasgrün
Apfelgrün
Smaragdgrün
Lauchgrün
Olivgrün
Pistaziengrün
Spargelgrün
Schwärzlichgrün
Seladongrün
Zeisiggrün
Rauchgrün

Im späten 18. und frühen 19. Jahrhundert wurde die Entwicklung eines universell gültigen Farbreferenzsystems zur Bestimmung und Klassifizierung in den Naturwissenschaften allgemein als dringlich empfunden. Es sollte Forschern auf Exkursionen und Reisen ebenso dienen wie Naturmalern bei der Darstellung von Tieren, Pflanzen und Mineralen. Abraham Gottlob Werners *Von den äußerlichen Kennzeichen der Foßilien* aus dem Jahr 1774 enthielt eine Liste von 54 Farbtönen. In den folgenden vier Jahrzehnten überarbeitete und ergänzte Werner seine Farbliste mehrfach und sandte Abschriften davon an seine Schüler, darunter auch Widenmann, Jameson und Picardet, die 1790 die erste Übersetzung von Werners Handbuch ins Französische herausgab. Auch andere folgten Werners Methode und stellten eigene Farbverzeichnisse auf, wobei sie sich in unterschiedlichem Maße an dessen handschriftlichen Listen in ihrer jeweiligen Fassung orientierten und eigene Farbdefinitionen ergänzten.

Der hier gegebene Überblick erfasst nur die wichtigsten dieser Farbverzeichnisse. Das dem jeweiligen Farbnamen vorangestellte Symbol ermöglicht eine Zuordnung, von welchem Autor dieser erstmalig benutzt wurde. In manchen Fällen hat sich der Farbname im Laufe der Jahre geändert, auch wenn der Farbton an sich der gleiche geblieben ist.

Bläulichgrün
Meergrün
Ölgrün
Schwefelgelb
Zitronengelb
Goldgelb
Speisgelb
Strohgelb
Weingelb
Isabellengelb
Ockergelb
Oraniengelb
Honiggelb
Wachsgelb
Rötlichgelb
Messinggelb
Erbsengelb
Morgenrot
Scharlachrot
Blutrot
Kupferrot
Karminrot
Karmesinrot
Pfirsichblütenrot
Fleischrot
Kirschrot
Bräunlichrot
Mordoreerot
Koschenillerot
Rosenrot
Hyazinthrot
Ziegelrot
Gelblichrot
Granatrot
Rubinrot
Zinnoberrot
Feuerrot
Kolombinrot
Rötlichbraun
Nelkenbraun
Gelblichbraun
Tombakbraun
Leberbraun
Schwärzlichbraun
Haarbraun
Holzbraun
Kohlbraun

Widenmann, 1794
*74 Farbtöne*

Schneeweiß
Rötlichweiß
Gelblichweiß
Silberweiß
Gräulichweiß
Grünlichweiß
Milchweiß
Zinnweiß
Bleigrau
Bläulichgrau
Perlgrau
Rauchgrau
Grünlichgrau
Gelblichgrau
Stahlgrau
Schwärzlichgrau
Gräulichschwarz
Bräunlichschwarz
Dunkelschwarz
Eisenschwarz
Bläulichschwarz
Indigoblau
Berliner Blau
Lasurblau
Schmalteblau
Violblau
Lavendelblau
Himmelblau
Spangrün
Seladongrün
Berggrün
Smaragdgrün
Grasgrün
Apfelgrün
Lauchgrün
Schwärzlichgrün
Pistaziengrün
Olivgrün
Spargelgrün
Zeisiggrün
Schwefelgelb
Messinggelb
Zitronengelb
Goldgelb
Honiggelb
Wachsgelb
Speisgelb
Strohgelb
Weingelb
Ockergelb
Isabellengelb
Oraniengelb
Morgenrot
Hyazinthrot
Ziegelrot
Scharlachrot
Kupferrot
Blutrot
Karminrot
Koschenillerot
Karmesinrot
Fleischrot
Rosenrot
Pfirsichblütenrot
Mordoreerot
Bräunlichrot
Rötlichbraun
Nelkenbraun
Gelblichbraun
Holzbraun
Haarbraun
Tombakbraun
Leberbraun
Schwärzlichbraun

Kirwan, 1794
*83 Farbtöne*

Totweiß
Rotweiß
Gelbweiß
Silberweiß
Grünweiß
Milchweiß
Grauweiß
Bleigrau
Blaugrau
Perlgrau
Rauchgrau
Grüngrau
Gelbgrau
Stahlgrau
Schwarzgrau
Aschgrau
Rotgrau
Braungrau
Grauschwarz
Grünschwarz
Braunschwarz
Blauschwarz
Indigoblau
Azurblau
Kobaltblau
Violettblau
Lavendelblau
Himmelblau
Graublau
Blauviolett
Rotviolett
Grauviolett
Spangrün
Seladongrün
Berggrün
Smaragdgrün
Grasgrün
Apfelgrün
Lauchgrün
Pistaziengrün
Asparagusgrün
Olivgrün
Sittichgrün
Spargelgrün
Schwefelgelb
Messinggelb
Zitronengelb
Kupfergelb
Wachsgelb
Honiggelb
Strohgelb
Ockergelb
Weingelb
Isabellengelb
Orangegelb
Rotgelb
Grüngelb
Weißgelb
Aurorarot
Hyazinthrot
Ziegelrot
Scharlachrot
Blutrot
Fleischrot
Kupferrot
Karminrot
Schildlausrot
Karmesinrot
Rosarot
Pfirsichblütenrot
Goldrot
Braunrot
Violettrot
Graurot
Gelbrot
Rotbraun
Nelkenbraun
Gelbbraun
Tombakbraun
Nussbraun
Leberbraun
Schwarzbraun
Grünbraun

Emmerling, 1799
*78 Farbtöne*

Schneeweiß
Rötlichweiß
Gelblichweiß
Silberweiß
Gräulichweiß
Grünlichweiß
Milchweiß
Zinnweiß
Bleigrau
Bläulichgrau
Perlgrau
Rötlichgrau
Rauchgrau
Grünlichgrau
Gelblichgrau
Stahlgrau
Aschgrau
Schwärzlichgrau
Gräulichschwarz
Dunkelschwarz
Eisenschwarz
Bräunlichschwarz
Grünlichschwarz
Bläulichschwarz
Indigoblau
Berliner Blau
Lasurblau
Violblau
Lavendelblau
Schmalteblau
Himmelblau
Spangrün
Seladongrün
Berggrün
Schmaragdgrün
Grasgrün
Apfelgrün
Lauchgrün
Schwärzlichgrün
Pistaziengrün
Olivgrün
Spargelgrün
Zeisiggrün
Schwefelgelb
Messinggelb
Strohgelb
Honiggelb
Wachsgelb
Speisgelb
Zitronengelb
Goldgelb
Weingelb
Ockergelb
Isabellengelb
Oraniengelb
Feuerrot/Morgenrot
Hyazinthrot
Ziegelrot
Fleischrot
Scharlachrot
Kupferrot
Blutrot
Karminrot
Kochenillerot
Rosenrot
Karmesinrot
Kolombinrot
Kirschrot
Pfirsichblütenrot
Bräunlichrot
Rötlichbraun
Nelkenbraun
Haarbraun
Gelblichbraun
Tombakbraun
Holzbraun
Leberbraun
Schwärzlichbraun

Jameson, 1805
*84 Farbtöne*

Schneeweiß
Rotweiß
Gelbweiß
Silberweiß
Grauweiß
Grünweiß
Milchweiß
Zinnweiß
Bleigrau
Gemeines Bleigrau
Frisches Bleigrau
Schwärzliches Bleigrau
Weißliches Bleigrau
Blaugrau
Rauchgrau
Perlgrau
Grüngrau
Gelbgrau
Aschgrau
Stahlgrau
Grauschwarz
Eisenschwarz
Samtschwarz
Pech- oder Braunschwarz
Grün- oder Rabenschwarz
Blauschwarz
Indigoblau
Berliner Blau
Azurblau
Veilchenblau
Pflaumenblau
Lavendelblau
Kobaltblau
Himmelblau
Spangrün
Seladongrün
Berggrün
Lauchgrün
Smaragdgrün
Apfelgrün
Grasgrün
Schwarzgrün
Pistaziengrün
Spargelgrün
Olivgrün
Ölgrün
Zeisiggrün
Schwefelgelb
Messinggelb
Strohgelb
Bronzegelb
Wachsgelb
Honiggelb
Zitronengelb
Goldgelb
Ockergelb
Weingelb
Creme- oder Isabellengelb
Orangegelb
Aurora- oder Morgenrot
Hyazinthrot
Ziegelrot
Scharlachrot
Blutrot
Fleischrot
Kupferrot
Karminrot
Schildlausrot
Karmesinrot
Kolombinrot
Rosarot
Pfirsichblütenrot
Kirschrot
Braunrot
Rotbraun
Nelkenrot
Haarbraun
Brokkolibraun
Kastanienbraun
Gelbbraun
Pinchbeck-braun
Holzbraun
Leberbraun
Schwarzbraun

Syme, 1814
*108 Farbtöne*

Schneeweiß
Rotweiß
Violettweiß
Gelbweiß
Orange-weiß
Grünweiß
Milch-weiß
Grauweiß
Aschgrau
Rauchgrau
Französisch Grau
Perlgrau
Gelbgrau
Blaugrau
Grüngrau
Schwarzgrau
Grauschwarz
Blauschwarz
Grünschwarz
Pech- oder Braunschwarz
Rotschwarz
Rabenschwarz
Samtschwarz
Indigoblau
Preußisch Blau
Chinesisch Blau
Azurblau
Ultramarinblau
Leinblütenblau
Berliner Blau
Erdgrünes Blau
Grünblau
Graublau
Fliederfarbenviolett
Blauviolett
Veilchenviolett
Stiefmütterchenviolett
Glockenblumenviolett
Kaiserviolett
Aurikelviolett
Pflaumfarbenviolett
Rotviolett
Lavendel-violett
Blasses Schwarzviolett
Schöllkraut-grün
Berggrün
Lauchgrün
Schwarzgrün
Spangrün
Blaugrün
Apfelgrün
Smaragdgrün
Grasgrün
Entengrün
Saftgrün
Pistaziengrün
Spargelgrün

- Olivgrün
- Ölgrün
- Zeisiggrün
- Schwefelgelb
- Schlüsselblumengelb
- Wachsgelb
- Zitronengelb
- Gummiharzgelb
- Königsgelb
- Safrangelb
- Gallensteingelb
- Honiggelb
- Strohgelb
- Weingelb
- Sieneser Gelb
- Ockergelb
- Cremegelb
- Holländisch Orange
- Raulederorange
- Rauschgelborange
- Braunorange
- Rotorange
- Tiefrotorange
- Ziegelrot
- Hyazinthrot
- Scharlachrot
- Zinnoberrot
- Morgenrot
- Arterienblutrot
- Fleischrot
- Rosarot
- Pfirsichblütenrot
- Karminrot
- Färberrot
- Karmesinrot
- Schildlausrot
- Venenblutrot
- Braunviolettrot
- Schokoladenrot
- Braunrot
- Tiefes Orangebraun
- Tiefes Rotbraun
- Umbrabraun
- Kastanienbraun
- Gelbbraun
- Holzbraun
- Leberbraun
- Haarbraun
- Brokkolibraun
- Olivbraun
- Schwarzbraun

## Cleaveland, 1816

*80 Farbtöne*

- Schneeweiß
- Rotweiß
- Gelbweiß
- Silberweiß
- Grauweiß
- Grünweiß
- Milchweiß
- Zinnweiß
- Bleigrau
- Blaugrau
- Rauchgrau
- Perlgrau
- Grüngrau
- Gelbgrau
- Aschgrau
- Stahlgrau
- Grauschwarz
- Eisenschwarz
- Samtschwarz
- Pechschwarz
- Rabenschwarz
- Blauschwarz
- Indigoblau
- Berliner Blau
- Azurblau
- Veilchenblau
- Pflaumenblau
- Lavendelblau
- Kobaltblau
- Himmelblau
- Spangrün
- Meergrün
- Berggrün
- Smaragdgrün
- Apfelgrün
- Grasgrün
- Schwarzgrün
- Lauchgrün
- Pistaziengrün
- Spargelgrün
- Olivgrün
- Ölgrün
- Zeisiggrün
- Schwefelgelb
- Messinggelb
- Strohgelb
- Bronzegelb
- Wachsgelb
- Honiggelb
- Zitronengelb
- Goldgelb
- Ockergelb
- Weingelb
- Isabellengelb
- Orangegelb
- Morgenrot
- Hyazinthrot
- Ziegelrot
- Scharlachrot
- Blutrot
- Fleischrot
- Kupferrot
- Karminrot
- Schildlausrot
- Karmesinrot
- Kolombinrot
- Rosarot
- Pfirsichblütenrot
- Kirschrot
- Braunrot
- Rotbraun
- Nelkenrot
- Haarbraun
- Brokkolibraun
- Kastanienbraun
- Gelbbraun
- Pinchbeckbraun
- Holzbraun
- Leberbraun
- Schwarzbraun

## Syme, 1821

*110 Farbtöne*

- Schneeweiß
- Rotweiß
- Violettweiß
- Gelbweiß
- Orangeweiß
- Grünweiß
- Milchweiß
- Grauweiß
- Aschgrau
- Rauchgrau
- Französisch Grau
- Perlgrau
- Gelbgrau
- Blaugrau
- Grüngrau
- Schwarzgrau
- Grauschwarz
- Blauschwarz
- Grünschwarz
- Pech- oder Braunschwarz
- Rotschwarz
- Tintenschwarz
- Samtschwarz
- Schottisch Blau
- Preußisch Blau
- Indigoblau
- Chinesisch Blau
- Azurblau
- Ultramarinblau
- Leinblütenblau
- Berliner Blau
- Erdgrünes Blau
- Grünblau
- Graublau
- Fliederfarbenviolett
- Blauviolett
- Veilchenviolett
- Stiefmütterchenviolett
- Glockenblumenviolett
- Kaiserviolett
- Aurikelviolett
- Pflaumfarbenviolett
- Rotviolett
- Lavendelviolett
- Blasses Schwarzviolett
- Schöllkrautgrün
- Berggrün
- Lauchgrün
- Schwarzgrün
- Spangrün
- Blaugrün
- Apfelgrün
- Smaragdgrün
- Grasgrün
- Entengrün
- Saftgrün
- Pistaziengrün
- Spargelgrün
- Olivgrün
- Ölgrün
- Zeisiggrün
- Schwefelgelb
- Schlüsselblumengelb
- Wachsgelb
- Zitronengelb
- Gummiharzgelb
- Königsgelb
- Safrangelb
- Gallensteingelb
- Honiggelb
- Strohgelb
- Weingelb
- Sieneser Gelb
- Ockergelb
- Cremegelb
- Holländisch Orange
- Raulederorange
- Rauschgelborange
- Braunorange
- Rotorange
- Tiefrotorange
- Ziegelrot
- Hyazinthrot
- Scharlachrot
- Zinnoberrot
- Morgenrot
- Arterienblutrot
- Fleischrot
- Rosarot
- Pfirsichblütenrot
- Karminrot
- Färberrot
- Karmesinrot
- Violettrot
- Schildlausrot
- Venenblutrot
- Braunviolettrot
- Schokoladenrot
- Braunrot
- Tiefes Orangebraun
- Tiefes Rotbraun
- Umbrabraun
- Kastanienbraun
- Gelbbraun
- Holzbraun
- Leberbraun
- Haarbraun
- Brokkolibraun
- Olivbraun
- Schwarzbraun

# *I.*
# WEISS, GRAU UND SCHWARZ

# WEISS

## WHITES.

| Nº | Names. | Colours. | Animal. | Vegetable. | Mineral. |
|---|---|---|---|---|---|
| 1 | *Snow White.* | | *Breast of the black headed Gull.* | *Snow-Drop.* | *Carara Marble and Calc Sinter.* |
| 2 | *Reddish White.* | | *Egg of Grey Linnet.* | *Back of the Christmas Rose.* | *Porcelain Earth.* |
| 3 | *Purplish White.* | | *Junction of the Neck and Back of the Kittiwake Gull.* | *White Geranium or Storks Bill.* | *Arragonite.* |
| 4 | *Yellowish White.* | | *Egret.* | *Hawthorn Blossom.* | *Chalk and Tripoli.* |
| 5 | *Orange coloured White.* | | *Breast of White or Screech Owl.* | *Large Wild Convolvulus.* | *French Porcelain Clay.* |
| 6 | *Greenish White.* | | *Vent Coverts of Golden crested Wren.* | *Polyanthus Narcissus.* | *Calc Sinter.* |
| 7 | *Skimmed milk White.* | | *White of the Human Eyeballs.* | *Back of the Petals of Blue Hepatica.* | *Common Opal.* |
| 8 | *Greyish White.* | | *Inside Quill-feathers of the Kittiwake.* | *White Hamburgh Grapes.* | *Granular Limestone.* |

# SCHWARZ

## BLACKS

| No | Names | Colours | ANIMAL | VEGETABLE | MINERAL |
|---|---|---|---|---|---|
| 17 | Greyish Black | | Water Ousel. Breast and upper Part of Back of Water Hen. | | Basalt. |
| 18 | Bluish Black | | Largest Black Slug | Crowberry. | Black Cobalt Ochre. |
| 19 | Greenish Black | | Breast of Lapwing | | Hornblende |
| 20 | Pitch or Brownish Black | | Guillemot. Wing Coverts of Black Cock. | | Yenite Mica |
| 21 | Reddish Black | | Spots on Large Wings of Tyger Moth. Breast of Pochard Duck. | Berry of Fuchsia Coccinea | Oliven Ore |
| 22 | Ink Black | | | Berry of Deadly Night Shade | Oliven Ore |
| 23 | Velvet Black | | Mole. Tail Feathers of Black Cock. | Black of Red and Black West Indian Peas. | Obsidian |

# GRAU

## GREYS.

| Nº | Names. | Colours. | Animal. | Vegetable. | Mineral. |
|---|---|---|---|---|---|
| 9 | *Ash Grey.* | | *Breast of long tailed Hen Titmouse.* | *Fresh Wood ashes* | *Flint.* |
| 10 | *Smoke Grey.* | | *Breast of the Robin round the Red.* | | *Flint.* |
| 11 | *French Grey.* | | *Breast of Pied Wag tail.* | | |
| 12 | *Pearl Grey.* | | *Backs of black headed and Kittiwake Gulls.* | *Back of Petals of Purple Hepatica.* | *Porcelain Jasper.* |
| 13 | *Yellowish Grey.* | | *Vent coverts of White Rump.* | *Stems of the Barberry.* | *Common Calcedony.* |
| 14 | *Bluish Grey.* | | *Back, and tail Coverts Wood Pigeon.* | | *Limestone* |
| 15 | *Greenish Grey.* | | *Quill feathers of the Robin.* | *Bark of Ash Tree.* | *Clay Slate. Wacke.* |
| 16 | *Blackish Grey.* | | *Back of Nut-hatch.* | *Old Stems of Hawthorn.* | *Flint.* |

# WEISS

| Nr. | Name | Farbe | TIER | | |
|---|---|---|---|---|---|
| 1 | *Schneeweiß* | | *Brustgefieder der Lachmöwe* | 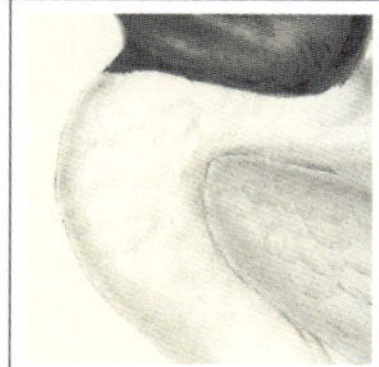 | |
| 2 | *Rotweiß* | | *Ei des Gemeinen Hänflings* |  | |
| 3 | *Violettweiß* | | *Übergang von Nacken zu Rücken der Dreizehenmöwe* |  | |
| 4 | *Gelbweiß* | | *Reiher* | 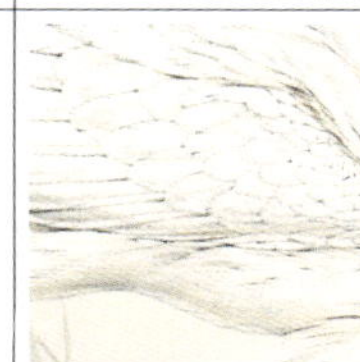 | |
| 5 | *Orangeweiß* | | *Brustgefieder von Kreisch- und Schneeeule* |  | |
| 6 | *Grünweiß* | | *Kloakenfedern des Wintergoldhähnchens* |  | |
| 7 | *Milchweiß* | | *Weiß des menschlichen Augapfels* | 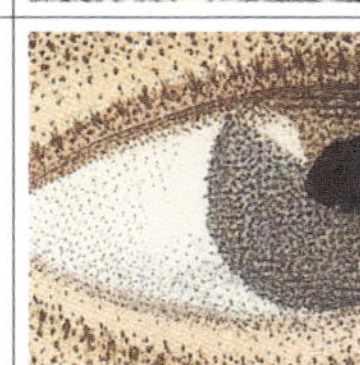 | |
| 8 | *Grauweiß* | | *Innere Schwungfedern der Dreizehenmöwe* |  | |

Symes *Nomenklatur der Farben* von 1821 übernimmt fünf Weißtöne von Werner (Nr. 1, 2, 4, 6 und 7); ein weiterer stammt aus Lenz' Farbsystem (Nr. 8), dazu zwei von Syme selbst definierte Weißschattierungen aus der Ausgabe von 1814 (Nr. 3 und 5).

# WEISS

| | PFLANZE | | MINERAL | |
|---|---|---|---|---|
| | *Schneeglöckchen* |  | *Carraramarmor und Kalksinter* |  |
| | *Unterseite der Christrose* |  | *Porzellanerde* | 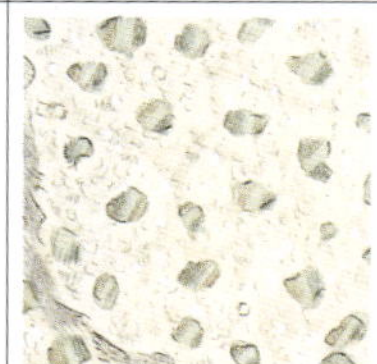 |
| | *Weiße Geranie oder Storchschnabel* |  | *Aragonit* | 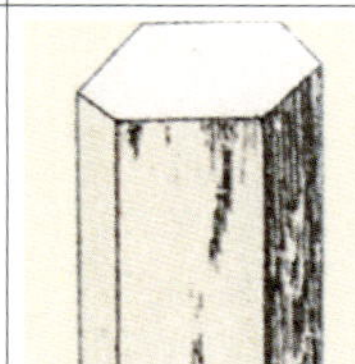 |
| | *Weißdornblüte* |  | *Kreide und Bergmehl* | 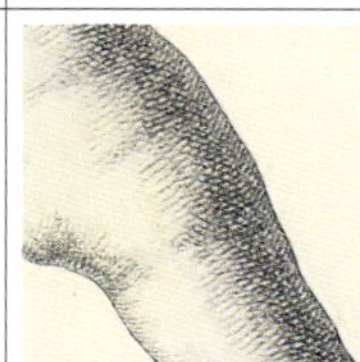 |
| | *Ackerwinde* |  | *Französische Porzellanerde* |  |
| | *Straußnarzisse* |  | *Kalksinter* |  |
| | *Blüenrückseite des blauen Leberblümchens* |  | *Opal* |  |
| | *Weiße Weintraube* |  | *Feinkörniger Kalkstein* |  |

# 1. SCHNEEWEISS

(a) *Brustgefieder der Lachmöwe*

(b) *Schneeglöckchen*

(c) *Carraramarmor und Kalksinter*

*Schneeweiß ist die eigentliche weiße Farbe; es ist das reinste Weiß; frei von jeder Beimischung, gleicht es frisch gefallenem Schnee. [W]*

**TIER**
Lachmöwe (*Chroicocephalus ridibundus*), aus: John Gould, *Birds of Europe*, Bd. 5, 1832–1837.

**PFLANZE**
Schneeglöckchen (*Galanthus*), aus: Cornelis Antoon Jan Abraham Oudemans, *Neerlands Plantentuin*, 1865.

**MINERAL**
Carraramarmor mit Quarzeinlagerung (2. v. l.), aus: Reinhard Brauns, *The Mineral Kingdom*, Bd. 2, 1912.

# 2. ROTWEISS

(a) *Ei des Gemeinen Hänflings*

(b) *Unterseite der Christrose*

(c) *Porzellanerde*

*Rotweiß besteht aus Schneeweiß mit einem winzigen Teil Karmesinrot und Aschgrau. [W]*

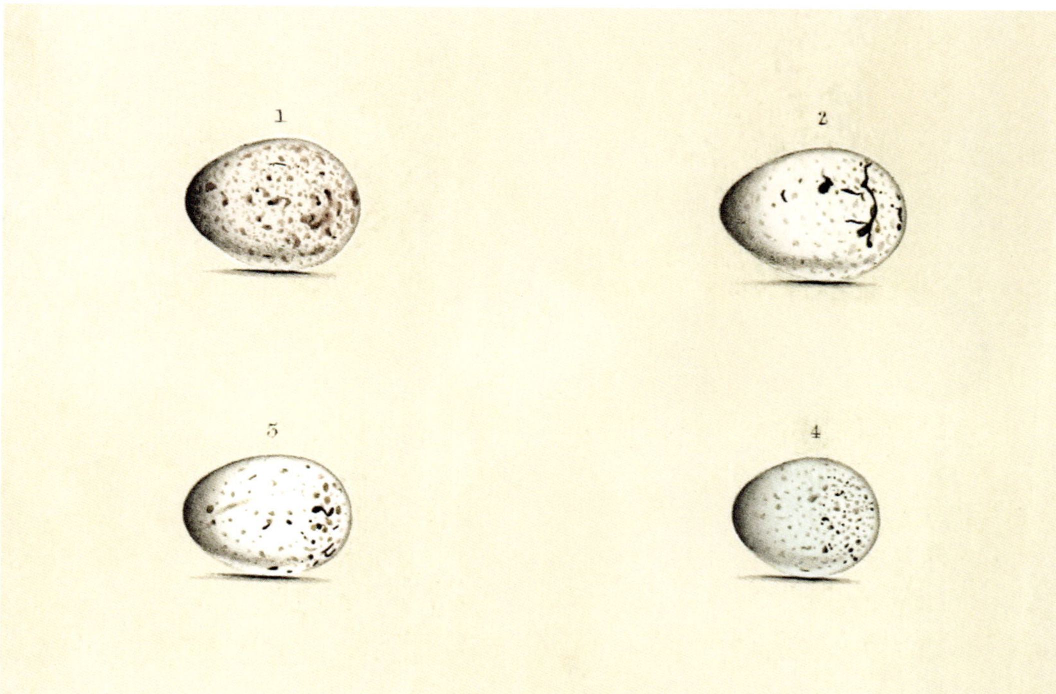

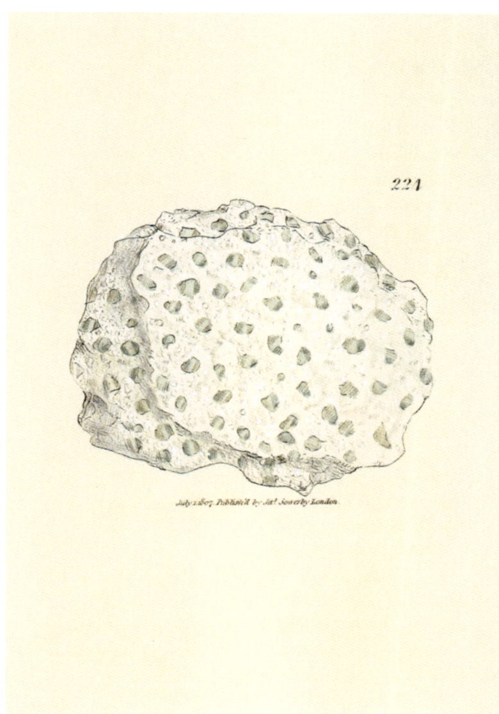


TIER
Eier des Gemeinen Hänflings (*Linaria cannabina*), aus: William C. Hewitson, *British Oology*, Bd. 1, 1833.

PFLANZE
Christrose (*Helleborus niger*), John White, Aquarellzeichnung, um 1600.

MINERAL
Porzellanerde (*Kaolin*), aus: James Sowerby, *British Mineralogy*, Bd. 3, 1802–1817.

# 3. VIOLETTWEISS

(a) *Übergang von Nacken zu Rücken der Dreizehenmöwe*

(b) *Weiße Geranie oder Storchschnabel*

(c) *Aragonit*

*Violettweiß ist Schneeweiß mit einem Hauch Karmesinrot und Berliner Blau sowie einem winzigen Teil Aschgrau.*

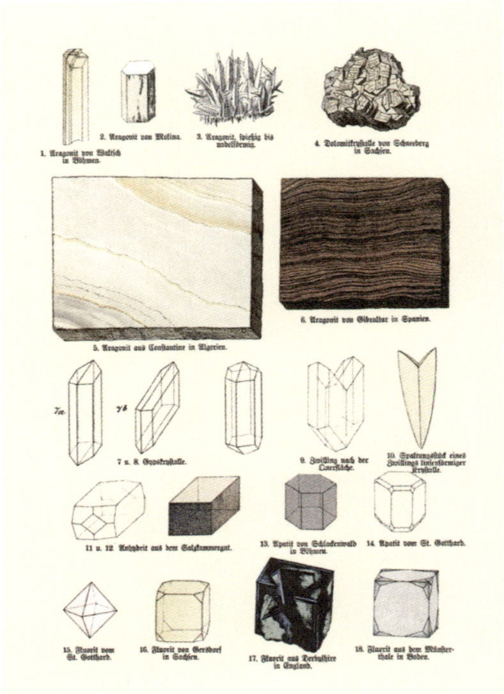

TIER
Dreizehenmöwe (*Rissa tridactyla*), aus: John Gould, *Birds of Europe*, Bd. 5, 1832–1837.

PFLANZE
Storchschnabel (*Erodium cicutarium*), aus: A. Mentz und C. H. Ostenfeld, *Billeder af nordens flora*, Bd. 1, 1917.

MINERAL
Aragonit (o., 2. v. l.), aus: Gotthilf Heinrich von Schubert, *Naturgeschichte des Tier-, Pflanzen- und Mineralreichs*, 1886.

# 4. GELBWEISS

(a) *Reiher*

(b) *Weißdornblüte*

(c) *Kreide und Bergmehl*

*Gelbweiß besteht aus Schneeweiß mit ein ganz klein wenig Zitronengelb und Aschgrau. [W]*

TIER
Silberreiher (*Ardea alba*), aus: John Gould, *Birds of Europe*, Bd. 4, 1832–1837.

PFLANZE
Weißdorn (*Crataegus oxyacantha*), kolorierte Druckgrafik des 19. Jahrhunderts.

MINERAL
Kreide (u. M.), aus: Johann Gottlob Kurr, *The Mineral Kingdom*, 1859.

# 5. ORANGEWEISS

(a) *Brustgefieder von Kreisch- und Schneeeule*

(b) *Ackerwinde*

(c) *Französische Porzellanerde*

*Orangeweiß ist Schneeweiß mit einem sehr kleinen Teil Ziegelrot und Königsgelb sowie einem winzigen Teil Aschgrau.*

TIER
Kreischeule (*Megascops*), aus: John Gould, *Birds of America*, Bd. 1, 1827–1838.

PFLANZE
Ackerwinde (*Convolvulus arvensis*), aus: A. Mentz und C. H. Ostenfeld, *Billeder af nordens flora*, Bd. 1,1917.

MINERAL
Kaolinerde mit Einlagerung von Feldspat, aus: Alexandre Brongniart, *Premier mémoire sur les kaolins ou argiles à porcelaine*, 1839.

# 6. GRÜNWEISS

(a) *Kloakenfedern des Wintergoldhähnchens*

(b) *Straußnarzisse*

(c) *Kalksinter*

*Grünweiß ist Schneeweiß gemischt mit ein klein wenig Smaragdgrün und Aschgrau. [W]*

TIER
Wintergoldhähnchen (*Regulus regulus*), aus: John Gould, *Birds of Great Britain*, Bd. 2, 1862–1873.

PFLANZE
*Narcissus tazetta*, *Narcissus orientalis*, *Corbularia bulbocodium*; Aquarellzeichnung des 17. Jahrhunderts. Grünweiß zeigt sich an den äußeren Blütenblättern der Straußnarzisse (*Narcissus tazetta*).

MINERAL
Kalzit (o. und u. r.), aus: Leonard Spencer, *The World's Minerals*, 1916. Kalzit ist ein häufiger Bestandteil von Kalksinter.

## 7. MILCHWEISS

(a) *Weiß des menschlichen Augapfels*

(b) *Blüenrückseite des blauen Leberblümchens*

(c) *Opal*

*Milchweiß ist Schneeweiß gemischt mit ein wenig Berliner Blau und Aschgrau. [W]*

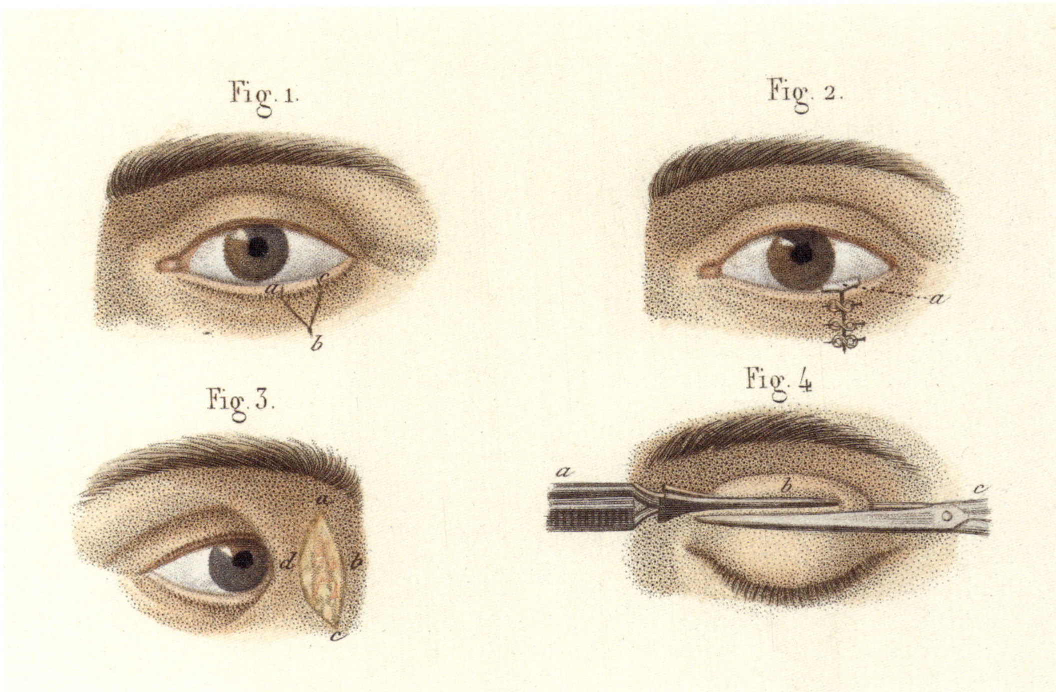

**ANATOMIE**
Menschliches Auge, aus: Claude Bernard und Charles Huette, *Précis iconographique de médecine opératoire et d'anatomie chirurgicale*, 1848. Die milchweiße Lederhaut (*sclera*) des Augapfels umgibt Iris und Pupille.

**PFLANZE**
Leberblümchen, aus: A. Mentz und C. H. Ostenfeld, *Billeder af nordens flora*, Bd. 1, 1917. Rückseitig schimmern die Blütenblätter des Leberblümchens milchweiß.

**MINERAL**
Gemeiner Opal, aus: Reinhard Brauns, *The Mineral Kingdom*, Bd. 2, 1912.

## 8. GRAUWEISS

(a) *Innere Schwungfedern der Dreizehenmöwe*

(b) *Weiße Weintraube*

(c) *Feinkörniger Kalkstein*

*Grauweiß ist Schneeweiß gemischt mit ein wenig Aschgrau. [W]*

TIER
Dreizehenmöwe (*Rissa tridactyla*), aus: John Gould, *Birds of Great Britain*, Bd. 5, 1862–1873.

PFLANZE
Weiße Weintraube (*Vitis vinifera*), George Brookshaw, Aquarellzeichnung, 1812.

MINERAL
Karbonatgestein, aus: Reinhard Brauns, *The Mineral Kingdom*, Bd. 2, 1912.

# GRAU

| Nr. | Name | Farbe | TIER | | |
|---|---|---|---|---|---|
| 9 | *Aschgrau* | | *Brustgefieder des Schwanzmeisenweibchens* |  | |
| 10 | *Rauchgrau* | | *Brustgefieder des Rotkehlchens rund um den roten Brustfleck* | 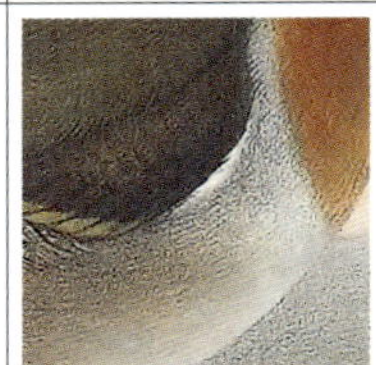 | |
| 11 | *Französisch Grau* | | *Brustgefieder der Bachstelze* |  | |
| 12 | *Perlgrau* | | *Rücken von Lach- und Dreizehenmöwe* |  | |
| 13 | *Gelbgrau* | | *Kloakenfedern der Kornweihe* |  | |
| 14 | *Blaugrau* | | *Rücken- und Schwanzfedern der Ringeltaube* | 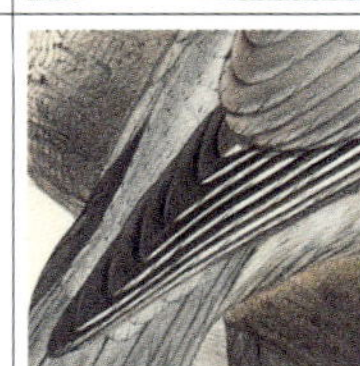 | |
| 15 | *Grüngrau* | | *Schwungfedern des Rotkehlchens* |  | |
| 16 | *Schwarz-grau* | | *Rücken des Kleibers* |  | |

Symes *Nomenklatur der Farben* von 1821 listet vier der Werner'schen Grautöne auf (Nr. 10, 13, 14 und 16) sowie zwei nach Picardet (Nr. 12 und 15) und einen aus dem System von Lenz (Nr. 9); ein weiterer ist bereits in der Erstausgabe von 1814 enthalten (Nr. 11).

# GRAU

| | PFLANZE | | MINERAL | |
|---|---|---|---|---|
| | *Frische Holzasche* |  | *Feuerstein* | 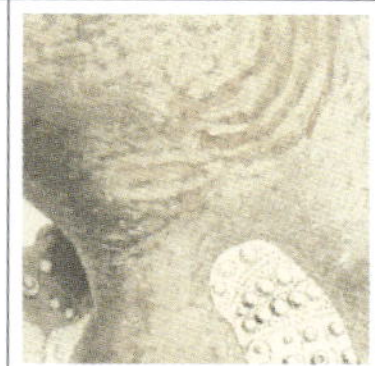 |
| | | | *Feuerstein* |  |
| | | | | |
| | *Blütenrückseite des violetten Leberblümchens* |  | *Porzellanjaspis* |  |
| | *Zweige der Berberitze* |  | *Gemeiner Chalcedon* |  |
| | | | *Kalkstein* | 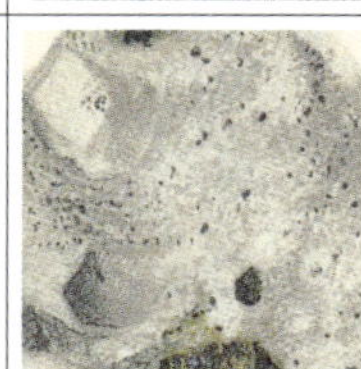 |
| | *Eschenrinde* |  | *Grauwacke* |  |
| | *Altes Holz beim Weißdorn* |  | *Feuerstein* |  |

# 9. ASCHGRAU

(a) *Brustgefieder des Schwanzmeisenweibchens*

(b) *Frische Holzasche*

(c) *Feuerstein*

*Aschgrau ist das eigentliche Grau nach Werner; Angaben zu den Bestandteilen macht er nicht. Es besteht aus Schneeweiß mit Teilen von Rauch- und Französisch Grau sowie ein klein wenig Gelbgrau und Karminrot. [W]*

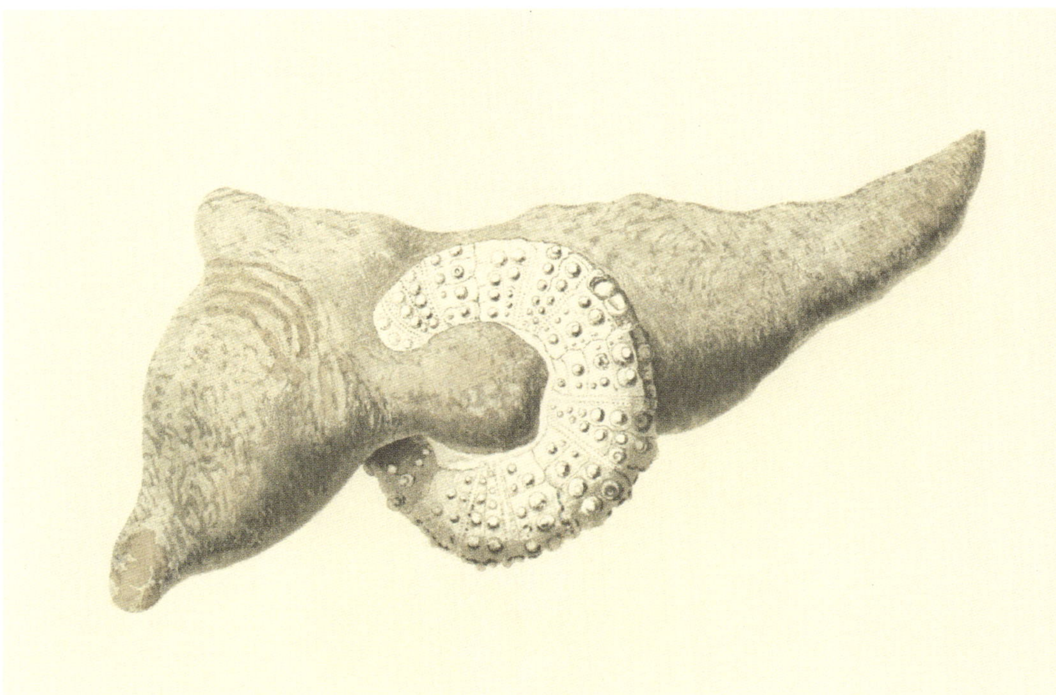

TIER
Schwanzmeise (*Aegithalos caudatus*), aus: John Gould, *Birds of Europe*, Bd. 3, 1832–1837.

PFLANZE
Brennender Holzscheit mit weißer und grauer Asche, Fotografie, undatiert.

MINERAL
Feuerstein (*Silizium-dioxid*), aus: Philip Rashleigh, *Specimens of British Minerals*, 1797.

## 10. RAUCHGRAU

(a) *Brustgefieder des Rotkehlchens rund um den roten Brustfleck*

(b) ——————

(c) *Feuerstein*

*Rauchgrau ist Aschgrau gemischt mit etwas Braun. [W]*

TIER
Rotkehlchen (*Erithacus rubecula*), aus: John Gould, *Birds of Great Britain*, Bd. 2, 1862–1873. Die helle Partie unterhalb des roten Brustflecks ist hier besonders gut erkennbar.

PFLANZE
Löwenzahn (*Taraxacum*), aus: William Baxter, *British Phaenogamous Botany*, 1832–1843. Die kugelförmig angeordneten Federkelche der Löwenzahnsamen sind rauchgrau.*

MINERAL
Feuerstein (o. l.), aus: Johann Gottlob Kurr, *The Mineral Kingdom*, 1859.

# 11. FRANZÖSISCH GRAU

(a) *Brustgefieder der Bachstelze*

(b) ______________

(c) ______________

*Französisch Grau ist beinah das Stahlgrau nach Werner, doch ohne Glanz; es ist Grauweiß mit einem Hauch Schwarz und Karminrot.*

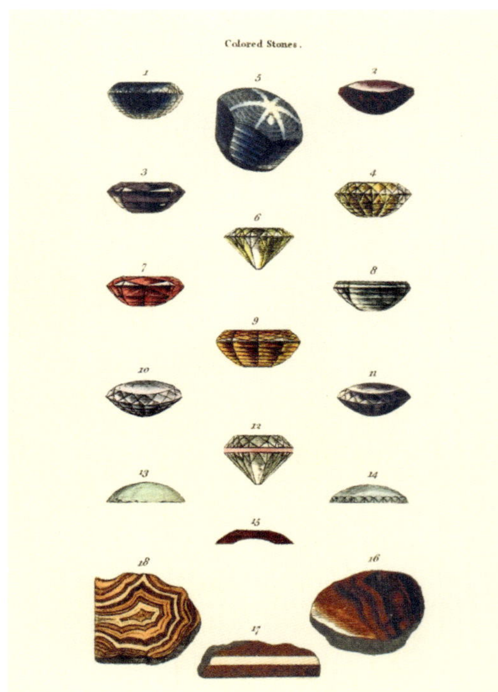


TIER
Bachstelze (*Motacilla alba*), aus: John Gould, *Birds of Europe*, Bd. 2, 1832–1837.

PFLANZE
Hahnenfuß (*Ranunculus seguieri*), aus: Jacob Sturm, *Deutschlands Flora in Abbildungen nach der Natur*, 1798. Französisch Grau ist sichtbar in den Blütenblättern.*

MINERAL
Edelsteine, aus: John Mawe, *A Treatise on Diamonds*, 1823. Edelstein Nr. 12 präsentiert sich in Französisch Grau.*

## 12. PERLGRAU

(a) *Rücken von Lach- und Dreizehenmöwe*

(b) *Blütenrückseite des violetten Leberblümchens*

(c) *Porzellanjaspis*

*Perlgrau ist Aschgrau gemischt mit ein wenig Karmesinrot und Blau oder Blaugrau mit ein wenig Rot. [W]*

TIER
Lachmöwe (*Chroicocephalus ridibundus*), aus: John Gould, *Birds of Europe*, Bd. 5, 1832–1837.

PFLANZE
Leberblümchen (*Anemone hepatica*), aus: O. Reveil, A. Dupuis, Fr. Gerard und F. H. Herincq, *Le Règne végétal*, 1864–1871. Rückseitig schimmern die Blütenblätter perlgrau.

MINERAL
Porzellanjaspis, aus: James Sowerby, *British Mineralogy*, Bd. 2, 1802–1817. Perlgrau zeigt sich im oberen Teil der Gesteinsprobe.

## 13. GELBGRAU

(a) *Kloakenfedern der Kornweihe*

(b) *Zweige der Berberitze*

(c) *Gemeiner Chalcedon*

*Gelbgrau ist Aschgrau gemischt mit Zitronengelb und einem winzigen Teil Braun. [W]*

TIER
Kornweihe (*Circus cyaneus*), aus: John Gould, *Birds of Great Britain*, Bd. 1, 1862–1873.

PFLANZE
Berberitze (*Berberis vulgaris*), Francesco Peyrolery, Aquarellzeichnung, 1765.

MINERAL
Chalcedon (*Quarz*), aus: Philip Rashleigh, *British Minerals*, 1797.

# 14. BLAUGRAU

(a) *Rücken- und Schwanzfedern der Ringeltaube*

(b) ——————

(c) *Kalkstein*

*Blaugrau ist Aschgrau gemischt mit ein wenig Blau. [W]*

TIER
Ringeltaube (*Columba palumbus*), aus: John Gould, *Birds of Europe*, Bd. 4, 1832–1837.

PFLANZE
Echter Meerkohl (*Crambe maritima*), aus: Jacob Sturm, *Deutschlands Flora in Abbildungen nach der Natur*, 1798. Blaugrau ist sichtbar an den Blättern.*

MINERAL
Kalkstein mit Einlagerungen von Vesuvianit (o., 3. v. l.), aus: Reinhard Brauns, *The Mineral Kingdom*, Bd. 2, 1912.

# 15. GRÜNGRAU

(a) *Schwungfedern des Rotkehlchens*
(b) *Eschenrinde*
(c) *Grauwacke*

*Grüngrau ist Aschgrau gemischt mit ein wenig Smaragdgrün, einem kleinen Teil Schwarz und ein wenig Zitronengelb. [W]*

TIER
Rotkehlchen (*Erithacus rubecula*), aus: Patrick Syme, *A Treatise on British Songbirds*, 1823.

PFLANZE
Esche (*Fraxinus excelsior*), aus: O. Reveil, A. Dupuis, Fr. Gerard und F. H. Herincq, *Le Règne végétal*, 1864–1871.

MINERAL
Grauwacke mit Einlagerungen von Pyromorphit (u. l.), aus: Reinhard Brauns, *The Mineral Kingdom*, Bd. 1, 1912.

# 16. SCHWARZGRAU

(a) *Rücken des Kleibers*
(b) *Altes Holz beim Weißdorn*
(c) *Feuerstein*

*Schwarzgrau, schwärzliches Bleigrau bei Werner doch ohne Glanz, ist Aschgrau mit ein wenig Blau und einem Anteil Schwarz.*

TIER
Kleiber (*Sitta europaea*), aus: John Gould, *Birds of Europe*, Bd. 3, 1832–1837.

PFLANZE
Weißdorn (*Crataegus*), aus: Heinrich Moritz Willkomm, *Illustrationes florae Hispaniae insularumque Balearium*, 1886–1892.

MINERAL
Feuerstein, aus: James Sowerby, *British Mineralogy*, Bd. 3, 1802–1817. Schwarzgrau zeigt sich im unteren Teil der Gesteinsprobe.

# SCHWARZ

| Nr. | Name | Farbe | TIER | | |
|---|---|---|---|---|---|
| 17 | *Grau-schwarz* |  | *Wasseramsel. Brust und Schultern des Teichhuhns* | 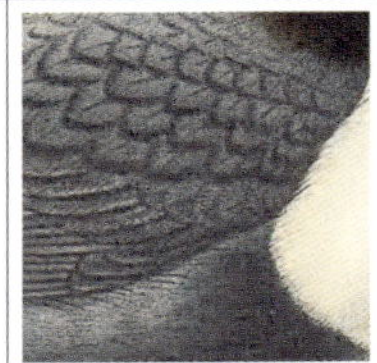 | |
| 18 | *Blauschwarz* |  | *Große Schwarze Wegschnecke* |  | |
| 19 | *Grün-schwarz* |  | *Brustgefieder des Kiebitz* | 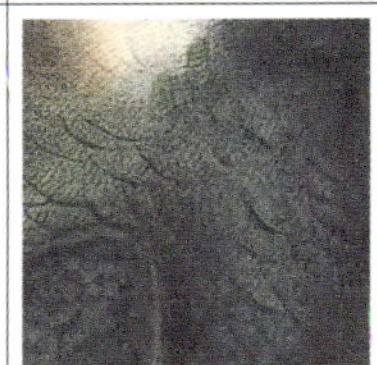 | |
| 20 | *Pech- oder Braun-schwarz* |  | *Trottellumme. Deckfedern des Birkhahns* |  | |
| 21 | *Rotschwarz* |  | *Flecken auf den Vorderflügeln des Großen Bären. Brustgefieder der Tafelente* |  | |
| 22 | *Tinten-schwarz* |  | | | |
| 23 | *Samt-schwarz* |  | *Maulwurf. Schwanzfedern des Birkhahns* | 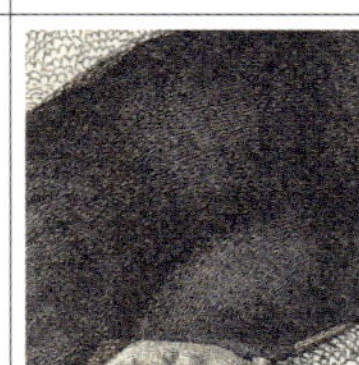 | |

Die Ausgabe von Symes *Nomenklatur der Farben* von 1821 übernimmt drei Schwarztöne nach Werner (Nr. 17, 18 und 20) und zwei nach Lenz (Nr. 19 und 23), ein weiterer stammt aus der Ausgabe von 1814 (Nr. 21) und geht wie der neue Ton Nr. 22 (Tintenschwarz) auf Syme selbst zurück.

# SCHWARZ

| | PFLANZE | | MINERAL | |
|---|---|---|---|---|
| | | | *Basalt* | 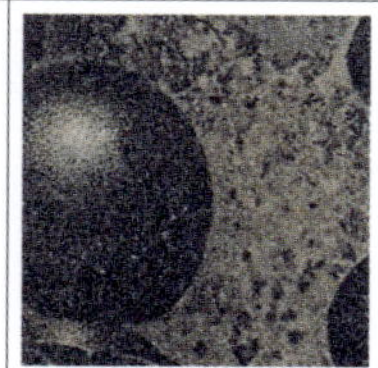 |
| | *Krähenbeere* |  | *Schwarzer Kobaltocker* |  |
| | | | *Hornblende* |  |
| | | | *Jenit* |  |
| | *Beeren der Fuchsie* |  | *Olivinerz* |  |
| | *Beeren des Bittersüßen Nachtschatten* |  | *Olivinerz* |  |
| | *Früchte des Turibaums. Kuhbohne* |  | *Obsidian* |  |

## 17. GRAUSCHWARZ

(a) *Wasseramsel. Brust und Schultern des Teichhuhns*

(b) ——————

(c) *Basalt*

*Grauschwarz ist aus Samtschwarz und einem Anteil Aschgrau gemischt. [W]*

TIER
Wasseramsel (*Cinclus mexicanus*), aus: John Gould, *Birds of Great Britain*, Bd. 2, 1862–1873.

PFLANZE
Südafrikanische Glockenblume (*Roella ciliata*), aus: Cornelis Antoon Jan Abraham Oudemans, *Neerlands Plantentuin*, 1865. Grauschwarz ist das Innere des Blütenkelchs.*

MINERAL
Basalt mit Einlagerungen von Eisenspat (*Chalybit*), aus: Reinhard Brauns, *The Mineral Kingdom*, Bd. 1, 1912.

# 18. BLAUSCHWARZ

(a) *Große Schwarze Wegschnecke*

(b) *Krähenbeere*

(c) *Schwarzer Kobaltocker*

*Blauschwarz ist Samtschwarz gemischt mit ein wenig Blau und Schwarzgrau. [W]*

**TIER**
Große Schwarze Wegschnecke (*Arion ater*; oben), aus: George Shaw und Frederick P. Nodder, *The Naturalist's Miscellany,* 1789–1813.

**PFLANZE**
Krähenbeere (*Empetrum nigrum*), Kolorierte Druckgrafik des 18. Jahrhunderts.

**MINERAL**
Schwarzer Kobaltocker (1. u. 2. R. v. o.), aus: Reinhard Brauns, *The Mineral Kingdom*, Bd. 1, 1912.

# 19. GRÜNSCHWARZ

(a) *Brustgefieder des Kiebitz*

(b) ————————

(c) *Hornblende*

*Grünschwarz ist Samtschwarz gemischt mit ein wenig Braun, Gelb und Grün. [W]*

TIER
Kiebitz (*Vanellus vanellus*), aus: John Gould, *Birds of Europe*, Bd. 4, 1832–1837.

PFLANZE
Artischocke (*Cynara cardunculus*), aus: Johann Wilhelm Weinmann, *Phytanthoza iconographia*, 1737. Grünschwarz ist sichtbar an den Blättern des Blütenstands.*

MINERAL
Hornblende (o. l.), aus: Leonard Spencer, *The World's Minerals*, 1916. Das an Hirschhorn erinnernde Silikatmineral changiert farblich in verschiedenen Schwarztönen.

## 20. PECH- ODER BRAUNSCHWARZ

(a) *Trottellumme. Deckfedern des Birkhahns*

(b) ——————

(c) *Jenit*

*Pech- oder Braunschwarz ist Samtschwarz gemischt mit ein wenig Braun und Gelb. [W]*

TIER
Trottellumme (*Uria aalge*), aus: John Gould, *Birds of Europe*, Bd. 5, 1832–1837.

PFLANZE
Rittersporn (*Delphinium*), aus: Cornelis Antoon Jan Abraham Oudemans, *Neerlands Plantentuin*, 1865. Braunschwarz sind die Ränder der Blütenblätter.*

MINERAL
Jenit (2. v. r.), aus: Reinhard Brauns, *The Mineral Kingdom*, Bd. 2, 1912.

## 21. ROTSCHWARZ

(a) *Flecken auf den Vorderflügeln des Großen Bären. Brustgefieder der Tafelente*

(b) *Beeren der Fuchsie*

(c) *Olivinerz*

*Rotschwarz ist Samtschwarz gemischt mit ein klein wenig Braun und Gelb.*

TIER
Großer Bär (*Arctia caja*), aus: Thomas Brown, *The Book of Butterflies, Sphinxes and Moths*, 1832.

PFLANZE
Fuchsie (*Fuchsia coccinea*), aus: Pierre Joseph Redouté, *Choix des plus belles fleurs*, 1833.

MINERAL
Olivinerz (oben u. unten jew. l. u. r.), aus: Philip Rashleigh, *Specimens of British Minerals*, 1797.

## 22. TINTENSCHWARZ

(a) ———————

(b) *Beeren des Bittersüßen Nachtschatten*

(c) *Olivinerz*

*Tintenschwarz ist Samtschwarz mit ein wenig Indigoblau darin.*

TIER
Schwalbenschwanz (*Papilio machaon)*, aus: James Duncan, *British Butterflies*, 1840. Tintenschwarz ist sichtbar in der Flügelzeichnung.*

PFLANZE
Bittersüßer Nachtschatten (*Atropa belladonna*), Aquarellzeichnung des 18. Jahrhunderts.

MINERAL
Olivinerz (u. l.), aus: Johann Gottlob Kurr, *The Mineral Kingdom*, 1859.

## 23. SAMTSCHWARZ

(a) *Maulwurf. Schwanzfedern des Birkhahns*

(b) *Früchte des Turibaums. Kuhbohne*

(c) *Obsidian*

*Samtschwarz ist das eigentliche Schwarz; es hat die Farbe von schwarzem Samt. [W]*

TIER
Maulwurf (*Talpa europaea*), aus: William MacGillivray, *British Quadrupeds*, 1849.

PFLANZE
Blüte und Blatttrieb der Kuhbohne (*Vigna unguiculata*), H. A. Weddell nach William Herbert, in: *Curtis's Botanical Magazine*, 1822.

MINERAL
Obsidian (r.), aus: William Hamilton, *Campi Phlegraei*, 1776.

# VON WERNERS MINERALOGISCHEM SYSTEM ZU SYMES *NOMENKLATUR DER FARBEN*

*Mineralien und die Klassifizierung mittels Farben*

PETER DAVIDSON

Im Jahr 1814 erschien in Edinburgh die erste Auflage von Patrick Symes (1774–1845) Schrift *Werners Nomenklatur der Farben*. Syme, selbst Pflanzenmaler, Zeichenlehrer und gefragter naturkundlicher Illustrator,[1] legt darin ein Referenzsystem zur Beschreibung und Benennung von Farben in Kunst und Natur vor.

Wie Syme in Titel und Vorwort ausführt, handelt es sich dabei um eine Ausarbeitung und Weiterführung der Arbeiten des deutschen Mineralogen Abraham Gottlob Werner (1749–1817). Dieser hatte 1774 in seinem für die Gesteinskunde seiner Zeit grundlegenden Werk *Von den äußerlichen Kennzeichen der Foßilien* eine Methode zur Identifizierung und Bestimmung von Mineralien anhand ihrer äußeren Merkmale entwickelt, zu denen er an prominenter Stelle auch deren Farbe zählt und eine hierzu zu verwendende Liste von Farbbegriffen aufstellt. Werners Handbuch wurde in mehrere Sprachen übersetzt und fand weltweite Beachtung. Wesentlichen Anteil an der Verbreitung seiner Theorien hatten Werners Schüler an der Bergakademie Freiberg,[2] und es war einer dieser Schüler, Robert Jameson (1774–1854), seit 1804 Lehrstuhlinhaber für Naturkunde an der Universität Edinburgh, der Syme mit der Werner'schen Methode bekannt machte.

1808 gründete Jameson die Wernerian Natural History Society, zu deren offiziellem Maler für naturkundliche Objekte 1811 Syme bestellt wurde. Zur Vorbereitung von Symes Farbenbuch stellte der Professor aus den Beständen der Universitätssammlung eine Auswahl von Mineralienproben nach der Werner'schen Methode zusammen. Syme griff in seiner Farbauswahl jedoch über das Feld der Mineralogie hinaus, um sein Buch zu einem nützlichen Begleiter für Maler und Wissenschaftler in allen Bereichen zu machen.

## WERNERS WEG IN DIE WELT DER MINERALE

Werner kam 1749 in Wehrau in der Oberlausitz zur Welt. Schon in seiner Jugendzeit interessierte er sich für die Welt der Minerale und Gesteine. Zu seinen Lieblingsbüchern zählten Johann Caspar Zeisigs[3] *Neues und wohleingerichtetes Mineral- und Bergwercks-Lexicon* (1730) sowie Johann Hübners (1668–1731) Handbuch[4]. Werner sammelte im Umland seiner Heimatstadt Gesteinsproben, die er zerstieß und zerrieb, um ihre Eigenschaften zu bestimmen. Auch der Vater versorgte den Knaben mit Mineralproben aus der Wehrauer Eisenhütte, als deren Aufseher er tätig war, und stellte seinen Sohn schon mit 15 Jahren dort als Hüttenschreiber an.

Als Werner junior aufgrund seiner angegriffenen Gesundheit zur Kur ins böhmische Karlsbad reiste, machte er Station in Freiberg, wo er die Stollen und Werkstätten des kürzlich gegründeten Montaninstituts besichtigte. Der junge Mann muss an der Bergakademie einen so nachhaltigen Eindruck hinterlassen haben, dass er schon bald nach Freiberg eingeladen wurde und sich 1769 mit der Matrikelnummer 52 zum Studium einschrieb.

In Carl Eugenius Pabst von Ohain (1718–1784), Berghauptmann und Kurator der Bergakademie, fand der fleißige Student einen Mentor und Förderer. Pabst gehörte zu den führenden Mineralogen seiner Zeit, verfügte über eine umfangreiche Mineralien-

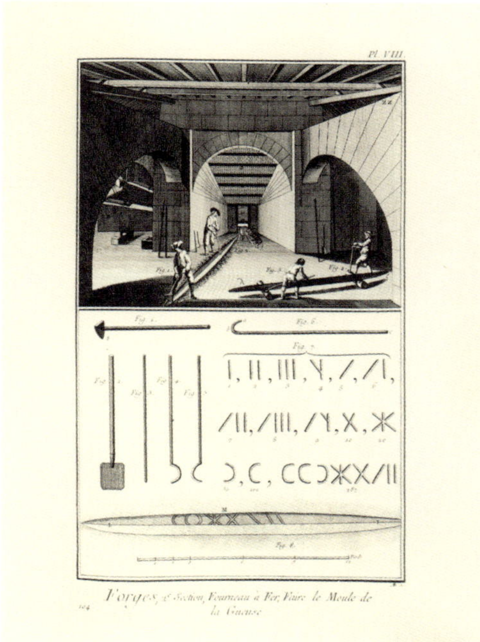

a

b

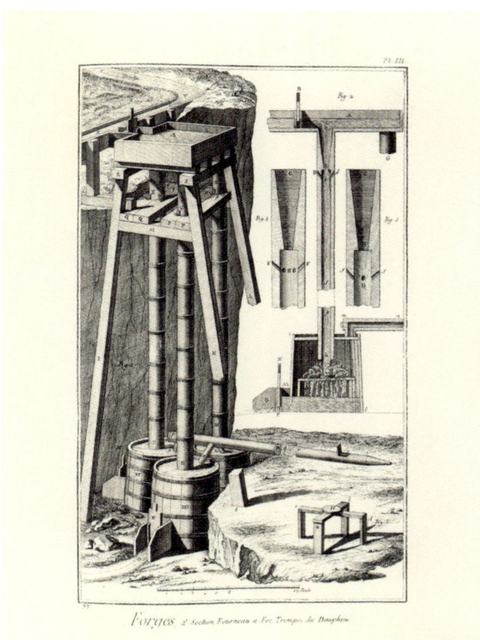

c

d

(a–d) Illustrationen zum Artikel „Schmiedekunst“ aus dem 4. Band von Diderots und d’Alemberts *Encyclopédie* in der Ausgabe von 1756. (a) Anblasen des Schmelzofens und Guss des Roheisens in eine Form. (b) Prüfen und Wiegen des gegossenen Eisens. (c) Vorrichtungen zum Ausschmelzen der Erze. (d) Bestückung des Schmelzofens mit Erz und Körbe zum Transport von Erz und Kohle.

a

b

c

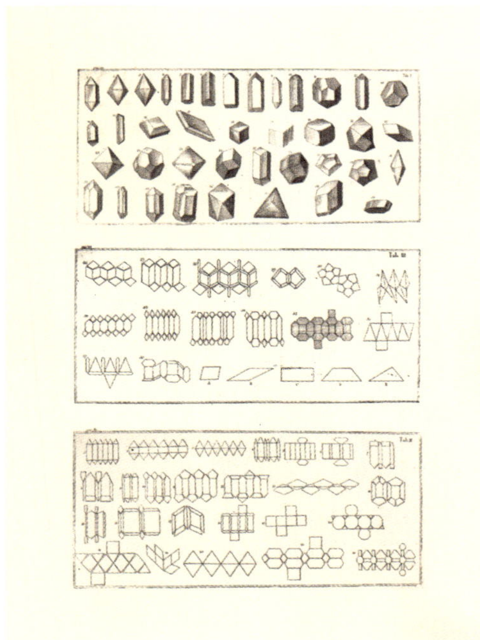

d

(a–b) Förderung, Entschlackung und Ausschmelzen von Erz, aus: Georg Agricola, *De re metallica*, 1621.

(c) Titelblatt mit allegorischer Darstellung der Erschaffung der irdischen und der unterirdischen Welt, aus: Johann Joachim Becher, *Physica subterranea*, 1669.

(d) Kristallformen von Mineralien, aus: Carl von Linné, *Systema naturae*, 1735.

sammlung und eine ausgedehnte Bibliothek. Werner selbst wurde später mit der Katalogisierung der Sammlung[5] betraut. In der Einleitung zum Sammlungsverzeichnis weist er auf Pabsts Überzeugung hin, die Bestimmung eines Minerals erfordere eine Kombination aus der Beschreibung ihrer äußeren Eigenschaften und ihrer chemischen Zusammensetzung.

Nach Ende seiner Studienzeit bot man Werner eine Anstellung an der Bergakademie an. Werner war sich jedoch im Klaren, dass für ein weiteres Fortkommen ein zusätzliches Universitätsstudium unabdingbar war, weshalb er sich 1771 in Leipzig zum Studium der Rechte einschrieb.[6]

## SCHRIFTEN ZUR MINERALOGIE VOR WERNER

Welche Lehrbücher standen Werner zur Verfügung und wie beeinflussten sie ihn? Zu den mineralogischen Standardwerken seiner Zeit, die Werner beim Studium an der Bergakademie in Freiberg und an der Universität Leipzig, aber auch in der Bibliothek seines Lehrers Pabst konsultiert haben wird, zählen die Werke des Renaissancegelehrten Agricola (Georg Bauer; 1494–1555). Dessen Schriften *De re metallica* und *De natura fossilium* gelten als Beginn der modernen Mineralogie und Geologie, auch sie enthalten eine systematische Übersicht über die Minerale und ihre äußeren Merkmale.

1669 legte dann der Arzt und Alchemist Johann Becher (1635–1682) in seiner Schrift *Physica subterranea* ein auf chemischen Beobachtungen beruhendes System der Minerale vor. Einen Wendepunkt auch für die mineralogische Forschung markiert das Erscheinen von Carl von Linnés (1707–1778) *Systema naturae* im Jahr 1735. Es enthält Linnés epochemachenden Ansatz zu einer umfassenden Klassifizierung der Tier- und Pflanzenwelt, beschäftigt sich aber auch mit der Welt der Gesteine. Die Chemie der Minerale bildet schließlich die Basis des Klassifizierungsschemas in Johann Heinrich Potts (1692–1777) *Chymischen Untersuchungen* von 1757, die zur Grundlage zahlreicher späterer Systeme wurden.

Zeitgenosse von Linné und Professor für Mineralogie an der Universität Uppsala war Johan Gottschalk Wallerius (1709–1785). Aus seiner Feder stammt die 1747 erschienene *Mineralogia* und die Schrift *De systematibus mineralogicis* von 1772. Auch Wallerius legt seinem Klassifizierungsschema die Chemie der Minerale zugrunde, schenkt ihren äußeren Merkmalen jedoch mehr Aufmerksamkeit als frühere Autoren. Wie Carl von Linné setzt Wallerius drei Hauptklassen (Erden, Gesteine und Mineralien) an, die er wiederum in Ordnungen, Gattungen und schließlich Arten differenziert. Während seine Klassen und Ordnungen auf der chemischen Zusammensetzung beruhen, findet auf der Ebene von Gattung und Art die Betrachtung der äußeren Merkmale Eingang, insbesondere die Farbe, ergänzt um weitere Kriterien wie Kristallform und Härte.

Neben Linné und Wallerius war noch ein weiterer schwedischer Autor für Werner von Bedeutung, Axel Fredrik Cronstedt (1722–1765), dessen 1758 erschienene mineralogische Schriften[7] Werner ins Deutsche übertrug und auf den er sich in einer frühen Fassung seines eigenen Systems der Mineralogie bezieht, wenn er dessen Unterscheidung von Erden, Salzen, brennbaren Stoffen und Metallen weitgehend übernimmt. Zwar bezieht auch Cronstedt, ähnlich wie Wallerius, die Farbe und die übrigen äußeren Merkmale der Minerale in deren Klassifizierung ein, entwickelt aber keine festen Farbstandards und bleibt mit seinen entsprechenden Beschreibungen oft im Ungefähren.

Ebenfalls aus dem Jahr 1758 stammt das für Werner wichtige Buch des sächsischen Mineralogen Johann Gottlob Lehmann (1719–1767), in dem der Autor unter dem Titel *Versuch einer Geschichte von Flöz-Gebürgen* eine Theorie zur Entstehung und Struktur der Erdkruste vorlegt, nach welcher die Gesteine auf Ablagerungen aus den Ur-Ozeanen zurückgehen. Auf diese Weise hätte sich Schicht um Schicht die Erdoberfläche gebildet, aus der durch zufällige Faktoren wie Überschwemmungen, Erdbeben und Vulkanausbrüche weitere Gesteine auftauchen können – eine frühe Variante des Neptunismus.

## ÄUSSERE MERKMALE ALS BESTIMMUNGSKRITERIEN VON MINERALIEN

Zu den Professoren, bei denen Werner in Leipzig Vorlesungen hörte, zählte auch der Anatom und Mineraloge Johann Karl Gehler (1732–1796). Gehler gab 1757 eine kleine Schrift mit dem lateinischen

1

6
5

10

11

# VIGANIS WUNDERSCHRANK

Mit dem Beginn der Neuzeit wuchs das Interesse an der Welt der Natur und der Medizin. Naturaliensammlungen kamen in Mode. Möglichst umfangreich und exotisch bestückte Kuriositätenkabinette wurden zu einem gesuchten Statussymbol. Die hier abgebildeten Fächer mit Mineralien und Muscheln, Fossilien und Früchten stammen aus dem „Wunderschrank“ des italienischen Chemikers Giovanni Francesco Vigani (um 1650–1712), der in Cambridge lehrte. Seine dort zusammengetragene Sammlung umfasst annähernd 700 Stücke aus dem Bereich der *Materia medica*.

FARBEN NACH SYME/WERNER

| | | |
|---|---|---|
| 1 | | BEZOAR ORIENTALIS |
| | | *50. Spangrün* |
| 2 | | ROTER OCKER |
| | | *90. Pfirsichblütenrot* |
| 3 | | AURIPIGMENT |
| | | *67. Königsgelb* |
| 4 | | KOBALTGLAS |
| | | *31. Berliner Blau* |
| 5 | | BOLUS ARMENICUS |
| | | *82. Ziegelrot* |
| 6 | | KORALLENROT |
| | | *85. Zinnoberrot* |
| 7 | | MINIUM |
| | | *84. Scharlachrot* |
| 8 | | TALCUM VENETUM |
| | | *8. Grauweiß* |
| 9 | | VITRIOL |
| | | *28. Azurblau* |
| 10 | | ALOE VERA |
| | | *20. Pechschwarz* |
| 11 | | BEEREN VON COCCULUS INDICUS |
| | | *14. Blaugrau* |
| 12 | | TRUBANSCHNECKE |
| | | *103. Kastanienbraun* |

Titel *De characteribus fossilium externis* in Druck: „Über die äußeren Eigenschaften der Fossilien". Nachdem Werner zunächst damit begonnen hatte, Gehlers Text ins Deutsche zu übersetzen, ergänzte er ihn auf Anraten seines Freundes Christian Erhard Kapp (1739–1824) um seine eigenen Gedanken. So entstand Werners Hauptwerk *Von den äußerlichen Kennzeichen der Foßilien*, erschienen 1774 in Leipzig.

Werners Buch enthält keine umfassende Darstellung seines mineralogischen Systems – eine solche legte der Freiberger Forscher erst ab 1789 vor –, es präsentiert sich vielmehr als Handbuch zur Bestimmung von Mineralien im Labor, im Hörsaal und in der Natur. Werner bemüht sich überdies um eine einheitliche Begrifflichkeit, die dabei helfen soll, Beschreibungen von Fundstücken und Proben für jeden eindeutig nachvollziehbar zu Papier zu bringen. Werners erklärtes Ziel, wie er im Vorbericht seiner Schrift formuliert, war es, der „Vernachlässigung der Beschreibungen der Foßilien nach äußerlichen Kennzeichen" in der Mineralogie abzuhelfen.[8] Als solche gelten ihm Farbe, Struktur, Kristallisationsform, Größe, Glanz, Bruchverhalten und Härte bis hin zu Geschmack und Geruch – zuvörderst aber, da es „das erste, so uns an den Foßilien in die Sinne fällt"[9], die Farbe, deren verschiedene Ausprägungen er in einem eigenen Kapitel auflistet. Indes räumt auch Werner ein, dass Farbe allein zur Gesteinsbestimmung nicht genügt, sondern die Betrachtung sämtlicher Eigenschaften äußerer, chemischer, physikalischer und empirischer Natur dazu vonnöten ist.[10]

Werners Farbsystem beruht ausdrücklich nicht auf den Spektralfarben, sondern auf dem tatsächlichen Vorkommen von Farbe in der Welt der Minerale. Aus diesem Grund sind in Werners Liste auch Weiß, Grau und Schwarz enthalten. Farbe verrät Werner zufolge in manchen Fällen auch etwas über die chemische Zusammensetzung; so sind kupferhaltige Minerale meist grün oder blau, magnesiumhaltige oft rosa, während eine rote Färbung Eisen verrät. Werner setzt insgesamt acht Hauptfarben an: Weiß, Grau, Schwarz, Blau, Grün, Gelb, Rot und Braun. Diese werden entweder durch eine Farbspezifikation wie schwärzlich-, bläulich- oder grünlich- oder durch Vergleichsgrößen wie Milch-Weiß, Zeisig-Grün oder Himmel-Blau näher bestimmt. Sämtliche Farbtöne lassen sich nach Werner weiter durch ihre „Höhe", ihre Schattierung in blass, hell, klar und dunkel, charakterisieren. Zieht man sämtliche Kombinationsmöglichkeiten der 54 von Werner aufgeführten Farbtöne in Betracht, ergibt sich eine Gesamtzahl von 216.

Das Erscheinen seines mineralogischen Handbuchs noch während des letzten Leipziger Studienjahrs markiert eine Wende in Werners Leben. Nachdem sein ehemaliger Lehrer und Mentor Pabst auf das Buch aufmerksam geworden war, schlug dieser Werner umgehend für eine Stelle als Dozent und Kurator der Naturaliensammlung an der Bergakademie in Freiberg vor.

## WERNER UND SEIN FREIBERGER SCHÜLERKREIS

Werner nahm das Angebot an und wurde Ostern 1775, sechs Jahre nachdem er sich in Freiberg als Student immatrikuliert hatte, an der Bergakademie zum Dozenten für Mineralogie ernannt, eine Position, die er bis zu seinem Tod im Jahr 1817 innehatte. Zunächst unterrichtete er nur Mineralogie. Mit wachsender Lehrerfahrung wuchs jedoch Werners Unzufriedenheit mit dem Freiberger Curriculum und er nahm Änderungen am Fächerplan vor. Bei Gründung der Bergakademie gab es Unterricht in den Disziplinen Hüttenchemie, Gesteinsprüfung und Markscheidekunde, Mathematik und Physik. Dazu kam Unterricht in Bergtechnik, der anhand von Modellen und bei Exkursionen erteilt wurde. Mineralienkunde ließ sich als Zusatzfach belegen, die Vorlesungen standen Studierenden wie Außenstehenden offen. Werner führte nun neue Lehrmethoden ein,[11] verbesserte die Abstimmung der einzelnen Fächer untereinander und erweiterte das Lehrangebot ebenso wie die Mineraliensammlung und Bibliothek. Sein Ruf als akademischer Lehrer verbreitete sich schnell über Freiberg hinaus. Das von ihm entwickelte Curriculum zog Studenten aus ganz Deutschland und weit darüber hinaus an die Bergakademie, sodass schon bald Hörer aus Russland, Schweden, Norwegen, Dänemark, Brasilien, Spanien, Frankreich, Mexiko, Schottland und England Werners Vorlesungen besuchten.

Werners wichtigste Neuerung im Lehrplan war die Aufteilung des Mineralogieunterrichts in zwei Etappen. Im ersten Teil lernten die Studenten,

a

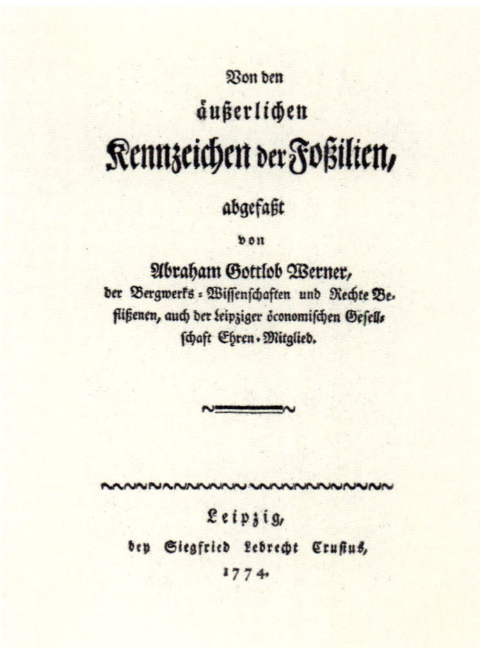

Von den
äußerlichen
Kennzeichen der Foßilien,
abgefaßt
von
Abraham Gottlob Werner,
der Bergwerks-Wissenschaften und Rechte Beflißenen, auch der Leipziger öconomischen Gesellschaft Ehren-Mitglied.

Leipzig,
bey Siegfried Lebrecht Crusius,
1774.

b

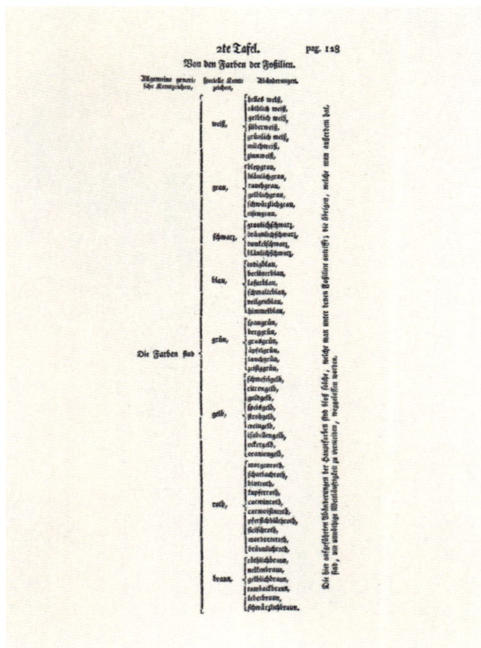

2te Tafel. pag. 128

Von den Farben der Foßilien.

| Allgemeine generische Kennzeichen, | specielle Kennzeichen, | Abänderungen. |
|---|---|---|
| Die Farben sind | weiß, | helles weiß, röthlich weiß, gelblich weiß, silberweiß, grünlich weiß, milchweiß, zinnweiß, |
| | grau, | bleygrau, bläulichgrau, rauchgrau, gelblichgrau, schwärzlichgrau, eisengrau, |
| | schwarz, | graulichschwarz, bräunlichschwarz, dunkelschwarz, bläulichschwarz, |
| | blau, | indigblau, berlinerblau, lasurblau, schmalteblau, veilgrunblau, himmelblau, |
| | grün, | spangrün, berggrün, grasgrün, äpfelgrün, lauchgrün, zeisiggrün, |
| | gelb, | schwefelgelb, citrongelb, goldgelb, speisgelb, strohgelb, weingelb, isabellengelb, ockergelb, oraniengelb, |
| | roth, | morgenroth, scharlachroth, blutroth, kupferroth, carminroth, carmoisinroth, pfersichblüthroth, fleischroth, morgenroth, bräunlichroth, |
| | braun, | röthlichbraun, nelkenbraun, gelblichbraun, tambackbraun, leberbraun, schwärzlichbraun. |

Die hier aufgeführten Abänderungen der Hauptfarben sind bloß solche, welche man unter denen Foßilien antrifft; die übrigen, welche man außerdem hat, sind, um unnöthige Weitläuftigkeit zu vermeiden, weggelassen worden.

c

(a) Gesteinsschichten, aus: Johann Gottlob Lehmann, *Versuch einer Geschichte von Flötz-Gebürgen*, 1756.
(b) Titelblatt von Abraham Gottlob Werner, *Von den äußerlichen Kennzeichen der Foßilien*, 1774.
(c) Aufstellung der bei Mineralen zu beobachtenden Farben, aus: Abraham Gottlob Werner, *Von den äußerlichen Kennzeichen der Foßilien*, 1774.

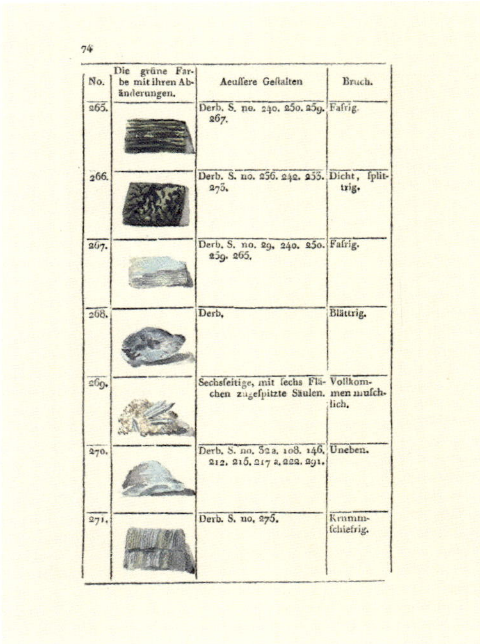

74

| No. | Die grüne Farbe mit ihren Abänderungen. | Aeuſſere Geſtalten | Bruch. |
|---|---|---|---|
| 265. | | Derb. S. no. 240. 250. 259. 267. | Faſrig. |
| 266. | | Derb. S. no. 256. 242. 255. 273. | Dicht, ſplittrig. |
| 267. | | Derb. S. no. 29. 240. 250. 259. 265. | Faſrig. |
| 268. | | Derb. | Blättrig. |
| 269. | | Sechsſeitige, mit ſechs Flächen zugeſpitzte Säulen. | Vollkommen muſchlich. |
| 270. | | Derb. S. no. 32 a. 108. 146. 212. 215. 217 a. 222. 291. | Uneben. |
| 271. | | Derb. S. no. 275. | Krummſchiefrig. |

a

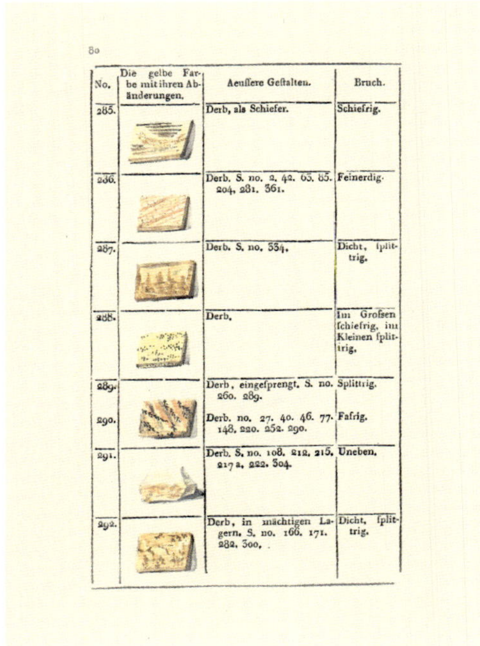

80

| No. | Die gelbe Farbe mit ihren Abänderungen. | Aeuſſere Geſtalten. | Bruch. |
|---|---|---|---|
| 285. | | Derb, als Schiefer. | Schiefrig. |
| 286. | | Derb. S. no. 2. 42. 65. 85. 204. 281. 361. | Feinerdig. |
| 287. | | Derb. S. no. 334. | Dicht, ſplittrig. |
| 288. | | Derb. | Im Groſsen ſchiefrig, im Kleinen ſplittrig. |
| 289. | | Derb, eingeſprengt. S. no. 260. 289. | Splittrig. |
| 290. | | Derb. no. 27. 40. 46. 77. 148. 220. 252. 290. | Faſrig. |
| 291. | | Derb. S. no. 108. 212. 215. 217 a. 222. 304. | Uneben. |
| 292. | | Derb, in mächtigen Lagern. S. no. 166. 171. 282. 300. | Dicht, ſplittrig. |

b

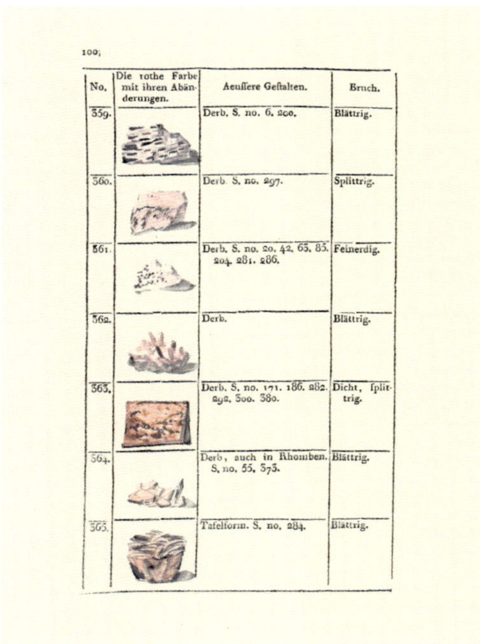

100.

| No. | Die rothe Farbe mit ihren Abänderungen. | Aeuſſere Geſtalten. | Bruch. |
|---|---|---|---|
| 359. | | Derb. S. no. 6. 200. | Blättrig. |
| 360. | | Derb. S. no. 297. | Splittrig. |
| 361. | | Derb. S. no. 20. 42. 65. 85. 204. 281. 286. | Feinerdig. |
| 362. | | Derb. | Blättrig. |
| 363. | | Derb. S. no. 171. 186. 282. 292. 300. 380. | Dicht, ſplittrig. |
| 364. | | Derb, auch in Rhomben. S. no. 55. 373. | Blättrig. |
| 365. | | Tafelform. S. no. 284. | Blättrig. |

c

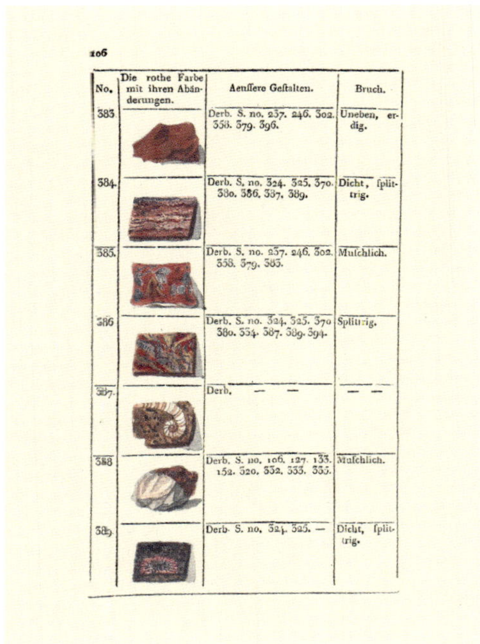

106

| No. | Die rothe Farbe mit ihren Abänderungen. | Aeuſſere Geſtalten. | Bruch. |
|---|---|---|---|
| 383 | | Derb. S. no. 237. 246. 302. 358. 379. 396. | Uneben, erdig. |
| 384. | | Derb. S. no. 324. 325. 370. 380. 386. 387. 389. | Dicht, ſplittrig. |
| 385. | | Derb. S. no. 237. 246. 302. 358. 379. 383. | Muſchlich. |
| 386 | | Derb. S. no. 324. 325. 370 380. 334. 387. 389. 394. | Splittrig. |
| 387. | | Derb. — — | — — |
| 388 | | Derb. S. no. 106. 127. 133. 152. 320. 332. 333. 335. | Muſchlich. |
| 389 | | Derb. S. no. 324. 325. — | Dicht, ſplittrig. |

d

(a–d) Übersicht über die Minerale, aus: Johann Georg Lenz, *Mustertafeln der bis jetzt bekannten einfachen Mineralien*, 1794. Lenz' Handbuch zur Mineralbestimmung enthält Aquarellzeichnungen zu jedem einzelnen der 400 aufgeführten Gesteinsmuster. Die Farbbestimmung folgt der Werner'schen Methode.

mithilfe von Werners Buch Gesteinsproben nach ihren äußeren Eigenschaften zu beschreiben und zu bestimmen. Hierzu legte Werner eine umfangreiche Sammlung sorgfältig ausgewählter Musterexemplare der einzelnen Mineralien an. Im Mittelpunkt des zweiten Teils des Kurses zur Mineralienkunde stand die Systematik des Mineralreichs nach Cronstedt, dessen Darstellung Werner zunehmend um Eigenes ergänzte. Werner führte auch Vorlesungen und Übungen in einem Fach ein, das er selbst als „Geognosie" bezeichnete und das sich u. a. mit der Entstehung von Gebirgen und Gesteinen beschäftigte. Hier machte er seine Schüler mit den Theorien des Neptunismus vertraut, mit dem der Name des Freiberger Geologen bald untrennbar verbunden sein sollte.[12]

Als Neptunismus wird, in Anspielung auf den antiken Gott der Meere, eine im 18. Jahrhundert vertretene Anschauung bezeichnet, wonach die Gebirge und Gesteine der Erdoberfläche als Ablagerung aus dem Wasser der Ozeane und der Erosion älterer Gesteinsschichten zu betrachten sind, wie bereits Lehmann angenommen hatte.[13] Der Neptunismus geht davon aus, dass die Erde ursprünglich von einem Ur-Ozean bedeckt war, in dessen Tiefen die ältesten Gesteine ruhten, wie etwa der Granit. Nachdem diese sich gehoben hätten, wären sie Erosionsprozessen ausgesetzt gewesen, aus denen sich die Schichten der Erdoberfläche bildeten. Der Freiberger Professor für Bergwesen war einer der bekanntesten Vertreter dieser These, die deshalb auch als „Werner'sches System" bezeichnet wird. Werners Lehrtätigkeit trug ebenso zur Verbreitung des Neptunismus bei wie seine Schriften und das Wirken seiner Schüler aus aller Welt. Eine Schlüsselrolle in der Verbreitung der Werner'schen Theorien, vor allem seiner Farbnomenklatur, spielte einer seiner Freiberger Studenten, der schottische Mineraloge Robert Jameson, von dem es heißt, er habe bald mehr Werner-Anhänger hervorgebracht als Werner selbst.

## ROBERT JAMESON UND DIE WERNER'SCHE FARBNOMENKLATUR

Ursprünglich sollte Robert Jameson Arzt werden und erhielt eine Ausbildung als Chirurg.[14] Es war wohl sein Mitstudent Charles Anderson, der ihn auf Werners Schriften aufmerksam machte. Anderson hatte selbst eine dieser Schriften aus dem Deutschen übertragen und 1805 in der *Encyclopedia Britannica* veröffentlicht. Jamesons Kommilitone war zudem der englische Übersetzer von Leopold von Buch (1774–1853), einem der eifrigsten Verfechter von Werners Thesen, und sollte sich später an der Gründung der Wernerian Natural History Society beteiligen. Im Rahmen seines Medizinstudiums an der Universität von Edinburgh lernte Jameson den Reverend und Professor für Naturkunde John Walker (1731–1803) kennen, Schüler des großen Chemikers William Cullen (1710–1790), auf dessen Lehren Walkers frühe mineralogische Schriften aufbauen.[15] Walker arbeitete an einem eigenen System zur Klassifizierung der Minerale, beeinflusst vor allem von Cronstedt,[16] aber auch von Wallerius und Jacques-Christophe Valmont de Bomare (1731–1807), welcher der äußeren Beschaffenheit der Minerale einen großen Stellenwert einräumt.

In der Zeit um 1792/93 hatte Jameson bereits mehrere naturkundliche Vorträge vor der Royal Medical Society in Edinburgh gehalten, in denen er sich Werners Theorien zu eigen machte. 1797 kam er nach Dublin, um die Mineraliensammlung des sorbischen Geologen Nathanael Gottfried Leske (1751–1786),[17] eines engen Vertrauten von Werner, zu studieren. Der Bestand war von dem Werner-Schüler Dietrich Ludwig Gustav Karsten (1768–1810) nach dessen Methode neu geordnet und in einem zweibändigen Katalog publiziert worden war. Den Erwerb durch die Royal Irish Acadamy hatte der irische Geologe Richard Kirwan (1733–1812) vermittelt. 1792 war die Sammlung nach Dublin verschifft worden, wo sie von George Mitchell (1752–1803) noch einmal neu strukturiert wurde. Sowohl in dem von Mitchell übersetzten Katalog als auch in der Anordnung der Sammlung nimmt die Klassifizierung nach äußeren Merkmalen, namentlich nach Farben, die erste Sektion ein.

Die Eindrücke, die Jameson in Dublin von der Werner'schen Methode gewinnen konnte, führten ihn 1800 schließlich nach Freiberg, wo er für zwei Jahre an der Bergakademie bei Werner studierte. Zu seinen dortigen Kommilitonen zählte auch Werners späterer Nachfolger Carl Friedrich Mohs (1773–1839).[18] Dessen *Grundriss der Mineralogie*[19] bietet ein kristallografisches Klassifizierungssystem der Minerale, enthält jedoch auch ein Kapitel über deren äußere Merkmale samt Werners Farbübersicht.

1804 wurde Jameson zum „Regius Professor“[20] für Naturkunde an der Universität Edinburgh ernannt. 1808 gründete er dort die Wernerian Natural History Society. Die „Werne'sche naturhistorische Gesellschaft“ veranstaltete Vorträge zur naturkundlichen Forschung, deren Inhalt von den Mitgliedern eingehend erörtert wurde. Edinburgh war damals ein Zentrum jener Geistesbewegung, die auch als „Schottische Aufklärung“ bezeichnet wird und nicht zuletzt durch die schottische Diaspora weltweite Bedeutung erlangte.[21] Wie vielerorts in Europa brachte die Aufklärung eine Hochzeit naturwissenschaftlicher, medizinischer und philosophischer Diskussionen hervor. Auch der Fortschritt in der Naturkunde profitierte hiervon.

Jamesons akademische Position bot ihm zahlreiche Gelegenheiten, den Methoden und Theorien seines Lehrers Werner ein breites Publikum zu verschaffen. Noch im ersten Jahr seiner Lehrstuhltätigkeit veröffentlichte Jameson als eine seiner Hauptschriften den ersten Band seines *System of Mineralogy*. 1805 folgte *A Treatise on the External Characters of Minerals*. Beide Werke stützen sich auf Werners Forschungen, das erste enthält genaue Farbbestimmungen einzelner Minerale nach der Werner'schen Methode, das zweite eine tabellarische Übersicht und Erklärung von Werners Farbreferenzsystem.[22]

Wie an anderer Stelle ausgeführt (siehe S. 34), erweitert Jameson Werners Farbenkanon von 54 auf 84 Einzelfarben mit Ergänzungen vor allem im Graubereich. Die Farbbezeichnungen folgen zum Großteil Werners Nomenklatur. Auch bei Jameson finden sich keine Farbmuster. Dies gilt ebenfalls für die zweite Auflage von 1816, erschienen zwei Jahre nach der Erstausgabe von Symes Farbenbuch. An der von Werner entlehnten Farbbegrifflichkeit nimmt Jameson in der zweiten Auflage kaum Änderungen vor.

Anders verfährt Syme. Trotz der mutmaßlichen Abhängigkeit von Werner und Jameson folgt dieser bei der Zusammenstellung seiner Farblisten einem eigenen Ansatz.[23] Zwar behält er einen Großteil der Werner'schen Farbbegriffe bei, führt jedoch zwei neue Hauptfarben ein, Violett und Orange. Werners und Jamesons Violettblau und Pflaumenblau werden entsprechend bei Syme zu Veilchenviolett und Pflaumfarbenviolett. Aus der Welt der Malerei, in welcher Syme ebenso zu Hause ist wie in der Naturkunde, stammt wiederum sein Sieneser Gelb, während Symes Kenntnisse der Blumenwelt sich in Benennungen wie Stiefmütterchenviolett oder Aurikelviolett niederschlagen. Im Ganzen wächst die Farbenzahl bei Syme auf 108 in der ersten Ausgabe 1814 und schließlich auf 110 in der zweiten von 1821.

Syme kannte Jameson aus seiner Tätigkeit als Illustrator für die Wernerian Natural History Society. Wahrscheinlich war es deren Gründer Jameson, der den Pflanzenmaler auf Werners Farbenlehre hinwies. Auch machte er die von ihm selbst nach der Werner'schen Systematik angelegte Mineraliensammlung zugänglich. Dem Naturmaler Syme muss Werners Ansatz unmittelbar eingeleuchtet haben. Er bestand darin, die acht „Hauptfarben“ jeweils durch einen leicht nachvollziehbaren Zusatz im Namen näher zu bestimmen, so etwa wenn eine besondere Rotfärbung durch den Verweis auf die Natur als „Blutrot“ definiert wird.

Der Vertrautheit mit den Farben und Pigmenten des Malers ist es vielleicht auch zuzuschreiben, dass Syme sich entschloss, seine Farbtabellen mit handkolorierten Farbmustern zu versehen. Dazu ließ er große Bogen Papier mit den entsprechenden Farben versehen, sie dann in Streifen und Quadrate schneiden und schließlich an Ort und Stelle auf der gedruckten Seite aufkleben. Gegenüber dem immer noch sehr aufwendigen Farbdruck – der, aller bis zum Ende des 18. Jahrhunderts erreichten Fortschritte zum Trotz, von der Farbauflösung heutiger Reproduktionstechnik noch weit entfernt war – besaß dieses Verfahren den Vorteil, die Chromatik der Farbmuster auch in der Druckausgabe genau festlegen und kontrollieren zu können.

## DIE REZEPTION DER WERNER'SCHEN FARBKLASSIFIKATION IN DER MINERALOGIE

Das Erscheinen von Symes Buch wurde zwar allgemein begrüßt, sein Farbreferenzsystem blieb in den wichtigsten Lehrbüchern der Mineralogie des 19. Jahrhunderts jedoch weitgehend unberück-

a

b

c

d

(a) Verschiedene Stücke von Zinnerz, aus: Georg Wolfgang Knorr, *Deliciae naturae selectae*, 1766.
(b) Verschiedene Mineralien, aus: Georg Wolfgang Knorr, *Deliciae naturae selectae*, 1771.
(c) Gesteinskundler bei der Arbeit, aus: John Mawe, *Familiar Lessons on Mineralogy and Geology*, 1826.
(d) Diamantschneider (oben) und -schleifer (unten), aus: John Mawe, *A Treatise on Diamonds*, 1823.

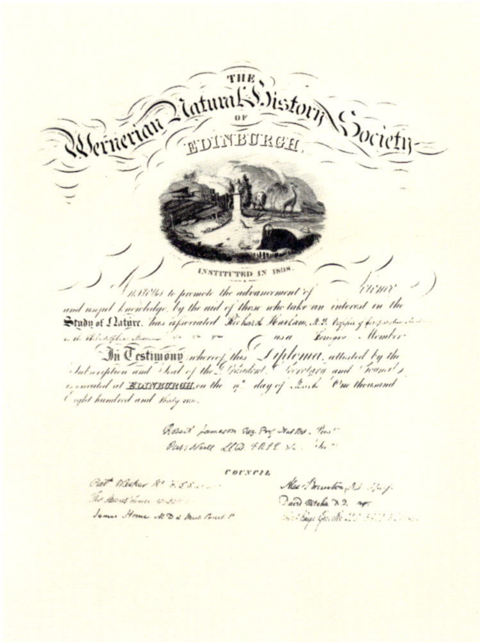


a

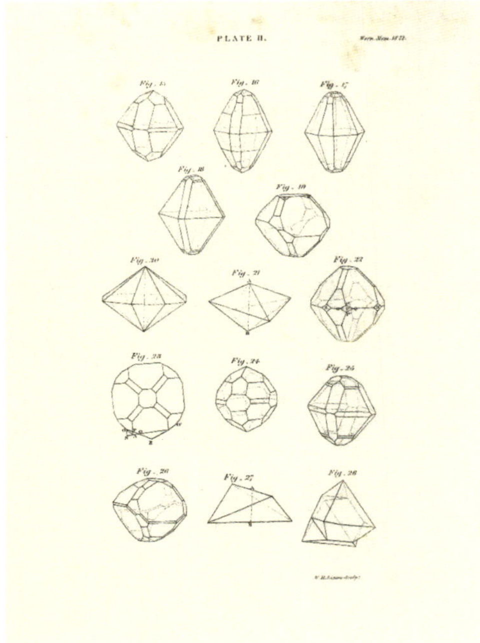


b

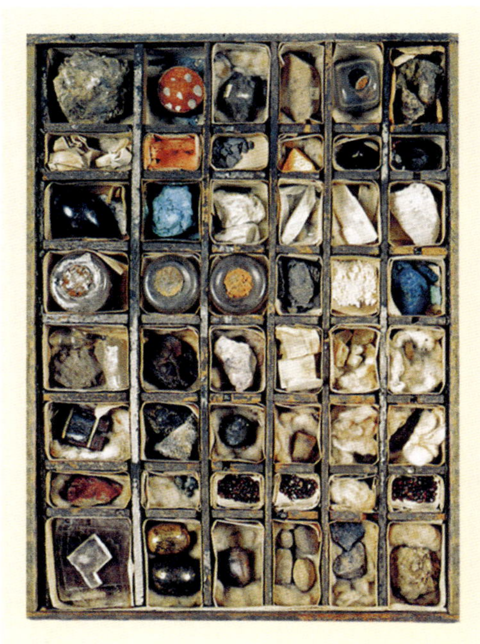

c

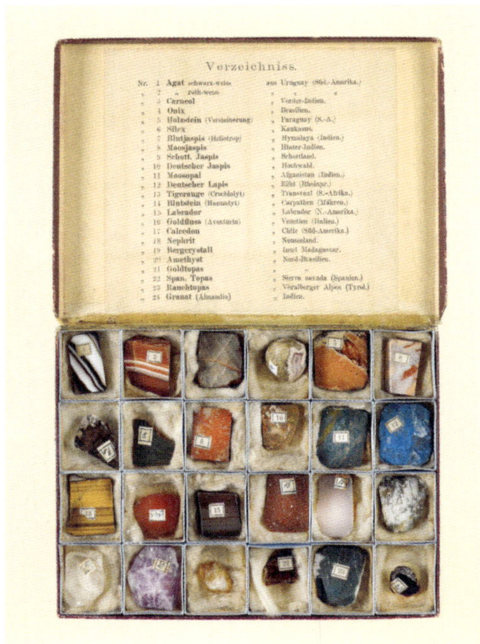


d

(a) Mitgliedsurkunde der Wernerian Natural History Society in Edinburgh, 1831.

(b) Kupferpyritkristalle, abgebildet in den *Memoirs of the Wernerian Natural History Society*, 1822.

(c) Sortierlade aus einem Mineralienschrank, Utrecht, um 1670.

(d) Mineraliensammlung in Pappschachtel, Wien, 1880.

sichtigt. Eines der ersten nach 1821 erschienenen mineralogischen Handbücher war das *System of Mineralogy: Including an Extended Treatise on Crystallography* des amerikanischen Geologen und Mineralogen James Dwight Dana (1813–1895). Erschienen zuerst 1837 und in überarbeiteter Form bis heute ein Standardwerk der Mineralogie, enthält es zwar Angaben zur äußeren Beschaffenheit der Minerale, verwendet indes noch bis in die 1850er-Jahre hinein unverändert die Werner'sche Terminologie von 1774. Weder dessen Adaption durch Jameson noch jene durch Syme werden berücksichtigt, Jameson wird lediglich in der Literaturliste erwähnt.

1834 gab Robert Allan (1806–1863) sein *Manual of Mineralogy* in Druck. Obschon Mineraloge aus Edinburgh, war Allan kein Schüler von Jameson, sondern der eines anderen Werner-Nachfolgers, des österreichischen Geologen Wilhelm von Haidinger (1795–1871), der 1822 in der schottischen Hauptstadt weilte. Auch Allan benutzt das Werner'sche Farbsystem in seiner ursprünglichen Form und nicht in der Version von Syme; Gleiches gilt für die *Outlines of Mineralogy, Geology and Mineral Analysis* des Glasgower Mineralogen Thomas Thomson (1773–1852) von 1836.[24]

Außerhalb der Mineralogie wurde Symes *Nomenklatur der Farben* dagegen viel benutzt, wenn auch wohl mehr bei Labor- und Feldstudien denn als fest definiertes Referenzsystem. Mit der fortschreitenden Spezialisierung der Mineralogie im Laufe des 19. und 20. Jahrhunderts erübrigte sich eine allgemeine Farbnomenklatur, wie Werner und Syme sie vorgelegt hatten; spätere Handbücher beschränken die Beschäftigung mit dem Thema auf individuelle Farbangaben zu einzelnen Mineralen.



ANMERKUNGEN—(1) Dixon 2014. (2) Die erste Übersetzung von Werners Buch stammt von dem Ungarn Ferentz Benkö; siehe S. 20 in diesem Buch und Kazmer 2002. (3) Zeisig, tätig in der Mitte des 18. Jahrhunderts, schrieb unter dem Gelehrtennamen Minerophilus. (4) *Curieuses und reales Natur-, Kunst-, Berg-, Gewerck- und Handlungs-Lexicon*, Leipzig 1736. (5) *Försök til mineralogie eller mineral-rikets upställning*; Cronstedt 1770. (6) Das Studium der Rechte, dem Werner mit Eifer oblag, hinderte ihn nicht daran, sich weiter den Naturwissenschaften und speziell der Mineralogie zu widmen. Im Kreis seiner Mitstudenten – Johann Samuel Traugott Gehler (1751–1795), Friedrich Gallisch (1754–1783) und Nathanael Gottfried Leske (1751–1786) – führte Werner Gespräche zur Psychologie, Astronomie und Mineralogie seiner Zeit. (7) *Försök til Mineralogie eller Mineral Rikets Upställning* (= Cronstedt 1770). (8) Werner 1774, S. 6. (9) Werner 1774, S. 84. (10) Werner 1774, S. 33. (11) Beispielsweise führte er die Verpflichtung ein, dass jeder Student ein Berichtsheft zu führen und dieses in regelmäßigen Abständen vorzulegen hatte. (12) Die Gegenmeinung, nach der die Gesteine auf vulkanische Prozesse zurückgehen, wurde von den sogenannten Plutonisten vertreten, als deren wichtigster Vertreter der schottische Geologe James Hutton (1726–1797) gilt. In Edinburgh wirkte Robert Jameson als Verfechter des Neptunismus. (13) Sweet 1976. (14) Jameson beschäftigte sich auch mit Naturkunde und Tierpräparation. In späteren Jahren richtete er am Universitätsmuseum von Edinburgh eine ornithologische Sammlung ein, durch die er bei dessen Besuch in der schottischen Hauptstadt den großen amerikanischen Vogelkundler James Audubon (1785–1851) führte. Auch Syme wird diese Sammlung gekannt haben. (15) Eddy 2002. (16) Bomare 1762. (17) Als „Leskean Cabinet“ bis heute Bestandteil der Sammlungen der naturkundlichen Abteilung des Irischen Nationalmuseums. (18) Die nach Mohs benannte Härteskala für Minerale ist bis heute in Gebrauch. (19) Mohs 1825; auf Deutsch in zwei Bänden 1822 und 1824. (20) So wurden und werden in Großbritannien und Irland die Inhaber der vom englischen Königshaus gestifteten Lehrstühle bezeichnet. (21) Im Jahr 1800 besaß Schottland fünf Universitäten bei einer Bevölkerungszahl von 1,6 Millionen Einwohnern; zum Vergleich: England verfügte bei 7,7 Millionen Einwohnern über gerade einmal zwei Universitäten. (22) Von Jameson 1804 separat veröffentlicht unter dem Titel *Tabular View of the External Characters of Minerals for the Use of Students of Oryctognosy*. (23) Simonini 2018. (24) Zur Entstehung der Geologie aus der Mineralogie vgl. Laudan 1987.

1
2
3

# *II.*

# BLAU UND VIOLETT

# BLAU

**BLUES**

| No. | Names | Colours | ANIMAL | VEGETABLE | MINERAL |
|---|---|---|---|---|---|
| 24 | Scotch Blue | | Throat of Blue Titmouse. | Stamina of Single Purple Anemone. | Blue Copper Ore. |
| 25 | Prussian Blue | | Beauty Spot on Wing of Mallard Drake. | Stamina of Bluish Purple Anemone. | Blue Copper Ore |
| 26 | Indigo Blue | | | | Blue Copper Ore. |
| 27 | China Blue | | Rhynchites Nitens | Back Parts of Gentian Flower. | Blue Copper Ore from Chessy. |
| 28 | Azure Blue. | | Breast of Emerald-crested Manakin | Grape Hyacinth. Gentian. | Blue Copper Ore. |
| 29 | Ultra marine Blue. | | Upper Side of the Wings of small blue Heath Butterfly. | Borrage. | Azure Stone or Lapis Lazuli. |
| 30 | Flax-flower Blue. | | Light Parts of the Margin of the Wings of Devils Butterfly. | Flax flower. | Blue Copper Ore |
| 31 | Berlin Blue. | | Wing Feathers of Jay. | Hepatica. | Blue Sapphire. |
| 32 | Verditter Blue | | | | Lenticular Ore. |
| 33 | Greenish Blue | | | Great Fennel Flower. | Turquois. Flour Spar. |
| 34 | Greyish Blue. | | Back of blue Titmouse | Small Fennel Flower. | Iron Earth. |

# VIOLETT

## PURPLES.

| Nº | Names | Colours | Animal | Vegitable | Mineral |
|---|---|---|---|---|---|
| 35 | Bluish Lilac Purple. | | Male of the Lebellula Depressa. | Blue Lilac. | Lepidolite. |
| 36 | Bluish Purple. | | Papilio Argeolus. Azure Blue Butterfly. | Parts of White and Purple Crocus. | |
| 37 | Violet Purple. | | | Purple Aster | Amethyst. |
| 38 | Pansy Purple. | | Chrysomela Goettingensis. | Sweet-scented Violet. | Derbyshire Spar. |
| 39 | Campa-nula Purple. | | | Canterbury Bell. Campanula Persicifolia. | Fluor Spar. |
| 40 | Imperial Purple. | | | Deep Parts of Flower of Saffron Crocus. | Fluor Spar. |
| 41 | Auricula Purple. | | Egg of largest Blue-bottle. or Flesh Fly. | Largest Purple Auricula. | Fluor Spar. |
| 42 | Plum Purple. | | | Plum. | Fluor Spar. |
| 43 | Red Lilac Purple. | | Light Spots of the upper Wings of Peacock Butterfly. | Red Lilac. Pale Purple Primrose. | Lepidolite. |
| 44 | Lavender Purple. | | Light Parts of Spots on the under Wings of Peacock Butterfly. | Dried Lavender Flowers. | Porcelain Jasper. |
| 45 | Pale Blackish Purple. | | | | Porcelain Jasper. |

# BLAU

| Nr. | Name | Farbe | TIER | | |
|---|---|---|---|---|---|
| 24 | *Schottisch Blau* | | *Halsgefieder der Blaumeise* |  | |
| 25 | *Preußisch Blau* | | *Flügelfleck der Stockente* |  | |
| 26 | *Indigoblau* | | | | |
| 27 | *Chinesisch Blau* | | *Rhynchites nitens* |  | |
| 28 | *Azurblau* | | *Brustgefieder des Blaubrustpipra* |  | |
| 29 | *Ultramarin-blau* | | *Flügeloberseite des Kleinen Wiesenvögelchens* |  | |
| 30 | *Leinblüten-blau* | | *Flügelrand des Kleinen Fuchses* |  | |
| 31 | *Berliner Blau* | | *Schwungfedern des Eichelhähers* | 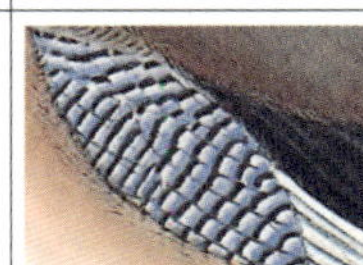 | |
| 32 | *Erdgrünes Blau* | | | | |
| 33 | *Grünblau* | | | | |
| 34 | *Graublau* | | *Rückengefieder der Blaumeise* |  | |

Symes *Nomenklatur der Farben* von 1821 übernimmt drei Blautöne von Werner (Nr. 26, 28 und 31), zwei weitere Blautöne von Werner finden unter neuem Namen Eingang – Himmelblau wird zu Grünblau (Nr. 33), Schmalteblau zu Graublau (Nr. 34). Fünf schon in der Ausgabe von 1814 enthaltene Farbbezeichnungen stammen von Syme selbst (Nr. 25, 27, 29, 30 und 32) ebenso das neu hinzugekommene Schottisch Blau (Nr. 24).

# BLAU

| | PFLANZE | | MINERAL | |
|---|---|---|---|---|
| | *Staubblätter der Violetten Kronenanemone* |  | *Blaues Kupfererz* |  |
| | *Staubblätter der Violetten Kronenanemone* |  | *Blaues Kupfererz* |  |
| | | | *Blaues Kupfererz* | 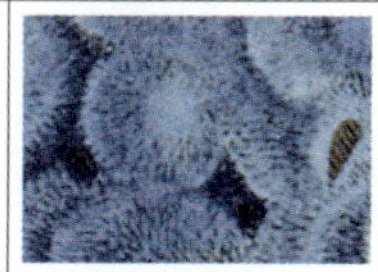 |
| | *Rückseite der Enzianblüte* |  | *Blaues Kupfererz aus Chessy* |  |
| | *Traubenhyazinthe* |  | *Enzian. Blaues Kupfererz* |  |
| | *Borretschblüte* |  | *Lapislazuli* |  |
| | *Leinblüte* |  | *Blaues Kupfererz* | 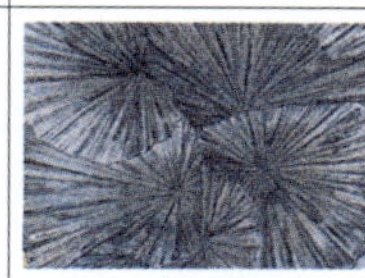 |
| | *Leberblümchen* |  | *Blauer Saphir* |  |
| | | | *Linsenerz* |  |
| | *Blüte des Acker-Schwarzkümmel* |  | *Flussspat* | 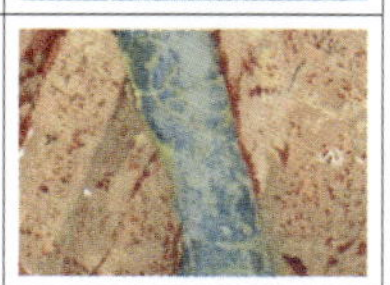 |
| | *Blüte des Echten Schwarzkümmel* |  | *Raseneisenerz* |  |

# 24. SCHOTTISCH BLAU

(a) *Halsgefieder der Blaumeise*

(b) *Staubblätter der Violetten Kronenanemone*

(c) *Blaues Kupfererz*

*Schottisch Blau ist Berliner Blau gemischt mit einem kräftigen Teil Samtschwarz, ein klein wenig Grau und einem Hauch Karminrot. [W]*

TIER
Blaumeise (*Cyanistes caeruleus*), aus: John Gould, *Birds of Europe*, Bd. 3, 1832–1837.

PFLANZE
Kronenanemonen (*Anemone coronaria*), aus: Jane Loudon, *The Ladies Flower Garden of Ornamental Perennials*, 1849. Die Violette Kronenanmone ist u. l. zu sehen.

MINERAL
Azurit (M.), aus: L. Simonin, *Underground Life*, 1869.

## 25. PREUSSISCH BLAU

(a) *Flügelfleck der Stockente*

(b) *Staubblätter der Violetten Kronenanemone*

(c) *Blaues Kupfererz*

*Preußisch Blau ist Berliner Blau mit einem kräftigen Teil Samtschwarz und einem Quäntchen Indigoblau.*

TIER
Stockente (*Anas platyrhynchos*), aus: John Gould, *Birds of Europe*, Bd. 5, 1832–1837.

PFLANZE
Kronenanemone (*Anemone coronaria*), F. Sansom, kolorierter Kupferstich, 1805.

MINERAL
Azurit, aus: James Sowerby, *Exotic Mineralogy*, 1811.

## 26. INDIGOBLAU

(a) ______________

(b) ______________

(c) *Blaues Kupfererz*

*Indigoblau besteht aus Berliner Blau, ein wenig Schwarz und einem kleinen Teil Apfelgrün.*

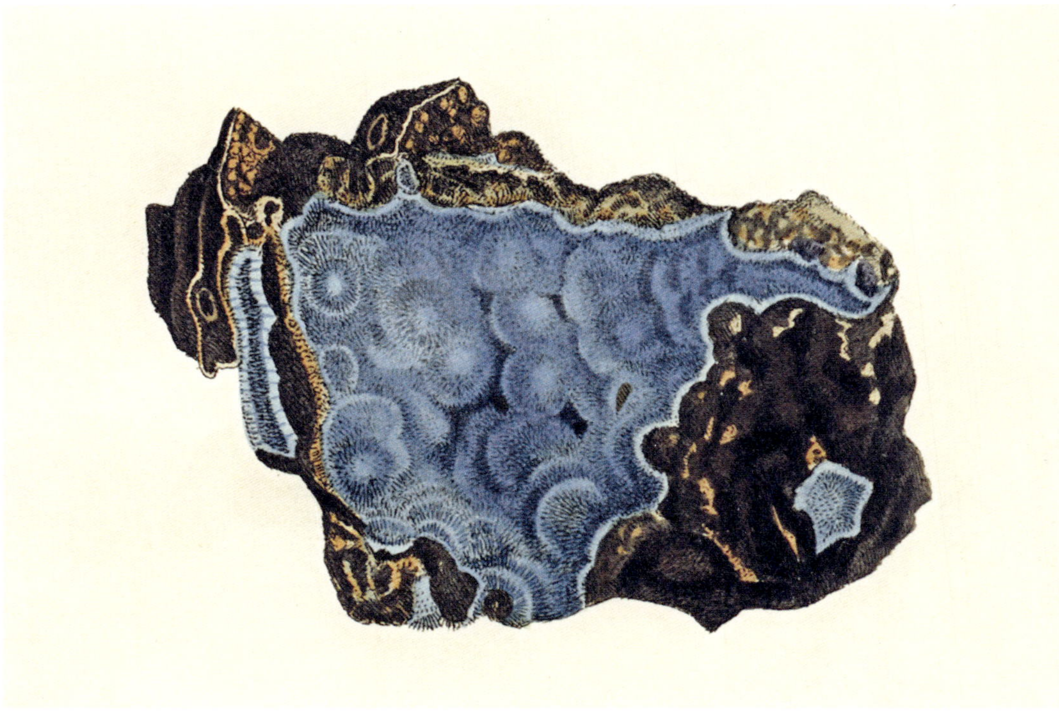

TIER
Kuckuckswürger (*Campephaga*), aus: John Gould, *The Birds of New Guinea and the Adjacent Papuan Islands*, 1875–1888.*

PFLANZE
Bayerischer Enzian (*Gentiana bavarica*), aus: Jacob Sturm, *Deutschlands Flora in Abbildungen nach der Natur*, 1798.

MINERAL
Azurit, aus: James Sowerby, *Exotic Mineralogy*, 1811.

## 27. CHINESISCH BLAU

(a) *Rhynchites nitens*

(b) *Rückseite der Enzianblüte*

(c) *Blaues Kupfererz aus Chessy*

*Chinesisch Blau ist Azurblau mit ein wenig Preußisch Blau darin.*

TIER
Rüsselkäfer, aus: W. W. Fowler, *The Coleoptera of the British Islands*, Bd. 5, 1891. Chinesisch Blau zeigt sich in der vierten Reihe v. o. l.

PFLANZE
Enzian (*Gentiana*), aus: Pierre Joseph Redouté, *Choix des plus belles fleurs*, 1833.

MINERAL
Azurit (u. l.), aus: Philip Rashleigh, *Specimens of British Minerals*, 1797.

# 28. AZURBLAU

(a) *Brustgefieder des Blaubrustpipra*

(b) *Traubenhyazinthe. Enzian*

(c) *Blaues Kupfererz*

*Azurblau ist Berliner Blau gemischt mit ein wenig Karminrot; es ist eine leuchtende Farbe. [W]*

**TIER**
Blaubrustpipra (*Chiroxiphia caudata; oben*), aus: William Swainson, *A Selection of the Birds of Brazil and Mexico*, 1841.

**PFLANZE**
Enzian (*Gentiana*), aus: Mark Catesby, *The Natural History of Carolina, Florida, and the Bahama Islands*, Bd. 1, 1754.

**MINERAL**
Azurit (l.), aus: James Sowerby, *British Mineralogy*, Bd. 1, 1802–1817.

## 29. ULTRAMARINBLAU

(a) *Flügeloberseite des Kleinen Wiesenvögelchens*

(b) *Borretschblüte*

(c) *Lapislazuli*

*Ultramarinblau ist eine Mischung aus Berliner Blau und Azurblau zu je gleichen Teilen.*

TIER
Kleines Wiesenvögelchen (*Coenonympha pamphilus*), aus: James Duncan, *British Butterflies*, 1840.

PFLANZE
Borretsch (*Borago officinalis*), Margaret Plues, Aquarellzeichnung, 1858.

MINERAL
Lapislazuli (l.), aus: Leonard Spencer, *The World's Minerals*, 1916.

# 30. LEINBLÜTENBLAU

(a) *Flügelrand des Kleinen Fuchses*

(b) *Leinblüte*

(c) *Blaues Kupfererz*

*Leinblütenblau ist Berliner Blau mit einem Hauch Ultramarinblau.*

TIER
Kleiner Fuchs (*Aglais urticae*, u.), aus: Georg Wolfgang Knorr, *Deliciae naturae selectae*, 1766.

PFLANZE
Leinkraut (*Linum perenne*), Aquarellzeichnung, 1863.

MINERAL
Azurit (u. l.), aus: Gotthilf Heinrich von Schubert, *Naturgeschichte des Tier-, Pflanzen- und Mineralreichs*, 1886.

# 31. BERLINER BLAU

(a) *Schwungfedern des Eichelhähers*

(b) *Leberblümchen*

(c) *Blauer Saphir*

*Berliner Blau ist Werners reines und eigentliches Blau. [W]*

TIER
Eichelhäher (*Garrulus glandarius*), aus: John Gould, *Birds of Great Britain*, Bd. 3, 1862–1873.

PFLANZE
Leberblümchen (*Anemone hepatica*), aus: Edward Step, *Favourite Flowers of Garden and Greenhouse*, Bd. 1, 1896.

MINERAL
Saphir (u. l.), aus: George Frederick Kunz, *Gems and Precious Stones of North America*, 1890. Die anderen Exemplare, mit Ausnahme des Diamanten (o., 2. v. l.) und des Rubins (M. r.), sind ebenfalls Saphire, weisen aber unterschiedliche Blautöne auf.

# 32. ERDGRÜNES BLAU

(a) ——————

(b) ——————

(c) *Linsenerz*

*Erdgrünes Blau ist Berliner Blau mit einem kleinen Teil Spangrün.*

TIER
Blaubrustpipra (*Chiroxiphia caudata*), aus: George Edwards, *Gleanings of Natural History*, 1858. Erdgrün blau schimmert das Brustgefieder des Blaubrustpipra (u.).*

PFLANZE
Kornblume (*Cyanus segetum*, l.), aus: Johann Wilhelm Weinmann, *Phytanthoza Iconographia*, 1737.*

MINERAL
Azurit, aus: Philip Rashleigh, *Specimens of British Minerals*, 1797.

# 33. GRÜNBLAU

(a) ——————

(b) *Blüte des Acker-Schwarzkümmel*

(c) *Flussspat*

*Grünblau, Werners Himmelblau, besteht aus Berliner Blau, Weiß und ein wenig Samaragdgrün. [W]*

**TIER**
Schmetterlingsraupen, aus: James Duncan, *British Butterflies*, 1840. Grünblau ist die Raupe des Gelben Heufalters (*Colias hyale*), u. r.*

**PFLANZE**
Acker-Schwarzkümmel (*Nigella arvensis*), aus: *The Botanical Magazine*, 1787–1889.

**MINERAL**
Türkis (alle außer M. r.), aus: George Frederick Kunz, *Gems and Precious Stones of North America*, 1890.

## 34. GRAUBLAU

(a) *Rückengefieder der Blaumeise*

(b) *Blüte des Echten Schwarzkümmel*

(c) *Raseneisenerz*

*Graublau, Werners Schmalteblau, besteht aus Berliner Blau mit Weiß, einem Quäntchen Grau und einem kaum merklichen Anteil Rot. [W]*



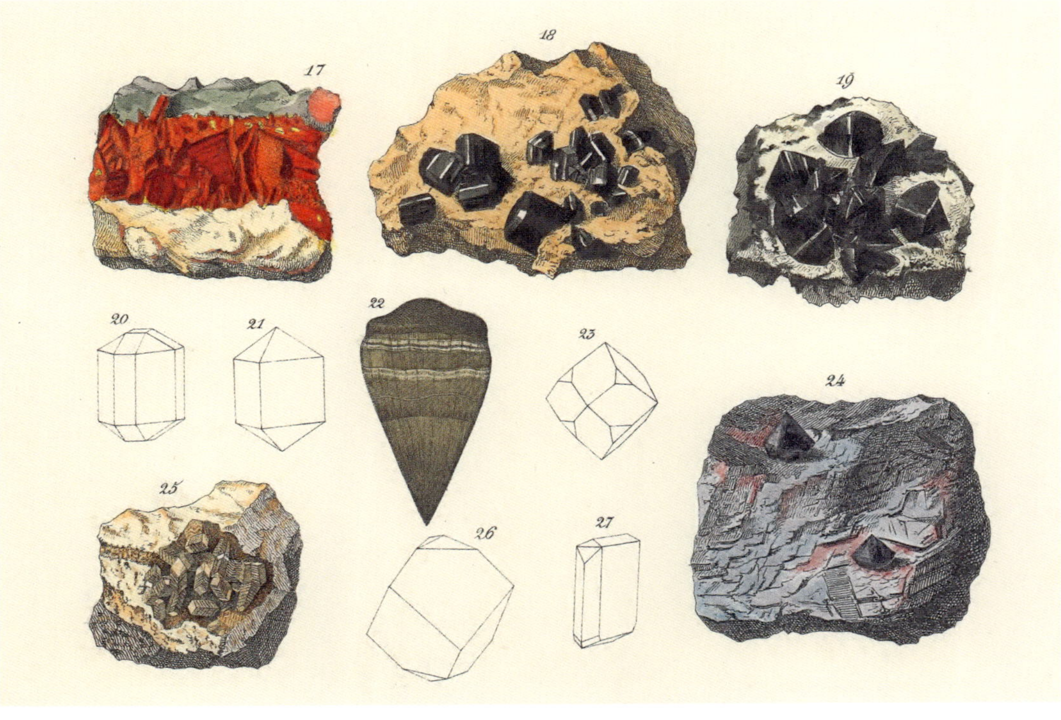


TIER
Blaumeise (*Cyanistes caeruleus*), aus: John Gould, *Birds of Europe*, Bd. 3, 1832–1837.

PFLANZE
Blüte des Echten Schwarzkümmel (*Nigella sativa*), aus: J. Sibthorp und J. E. Smith, *Flora Graeca*, 1845–1847.

MINERAL
Eisenerz (u. r.), aus: Johann Gottlob Kurr, *The Mineral Kingdom*, 1859.

# VIOLETT

| Nr. | Name | Farbe | TIER | | |
|---|---|---|---|---|---|
| 35 | *Flieder-farbenviolett* | | *Männliche Libellula depressa* |  | |
| 36 | *Blauviolett* | | *Papilio argiolus. Bläuling* |  | |
| 37 | *Veilchen-violett* | | | | |
| 38 | *Stief-mütterchen-violett* | | *Chrysomela goettingensis* |  | |
| 39 | *Glocken-blumen-violett* | | | | |
| 40 | *Kaiserviolett* | | | | |
| 41 | *Aurikel-violett* | | *Eier der Blauen Schmeißfliege. Fleischfliege* |  | |
| 42 | *Pflaum-farbenviolett* | | | | |
| 43 | *Rotviolett* | | *Heller Fleck auf dem Vorderflügel des Tagpfauenauges* |  | |
| 44 | *Lavendel-violett* | | *Heller Fleck auf den Hinterflügeln des Tagpfauenauges* |  | |
| 45 | *Blasses Schwarz-violett* | | | | |

Die Ausgabe von Symes *Nomenklatur der Farben* von 1821 übernimmt sieben Farbbezeichnungen aus der Ausgabe von 1814 (Nr. 35, 38, 39, 40, 41, 43 und 45). Nr. 37 geht offenbar auf Werners Veilchenblau, Nr. 42 auf Jamesons Pflaumenblau und Nr. 44 auf Picardets Lavendelblau zurück.

# VIOLETT

| | PFLANZE | | MINERAL | |
|---|---|---|---|---|
| | *Blauer Flieder* |  | *Lepidolith* |  |
| | *In den Blütenblättern von weißem und violettem Krokus* |  | | |
| | *Violette Aster* |  | *Amethyst* |  |
| | *Duftveilchen* |  | *Flussspat aus Derbyshire* |  |
| | *Pfirsichblättrige Glockenblume. Campanula persicifolia* |  | *Flussspat* |  |
| | *Inneres der Safrankrokusblüte* |  | *Flussspat* |  |
| | *Große Violette Aurikel* |  | *Flussspat* |  |
| | *Pflaume* | 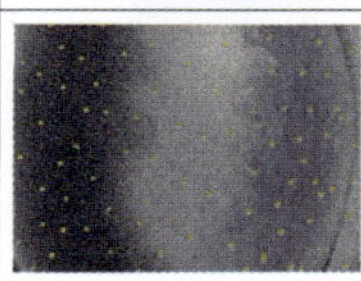 | *Flussspat* |  |
| | *Violettroter Flieder. Blasslila Primel* |  | *Lepidolith* | 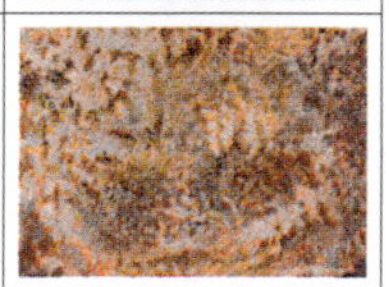 |
| | *Getrocknete Lavendelblüten* |  | *Porzellanjaspis* |  |
| | | | *Porzellanjaspis* |  |

# 35. FLIEDERFARBENVIOLETT

(a) *Männliche Libellula depressa*

(b) *Blauer Flieder*

(c) *Lepidolith*

*Fliederfarbenviolett ist Blauviolett mit Weiß.*

TIER
Plattbauch (*Libellula depressa*), aus: George Shaw und Frederick P. Nodder, *The Naturalist's Miscellany*, 1789–1813.

PFLANZE
Fliederblüte (*Syringa vulgaris*), aus: Pierre Bulliard, *Flora Parisiensis*, 1776–1783.

MINERAL
Lepidolith (M. o.), aus: Reinhard Brauns, *The Mineral Kingdom*, Bd. 2, 1912.

# 36. BLAUVIOLETT

(a) *Papilio argiolus. Bläuling*

(b) *In den Blütenblättern von weißem und violettem Krokus*

(c) ———————

*Blauviolett besteht aus gleichen Teilen Berliner Blau und Karminrot.*

TIER
Bläuling (*Papilio argiolus,* o. l.), aus: Pieter Cramer und Caspar Stoll, *De uitlandsche kapellen*, Bd. 3, 1782.

PFLANZE
Violetter Krokus, aus: John Lindley, *Edwards's Botanical Register*, 1829.

MINERAL
Amethyst, aus: Reinhard Brauns, *The Mineral Kingdom*, Bd. 2, 1912. Wie bei dem gelben Citrin in der Mitte handelt es sich auch beim Amethyst (alle übrigen) um eine Quarzvarietät.*

# 37. VEILCHENVIOLETT

(a) ——————

(b) *Violette Aster*

(c) *Amethyst*

*Veilchenviolett, Werners Veilchenblau, ist Berliner Blau gemischt mit Rot und ein wenig Braun. [W]*

**TIER**
Stahlmonarch (*Myiagra ferrocyanea*), aus: John Gould, *The Birds of New Guinea and the Adjacent Papuan Islands*, 1875–1888. Veilchenviolett sind die Schwungfedern des Männchens (o.).*

**PFLANZE**
Violette Aster, aus: Pierre Joseph Redouté, *Choix des plus belles fleurs*, 1833.

**MINERAL**
Amethyst, aus: George Frederick Kunz, *Gems and Precious Stones of North America*, 1890.

# 38. STIEFMÜTTERCHENVIOLETT

(a) *Chrysomela goettingensis*

(b) *Duftveilchen*

(c) *Flussspat aus Derbyshire*

*Stiefmütterchenviolett ist Indigoblau mit Karminrot und einem Hauch Tintenschwarz.*

TIER
Blauvioletter Tatzenkäfer (*Timarcha goettingensis*; M. o.), aus: W. W. Fowler, *The Coleoptera of the British Islands*, Bd. 4, 1891.

PFLANZE
Duftveilchen (*Viola odorata*), aus: William Woodville, *Medical Botany*, 1832.

MINERAL
Fluorit (3. v. l. u.), aus: Johann Gottlob Kurr, *The Mineral Kingdom*, 1859.

# 39. GLOCKENBLUMENVIOLETT

(a) ———————

(b) *Pfirsichblättrige Glockenblume. Campanula persicifolia*

(c) *Flussspat*

*Glockenblumenviolett ist Ultramarinblau und Karminrot zu je gleichen Teilen; es ist das echte Violett.*

TIER
Trauermantel (*Nymphalis antiopa*, u.), aus: James Duncan, *British Butterflies*, 1840. Glockenblumenviolett zeigt sich im Fleckenrand des Trauermantels.*

PFLANZE
Pfirsichblättrige Glockenblume (*Campanula persicifolia*), aus: Jane Loudon, *The Ladies Flower Garden of Ornamental Perennials*, 1849

MINERAL
Flussspat (l.), aus: Johann Gottlob Kurr, *The Mineral Kingdom*, 1859.

# 40. KAISERVIOLETT

(a) ————————

(b) *Inneres der Safrankrokusblüte*

(c) *Flussspat*

*Kaiserviolett ist Azur- und Indigoblau mit Karminrot zu je gleichen Teilen.*

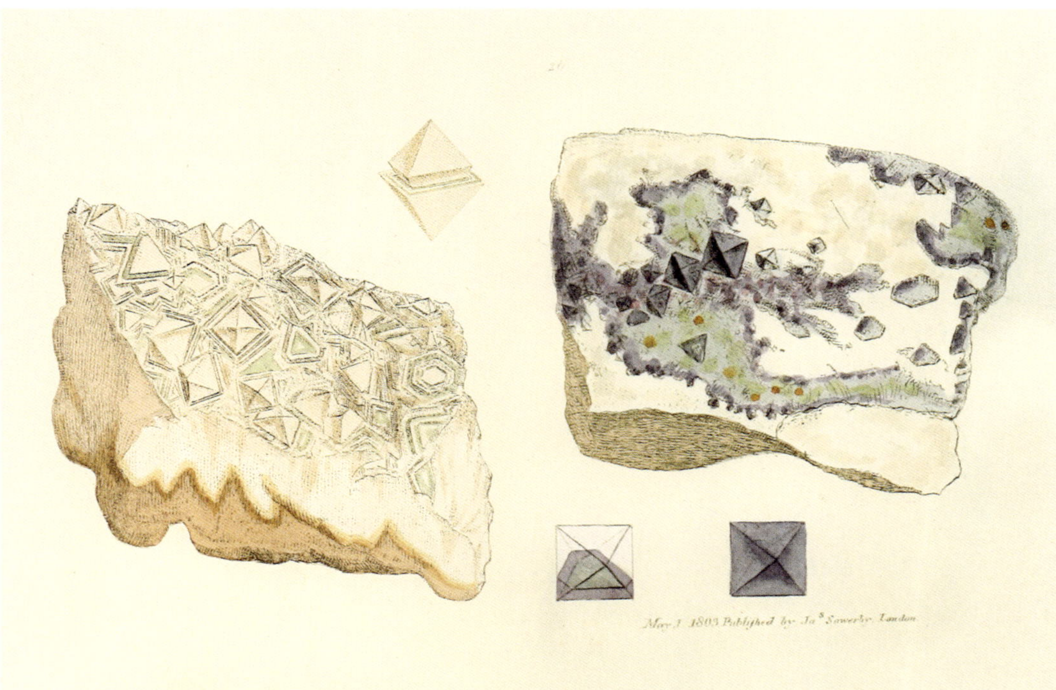

TIER
Weberstar (*Aplonis metallica*), aus: John Gould, *The Birds of New Guinea and the Adjacent Papuan Islands*, 1875–1888. Kaiserviolett zeigt sich im Gefieder des ausgewachsenen Weberstars (o.).*

PFLANZE
Herbstkrokus (*Crocus sativus*), aus: Robert Bentley und Henry Trimen, *Medicinal Plants*, 1880.

MINERAL
Fluorit (r.), aus: James Sowerby, *British Mineralogy*, Bd. 1, 1802–1817.

# 41. AURIKELVIOLETT

(a) *Eier der Blauen Schmeißfliege. Fleischfliege*

(b) *Große Violette Aurikel*

(c) *Flussspat*

*Aurikelviolett ist Pflaumfarbenviolett mit Indigoblau und viel Karminrot.*

**TIER**
Schmeiß- oder Fleischfliege (*Sarcophaga carnaria*), undatierte Tuschezeichnung. Aurikelviolett schimmert der Rücken der Fleischfliege.

**PFLANZE**
Violette Aurikel (*Primula auricula*), aus: Pierre Joseph Redouté, *Choix des plus belles fleurs*, 1833.

**MINERAL**
Fluorit (M., 2. v. r.), aus: Reinhard Brauns, *The Mineral Kingdom*, Bd. 1, 1912.

## 42. PFLAUMFARBENVIOLETT

(a) ———————

(b) *Pflaume*

(c) *Flussspat*

*Pflaumfarbenviolett ist Werners Pflaumenblau, es besteht aus Berliner Blau mit viel Karmesinrot, ein klein wenig Braun und einem kaum merklichen Hauch Schwarz. [W]*

TIER
Brillenkormoran (*Phalacrocorax perspicillatus*), aus: Richard Brinsley Hinds, *The Zoology of the Voyage of H. M. S. Sulphur*, 1843.*

PFLANZE
Pflaumenzweig mit Blättern und Früchten, aus: Charles Morren, *La Belgique Horticole. Journal des jardins*, Bd. 6, 1856.

MINERAL
Fluorit (M.), aus: Philip Rashleigh, *Specimens of British Minerals*, 1797.

## 43. ROTVIOLETT

(a) *Heller Fleck auf dem Vorderflügel des Tagpfauenauges*

(b) *Violettroter Flieder. Blasslila Primel*

(c) *Lepidolith*

*Rotviolett ist Glockenblumenviolett mit einem guten Maß Schneeweiß und sehr wenig Karminrot.*

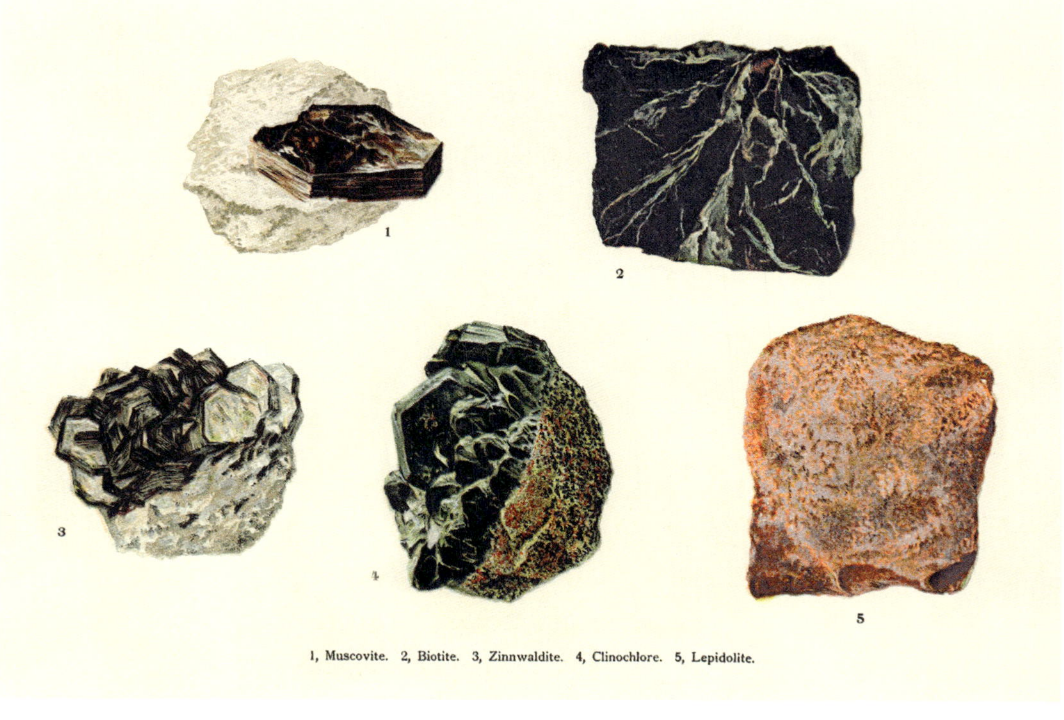


TIER
Tagpfauenauge (*Aglais io*), aus: George Shaw und Frederick P. Nodder, *The Naturalist's Miscellany*, 1789–1801.

PFLANZE
Primel (*Primula vulgaris*), aus: Pierre Joseph Redouté, *Choix des plus belles fleurs*, 1833.

MINERAL
Lepidolith (u. r.), aus: Leonard Spencer, *The World's Minerals*, 1916.

# 44. LAVENDELVIOLETT

(a) *Heller Fleck auf den Hinterflügeln des Tagpfauenauges*
(b) *Getrocknete Lavendelblüten*
(c) *Porzellanjaspis*

*Lavendelviolett, Werners Lavendelblau, besteht aus Blau, Rot und ein wenig Braun und Grau. [W]*

TIER
Tagpfauenauge (*Aglais io*, o.), aus: J. O. Westwood, *The Aurelian. A Natural History of English Moths and Butterflies*, 1840.

PFLANZE
Schopflavendel (*Lavandula stoechas*), aus: Johannes Zorn, *Icones plantarum medicinalium*, 1779.

MINERAL
Jaspis (u., 2. v. l.), aus: John Mawe, *Familiar Lessons on Mineralogy and Geology*, 1830.

# 45. BLASSES SCHWARZVIOLETT

(a) ——————

(b) ——————

(c) *Porzellanjaspis*

*Blasses Schwarzviolett ist Lavendelviolett gemischt mit ein wenig Rot und Schwarz.*

TIER
Blauer Eichenzipfelfalter (*Quercusia quercus*, u. r.), aus: James Duncan, *British Butterflies*, 1840.

PFLANZE
Iris, aus: Cornelis Antoon Jan Abraham Oudemans, *Neerlands plantentuin*, 1865. Blasses Schwarzviolett zeigt sich im Inneren der Irisblüte.*

MINERAL
Jaspis (u. r.), aus: Lewis Feuchtwanger, *A Popular Treatise on Gems, in Reference to their Scientific Value*, 1859.

# FARBBESTIMMUNG IM TIERREICH: SUBJEKTIV ODER SYSTEMATISCH?

*Handbücher für Forschungsreisende*

ELAINE CHARWAT



Carl von Linné (1707–1778), Begründer des modernen taxonomischen Systems in Botanik und Zoologie, ließ Farbe nur in enger Verbindung mit Gestalt und Aufbau eines Tieres als Beschreibungsmerkmal gelten. Linné ging es vor allem darum, die seiner Ansicht nach willkürlichen und uneinheitlichen Ordnungsmuster vormoderner Prägung durch systematische Bestimmungskriterien zu ersetzen. Zwar verwendet auch er Farbangaben zur Beschreibung einer Art oder eines Einzelexemplars, doch sind für ihn die Grundbestimmungsmerkmale stets anatomischer Natur.

Georges-Louis Leclerc (1707–1788), Comte de Buffon, Linnés direkter Zeitgenosse und prominenter Kritiker, dagegen plädiert in seiner Naturgeschichte der Vögel (1770–1783) dafür, statt anatomischer Details von Körperbau und inneren Organen, wie Linné sie zur Grundlage seiner taxonomischen Forschungen gemacht hatte, Farbe als eines der Hauptmerkmale zur Bestimmung einer Art zu verwenden.[1] In der Ornithologie etwa stellt für Buffon das Farbenkleid eines Vogels das nicht selten einzige Klassifizierungsmerkmal dar. Nicht zufällig geht der Name einer Vogelart in den einzelnen Sprachen und der lateinischen Fachnomenklatur ja auf ihr farbliches Erscheinungsbild zurück. Allerdings räumt auch Buffon ein, dass es trotz ihrer Bedeutung als Bestimmungsmerkmal an einer „Sprache" fehle, die verschiedenen Farben der Natur in all ihren Nuancen korrekt zu benennen.[2] Zu flüchtig, zu abhängig von der Momentwahrnehmung sei das im Fluge unablässig wechselnde Farbspiel des Gefieders der beschriebenen Vogelarten,[3] weshalb Buffon seiner Schrift kolorierte Tafeln beigab, um diesen Mangel der Sprache zumindest etwas auszugleichen.

Wollte man die bunte Welt der Farben „domestizieren" und in den Dienst einer immer stärker von groß angelegten Forschungsreisen und der Anlage umfangreicher naturkundlicher Sammlungen geprägten Wissenschaft stellen, galt es, die Sprache der Farben zu standardisieren. Dies war durchaus kein neuer Ansatz, schon im 17. und frühen 18. Jahrhundert (und letztlich schon im alten Griechenland) widmeten Naturkundler den Farben der Natur, ihrer Entstehung und ihrer Wahrnehmung, große Aufmerksamkeit. Dennoch blieb es den Forschern, Ärzten und Künstlern des 18. und 19. Jahrhunderts vorbehalten, einheitliche Standards zur Farbbeschreibung aufzustellen. Damit wurde auch in Sachen Farbe der Schritt von der subjektiven Wahrnehmung zu einer wissenschaftlich objektivierbaren und kommunizierbaren Größe vollzogen.

Nicht nur Vögel, auch Insekten, Fische und andere Meerestiere ließen sich auf diese Weise beschreiben. Wer sich zum Zwecke der Forschung auf See begab, hatte allerdings mit einer besonderen Schwierigkeit zu kämpfen. Meerestiere nämlich verlieren ihre Farbenpracht, kaum dass sie aus dem Wasser gezogen oder getötet werden. Wer ihre Farbe bestimmen wollte, sah sich nur allzu oft gezwungen, an Deck eines in rauer See stampfenden Schiffes mit einem um sein Leben zappelnden Meeresbewohner in der einen und Bestimmungsbuch und Notizheft in der anderen zu jonglieren, um seine Farbe zu identifizieren, bevor diese vor seinen Augen verblasste.

Das unter den Forschungsreisenden der ersten Hälfte des 19. Jahrhunderts vermutlich verbreitetste solcher Bestimmungsbücher war Patrick Symes Schrift *Werners Nomenklatur der Farben*, das eines der frühesten Farbsysteme für das Reich der Tiere,

a

b

c

d

(a) Schafstelze, aus: Edward Donovan, *The Natural History of British Birds*, 1794.
(b) Gartenrotschwanz, aus: Edward Donovan, *The Natural History of British Birds,* 1794.
(c) Zwei Kernbeißerarten, aus: Georges-Louis Leclerc de Buffon, *Histoire naturelle des oiseaux*, 1770–1783.
(d) Zwei Fliegenfängerarten, aus: Georges-Louis Leclerc de Buffon, *Histoire naturelle des oiseaux*, 1770–1783.

*Vier Kampfläufer*, um 1800. Im Westen wurde die Ornithologie im 17. Jahrhundert zu einer ernst zu nehmenden Wissenschaft. Vor allem im 19. Jahrhundert wurden Vögel zu Studienzwecken ausgestellt.

| | | | | | | | | |
|---|---|---|---|---|---|---|---|---|
| 1 | | BEINFEDERN<br>*1. Schneeweiß* | 2 | | KOPFFEDERN<br>*79. Braunorange* | 3 | | BRUSTFEDERN<br>*81. Tiefrotorange* |
| 4 | | BRUSTFEDERN<br>*98. Schokoladenrot* | 5 | | MANTELFEDERN<br>*102. Umbrabraun* | 6 | | BRUSTFEDERN<br>*4. Gelbweiß* |

*Vierzehn Präparate südamerikanischer Vogelarten*, um 1870. Schaugläser mit Vogelpräparaten erfreuten sich im 19. Jahrhundert zu Dekorationszwecken großer Beliebtheit.

| | | | | | | | | |
|---|---|---|---|---|---|---|---|---|
| 1 | BLAUKOPFPITPIT | *32. Erdgrünes Blau* | 2 | ORGANIST | *78. Rauschgelborange* | 3 | ORGANIST | *68. Safrangelb* |
| 4 | SCHWARZFLÜGELTRUPIAL | *33. Grünblau* | 5 | SCHARLACHTANGARE | *84. Scharlachrot* | 6 | AMAZONENPAPAGEI | *57. Pistaziengrün* |

a

(a) Von Charles Darwin auf seiner Reise mit der *Beagle* eigenhändig angelegte geologische Farbkartierung der Inseln vor der südamerikanischen Küste, entstanden zwischen 1831 und 1836. Darwin ging es vor allem darum, die Schwankungen von Land- und Meereshöhen nachzuvollziehen.

Pflanzen und Mineralien enthielt. Und einer dieser Forschungsreisenden zur See war Charles Darwin (1809–1882).

## CHARLES DARWIN UND DIE *NOMENKLATUR DER FARBEN*

Im August 1832 – erst wenige Monate zuvor hatte Darwin seine insgesamt fünf Jahre währende Reise auf der MS *Beagle* angetreten und musste sich in seiner neuen Rolle als Naturforscher, Sammler und Entdeckungsreisender erst noch zurechtfinden – schrieb der 23-Jährige einen Brief an J. S. Henslow (1796–1861). Voller Begeisterung berichtet er seinem Mentor, dem er den Posten als „gentleman naturalist" an Bord zu verdanken hatte, von den „wundervollen" Tieren Südamerikas, die er zu sammeln, registrieren und nach England zu schicken beabsichtigte. Dabei betont Darwin, wie wichtig es sei, deren Färbung haarklein zu beschreiben. Sollte dies auch die Erstellung seiner Sammlung verzögern, so sei er doch

> „zu dem Schluss gelangt, dass 2 Tiere, zeichnet man ihre ursprüngliche Farbe und Form auf, für die Naturforscher wertvoller sein werden als 6 mit nichts als Datum und Ort."[4]

Diese Bemerkung ist nicht zufällig. Farbe wird ein zentrales Element bei der Bestimmung und Klassifizierung jener Lebewesen sein, denen Darwin auf seiner Reise begegnen wird. In seinen späteren Arbeiten wird er die erhobenen Daten dann auch jenseits ihres bloßen Beschreibungscharakters nutzen, um herauszufinden, welchen Stellenwert die Farbe im variantenreichen Prozess der natürlichen Auslese spielt.

Die *Beagle Zoology Notes*, Darwins Aufzeichnungen von der Fahrt mit der *Beagle*, enthalten unter dem Datum vom 28. Januar 1832 eine Schilderung der ersten Begegnung des jungen Naturforschers mit einem „Oktopus" nahe den Kapverdischen Inseln. Beim Anblick dieses Farbe und Form unablässig ändernden Verwandlungskünstlers der Meere muss ihm schlagartig klar geworden sein, wie wichtig die genaue Registrierung von Farbnuancen für sein Vorhaben war, besaß diese Kreatur doch eine

> „chamäleonartige Fähigkeit, ihre Farbe zu ändern. [...] Die Grundfarbe war ein Französisch Grau mit zahlreichen Flecken in Hellgelb. Ersteres variierte, der Intensität nach, die Letzteren verschwanden vollkommen und kehrten abwechselnd wieder. Über den gesamten Körper zogen unablässig in ihrer Farbe von ‚Hyazinthrot' nach ‚Kastanienbraun' changierende Wolken".[5]

Abgesehen von Darwins Gelb, das ohne nähere Spezifizierung als „hell" beschrieben wird, stammen alle übrigen Farbbezeichnungen dieser so lebendigen Passage wortgetreu aus der *Nomenklatur der Farben*. In der Bordbibliothek der *Beagle* befand sich ein Exemplar davon, Darwin sollte es auf der gesamten Reise von nun an immer wieder zur Hand nehmen.

Doch schon während der Vorbereitungen zur Reise mit der *Beagle* hatte Darwin Symes Farbenbuch im Blick. Aus dem Herbst des Jahres 1831 stammt ein ganzes Bündel von aufgeregten Briefen an Henslow in Cambridge. In ihnen bittet der junge Naturforscher um Rat und Unterstützung für die bevorstehende Expedition. Am 9. September, kurz vor einer angekündigten Visite bei Henslow, erörtert Darwin Ausrüstung und Bücher, die er mitzunehmen gedenkt, und ersucht den Empfänger um Hinweise auf wissenschaftliche Literatur. Quer über den Kopf der ersten Briefseite, als handele es sich um eine nachträgliche Bemerkung, setzte er die Zeile: „Ich schreibe noch einmal, bevor ich nach Cambridge komme. Denken Sie an Symes Farbenbuch."[6]

Noch heute steht ein Exemplar der zweiten Auflage von *Werner's Nomenclature of Colours* von 1821 in Darwins Handbibliothek in Down House vor den Toren Londons. Ein allerdings derart sauberes Exemplar, dass es sich kaum um dasjenige handeln wird, das der Forscher auf der *Beagle* dabeihatte und, wie wir wissen, so eifrig benutzte.[7] Darwins Sohn Francis zufolge erhielt das Botanische Institut in Cambridge ein Exemplar von Symes Farbenbuch in der Ausgabe von 1821, das dort 1911 als „Erinnerungsstück an die Reise [auf der Beagle]" inventarisiert wurde. Außerdem, so weiß der Bibliothekskatalog, hat Darwin „vereinzelte Beobachtungen in das Exemplar eingetragen. Auf eine Leerseite am Buchanfang notierte er: ‚Schnabel des Weibchens aschgrau, beim Männchen fast schwarz, Beine &c. exakt holländischgelb'".[8]

1
2
4
5
6
8
9
Cladognathus Giraffa Java
Longarmed Beetle
Amboyna
Spectre Beetle

# ENTOMOLOGIE

Die Entomologie (Kerbtierkunde) als Zweig der Zoologie beschäftigt sich mit der Erforschung der Insekten. Die *Introduction to Entomology* von William Kirby (1759–1850) und William Spence (1783–1860), erschienen 1815 bis 1826, gilt als eines der Grundlagenwerke der Insektenkunde, die in der Folgezeit eine rapide Entwicklung erlebte. Der hier abgebildete Schaukasten mit asiatischen Käferarten stammt aus der Sammlung des britischen Naturforschers und eifrigen Insektensammlers Alfred Russel Wallace (1823–1913).

FARBEN NACH SYME/WERNER

| | | |
|---|---|---|
| 1 | HEXARTHRIUS RHINOCEROS | *20. Pech- oder Braunschwarz* |
| 2 | PROSOPOCOILUS LAFERTEA | *81. Tiefrotorange* |
| 3 | ODONTOLABIS BROOKEANA | *76. Holländisch Orange* |
| 4 | ISCHIOPSOPHA SP | *56. Saftgrün* |
| 5 | EUPHOLUS CHEVROLATA | *32. Erdgrünes Blau* |
| 6 | EUPHOLUS LINNEA | *29. Ultramarinblau* |
| 7 | ISCHIOPSOPHA SP | *60. Ölgrün* |
| 8 | STERNOCERA AEQUISIGNATA | *55. Entengrün* |
| 9 | BELIONOTA SP | *78. Rauschgelborange* |
| 10 | TEMOGNATHA MITCHELL | *95. Schildlausrot* |
| 11 | CHALCOSOMA ATLAS | *19. Grünschwarz* |
| 12 | IRICONDYLA SP | *24. Schottisch Blau* |

Dieser Eintrag entspricht jener Beschreibung, die Darwin im Reisetagebuch von einem Falkland-Caracara (*Caracara novae zelandiae* bei Darwin, heute *Phalcoboenus australis*) gibt, einem Greifvogel, den er wie folgt einordnet: „Beine & Haut oberhalb des Schnabels hell ‚holländisch orange', Schnabel ‚aschgrau', beim Männchen fast schwarz."[9] Aufschlussreich, wie aus dem Holländisch Gelb der Notiz später ein Holländisch Orange getreu Symes Terminologie wird – kein Farbsystem ist so stark, dass es den unmittelbaren Farbeindruck verdrängen könnte.

In einem Brief aus dem Jahr 1860 wird Darwin später bekennen, die Schwanzfeder des Pfauenmännchens mache ihn „verrückt" – so offensichtlich schien ihr prachtvolles und für jeden Beutejäger unübersehbares Farbenspiel Darwins Lehre von der natürlichen Selektion zu widersprechen. Es war diese Überfülle an Farbschönheit, die den Evolutionstheoretiker dazu brachte, noch eine andere Form der Auslese in der Natur am Werk zu sehen: die der „geschlechtlichen Zuchtwahl". Im gleichen Brief erwähnt Darwin anlässlich der ihn mehrfach beschäftigenden Frage nach einem möglichen Zusammenhang zwischen der Färbung eines Tiers und gleichzeitiger Unempfindlichkeit für Gifte die „schwarzen Schweine der Everglades".[10] Auch bestimmten Pflanzensorten und Tierrassen, wie sie in viktorianischer Zeit wegen ihrer besonderen Färbung oder Zeichnung gezüchtet wurden, widmet Darwin seine Aufmerksamkeit und stellt dabei fest, dass die Unterschiede zwischen Vertretern einer Art dort sehr viel größer ausfielen als in der Natur.

Kein Zweifel: Symes *Nomenklatur der Farben* hat wesentlich dazu beigetragen, Darwins Blick für die Schönheit und die wissenschaftliche Bedeutung der Farbe im Tierreich zu schärfen. Genauso hatte Syme es in seiner Einleitung vorhergesagt: „Das Auge wird durch Übung geschult."[11]

## NEUE FARBEN IM HOHEN NORDEN

Im Gegensatz zu Darwin war John Richardson (1787–1865) als Schiffsarzt und Naturforscher bereits ein gestandener Forschungsreisender, als er seinen *Appendix to Captain Parry's Journal of a Second Voyage for the Discovery of a North-west Passage* (1825) verfasste. Zwar gehörte Richardson nicht zur Mannschaft von William Parrys (1790–1855) Expedition von 1821 bis 1823, er hatte jedoch an anderen Forschungsreisen zum Polarkreis teilgenommen und John Franklin (1786–1847) auf dessen Suche nach arktischen Kupfervorkommen von 1819 bis 1822 begleitet; auch sie galt der Suche nach einer Nordwestpassage. Richardson schildert die tragisch gescheiterte Expedition in seinem postum erschienenen Tagebuch unter dem Titel *Arctic Ordeal* (Qualen der Arktik). Die Entbehrungen der Reise hinderten Richardson offenbar nicht, einen offiziellen Bericht über Franklins naturkundliche Forschungen zu erstellen. Richardson ordnete und publizierte zudem die zoologischen Beobachtungen der Parry-Expedition und sichtete die dort gesammelten Stücke – dies alles in den wenigen Jahren, bevor er mit Franklin 1825 noch einmal nach Kanada zurückkehrte. In seiner 1824 entstandenen Einleitung zum Nachtrag von Parrys Reisebericht merkt Richardson an:

> „Die in den Beschreibungen verwendeten Farbbezeichnungen entstammen Patrick Symes Büchlein *Werner's Nomenclature of Colours*, Edinburgh 1821, welches nunmehr von etlichen hervorragenden Naturforschern und vergleichenden Anatomen unseres Landes herangezogen wird."[12]

Nun ließe sich erwarten, dass die arktische Tierwelt – verglichen mit Darwins am Äquator gesammelten Beobachtungen – über ein eher beschränktes Farbspektrum verfügt. Dennoch stecken Richardsons Beschreibungen voller, meist Syme entnommener Farbbezeichnungen der unterschiedlichsten Art. Dabei spielen verschiedene Schattierungen von Weiß, aber auch der Farbwechsel von Winter- zu Sommerfell wie bei Hermelin, Polarfuchs und Schneehase eine prominente Rolle, und zwar auch im Hinblick auf die Belange des Pelzhandels. Naturgemäß scheint Richardson Symes Weißspektrum durchaus ergänzungsbedürftig, auch wenn dessen Schneeweiß, dem Ambiente entsprechend, häufig von ihm zitiert wird, etwa zur Beschreibung des „Winterkleids" des Hermelins[13], wo es um die Tarnfärbung arktischer Tierarten geht. Dies hindert den Autor allerdings nicht daran, eigene Farbeindrücke und -vergleiche festzuhalten, so wenn er den Fötus einer Ringelrobbe als „von der Farbe gelbweißer

a

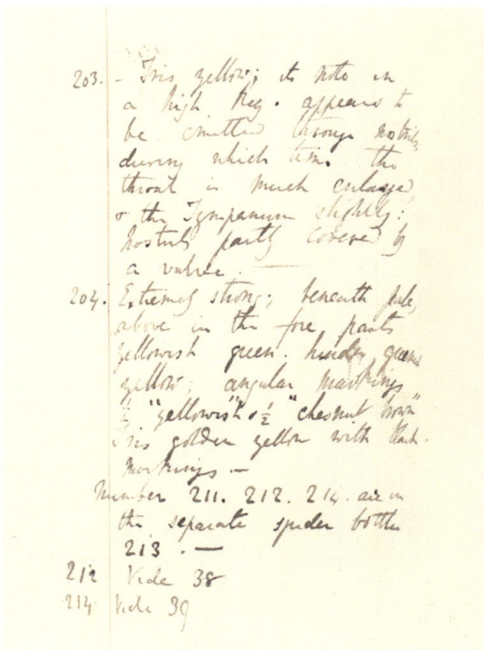

203. – Iris yellow; it [illegible] in a high Reg. appears to be emitted during which time the throat is much enlarged & the Tympanum slightly: Nostrils partly covered by a valve. –
204. Extremely strong; beneath pale above in the fore parts yellowish green: hinder parts yellow; angular markings of "yellowish ½ "chestnut brown" Iris golden yellow with black markings. –
Number 211. 212. 214. are in the separate spider bottle 213. –
212 Vide 38
214 Vide 39

b

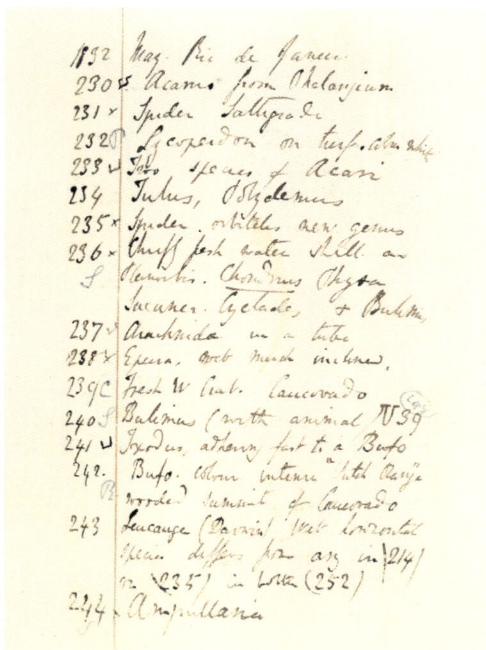

1832 May. Rio de Janeiro
230 Acarus from [illegible]
231 Spider Saltigrade
232 Lycoperdon on [illegible]
233 Two species of Acari
234 Julus, Polydesmus
235 Spider orbitele. new genus
236 [illegible] fresh water shell an [illegible]. Chondrus [illegible] Succinea. Cyclade, & Bulimus
237 Arachnida in a tube
238 Epeira. web much inclined,
239 Fresh W. Crab. Corcovado
240 Bulimus (with animal N 39
241 Ixodes, adhering fast to a Bufo
242. Bufo. colour intense "Dutch Orange" wooded summit of Corcovado
243 Leucauge (Darwin) [illegible] horizontal [illegible] differs from any in (214) or (235) in bottle (252)
244. Ampullaria

c

(a) Sechs Finkenbälge von den Galapagosinseln, gesammelt auf Darwins zweiter Reise mit der *Beagle*, 1831–1836.

(b–c) Handschriftliches Verzeichnis der von Charles Darwin und seinem Gehilfen Syms Covington auf ihrer Reise mit der *Beagle* gesammelten und zur „Aufbewahrung in Alkohol“ bestimmten Naturalien mit Farbangaben nach Werner: (b) Nr. 204, Chestnut Brown (Kastanienbraun); (c) Nr. 242, Dutch Orange (Holländisch Orange)

1
2
7
5
6
8
11
10

# LEPIDOPTEROLOGIE

Die Lepidopterologie, die Erforschung von Schmetterlingen und Nachtfaltern, gewann seit der Renaissance immer mehr an Bedeutung und wurde von den Forschungsreisenden und Naturkundlern des 19. Jahrhunderts zu einer eigenen Wissenschaft weiterentwickelt. Dieser Schaukasten stammt aus der Sammlung von Alfred Russel Wallace (1823–1913), der als Begründer der Biogeografie gilt. Seine Naturaliensammlung lieferte ihm das Anschauungsmaterial für die von ihm entwickelte Theorie zur Entstehung der Arten und zur natürlichen Auslese.

FARBEN NACH SYME/WERNER

| | | | |
|---|---|---|---|
| 1 | | CRICULA TRIFENESTRATA | *76. Holländisch Orange* |
| 2 | | DANIS DANIS | *50. Spangrün* |
| 3 | | HYPOCHRYSOPS SP | *29. Ultramarinblau* |
| 4 | | CELERENA SP | *67. Königsgelb* |
| 5 | | EUMELEA | *78. Rauschgelborange* |
| 6 | | ARHOPALA SP | *31. Berliner Blau* |
| 7 | | ATTACUS ATLAS | *69. Gallensteingelb* |
| 8 | | HYPOCHRYSOPS SP | *82. Ziegelrot* |
| 9 | | HYPOCHRYSOPS SP | *41. Aurikelviolett* |
| 10 | | COMELLA LAETIFICA | *77. Raulederorange* |
| 11 | | ARHOPALA | *42. Pflaumfarbenviolett* |
| 12 | | ALCIDES ORONTES | *57. Pistaziengrün* |

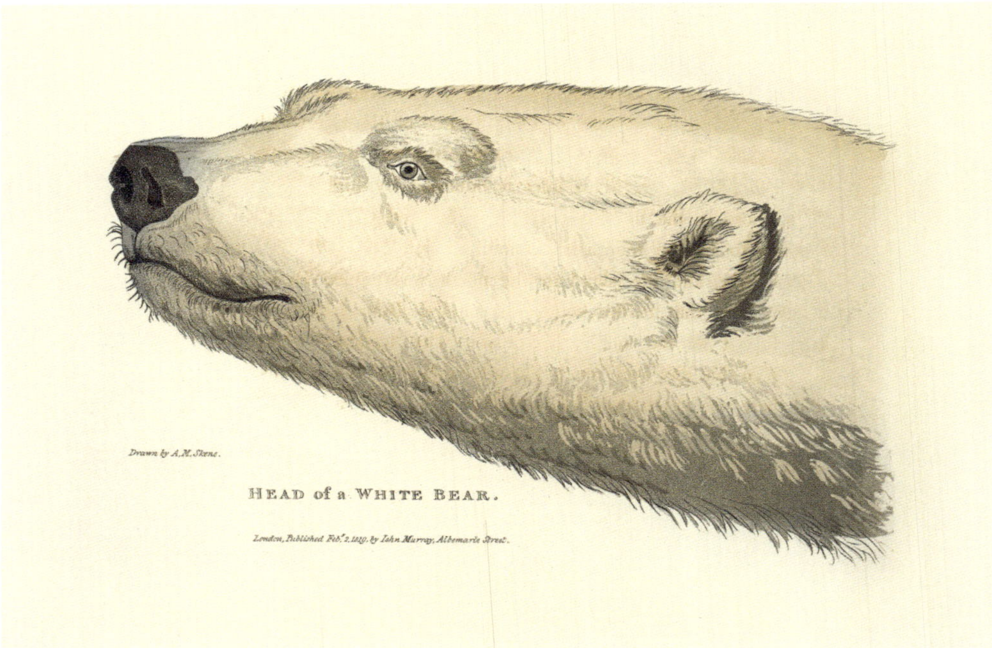


a

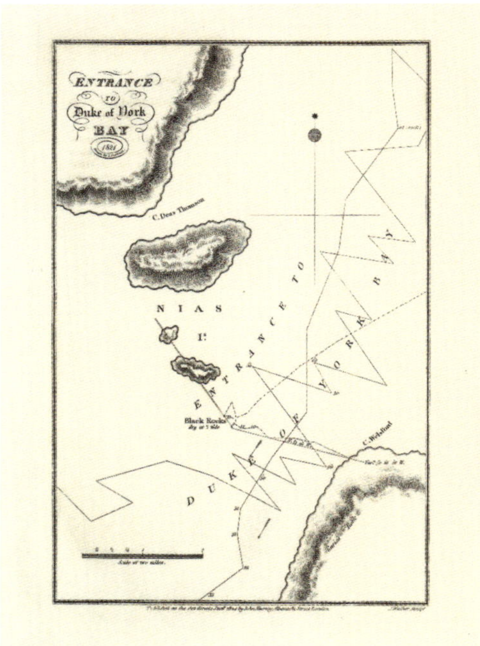


b

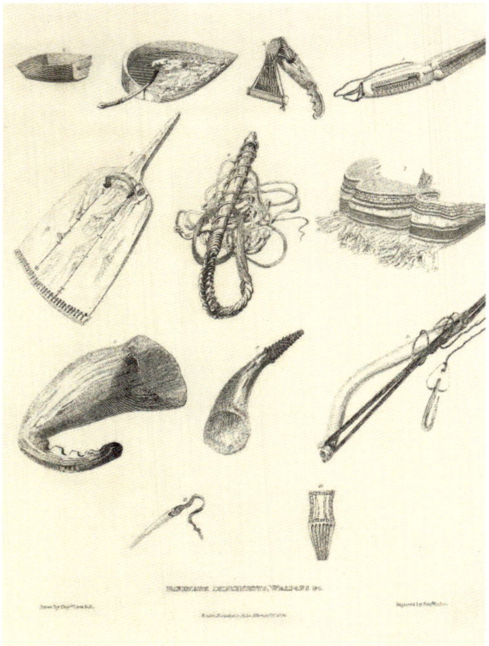

c

(a) Kopf eines Eisbären.

(b–c) Einfahrt in die Duke of York Bay und Werkzeuge und Waffen der Eskimos, aus: William Edward Parry, *Appendix to Captain Parry's Journal of a Second Voyage for the Discovery of a North-west Passage*, 1825.

Rohseide" beschreibt.[14] Mit gleich mehreren von Symes Brauntönen – Schwarzbraun, Gelbbraun und Nelkenbraun – etikettiert Richardson das Federkleid eines Spornammerweibchens, benutzt für dasselbe Exemplar jedoch auch seine eigene Prägung „Rostweiß", ein ins Bräunliche spielendes Weiß.[15]

Richardson begleitete Franklin auch auf dessen Polarexpedition der Jahre 1825 bis 1827. 1829 legte er unter dem Titel *Fauna boreali-americana* eine Darstellung der Tierwelt Amerikas nördlich des Polarkreises vor, in deren Einleitung er wiederum Symes Farbnomenklatur als Grundlage der Beschreibungen nennt.[16] Richardson verhalf Symes Farbsystem hierdurch auch bei späteren Naturforschern zu größerer Bekanntheit. Richardsons *Fauna boreali-americana* gehörte zur Bordbibliothek der *Beagle*. Charles Darwin vermerkte es 1838 in seinem Tagebuch unter der Rubrik „Anstehende Lektüre".[17] Richardson benutzte Symes Farbenbuch auf seinen Reisen als eine Art Exkursionsführer in Sachen Farbe auch und gerade bei der Beschreibung weniger bekannter Tierarten. Wieder daheim, verhalf Symes Farbvokabular den für das breite Publikum wie für die Fachwelt bestimmten Beschreibungen Richardsons zu großer Anschaulichkeit. Es nimmt also nicht Wunder, dass auch der noch in den Anfängen stehende Forschungsreisende Charles Darwin bereitwillig auf Syme zurückgriff.

## SCHMETTERLINGE UND CHROMATOMETER: TIERFARBEN IN KUNST UND WISSENSCHAFT

Wie Syme schon im Vorwort zur ersten Auflage von *Werner's Nomenclature of Colours* aus dem Jahr 1814 ausführt, hält er verlässliche Farbangaben bei der Beschreibung und Bestimmung von naturkundlichen Objekten für eine „unverzichtbare Notwendigkeit". Ohne eindeutige Standards zur Wiedergabe individueller Beobachtungen aber bleibt auch eine Angabe der Farben nutzlos. Ist dieses Problem jedoch einmal gelöst, so Syme, „bilden Beschreibung, Zeichnung und Farbe zusammen die vollkommendste Darstellung, als stehe einem der Gegenstand selbst vor Augen".[18] Angesichts der großen Bedeutung, die zu Symes Zeiten der Zeichnung als Hilfsmittel der wissenschaftlichen Taxonomie zukam, ist es nicht verwunderlich, dass die wichtigsten Versuche zur Aufstellung verlässlicher Farbklassifikationssysteme, sei es zum individuellen oder zum allgemeinen Gebrauch, von Naturkundemalern wie Syme stammten, der sich als Pflanzenmaler bereits einen Namen gemacht hatte.

In die Reihe jener Maler und Illustratoren, die, meist auf dem Feld der Botanik tätig, nach einer Lösung für das Farbproblem gesucht hatten, gehört auch James Sowerby (1757–1822). Zwar lag auch Sowerbys Schwerpunkt auf Pflanzen (siehe S. 172–175), von Sowerbys Hand stammen jedoch auch die Tafeln zu der 1794 in Druck gegebenen *Zoology of New Holland* von George Shaw (1751–1813), die der Leserschaft zum ersten Mal die erst jüngst erforschte Tierwelt Australiens zu Gesicht brachte. Anlässlich der Beschreibung des Rosellasittichs (*Platycercus eximius*, auch als Nonpareil-Sittich bekannt) bemerkt Shaw, eine eingehendere Charakterisierung des unvergleichlich eleganten farbenfrohen Federkleides erübrige sich, da dieses schon in Sowerbys Illustration so unübertrefflich genau wiedergegeben sei.[19]

Wie manche seiner Kollegen arbeitete auch Sowerby an der Entwicklung einer Farbensystematik, die er schließlich 1809 in *A New Elucidation of Colours* vorstellte. Anders als Syme verwendet Sowerby keine Farbmustertafeln, sondern präsentiert ein „Chromatometer". Es bestand aus einer Farbschablone zur Benutzung mit einem Prisma, sodass die Spektralfarben über ihre Position auf der Farbkarte exakt definiert werden konnten. Der Vorteil dieser Methode lag darin, dass hier mit „echten" Farben statt mit deren Darstellung durch ein Farbmittel gearbeitet wurde, welche je nach Farbmischung, Papiersorte, Ausbleichgrad usw. variieren konnte. Andererseits war die Handhabung von Chromatometer und Prisma, namentlich bei Feldstudien, alles andere als einfach. Deshalb ergänzte Sowerby beides um eine gitterartig angeordnete Farbskala mit 63 Farbtönen, die sich aus der Mischung der drei Grundfarben Gelb, Rot und Blau ergeben (weitere fünf Weißschattierungen finden sich in Sowerbys zugehöriger Farbliste).

Symes Farbnomenklatur verweist innerhalb des Tierreichs zu zwei Dritteln auf die Vogelwelt, sonst meist auf Insekten. Säugetiere kommen als Anschau-

# OOLOGIE

Zu den Grundlagen der Oologie, der Kunde von Gestalt und Beschaffenheit der Vogeleier, gehört die Anlage von entsprechenden wissenschaftlichen Sammlungen. Das Sammeln von Eiern aus den Nestern wild lebender Vögel erfreute sich im 19. Jahrhundert aber auch als Hobby einiger Beliebtheit; heute ist es vielfach verboten. Die Abbildungen sind der *British Oology* von William Chapman Hewitson (1806–1878) aus dem Jahr 1833 entnommen. In der Einleitung schildert der Autor das Sammeln von Vogeleiern als Ausdruck seiner Liebe zur Natur, im Hauptteil liefert er detaillierte Angaben zu Eiform und -farbe, Gelegegröße, Nestbau und Brutverhalten von über 200 auf den britischen Inseln brütenden Vogelarten.

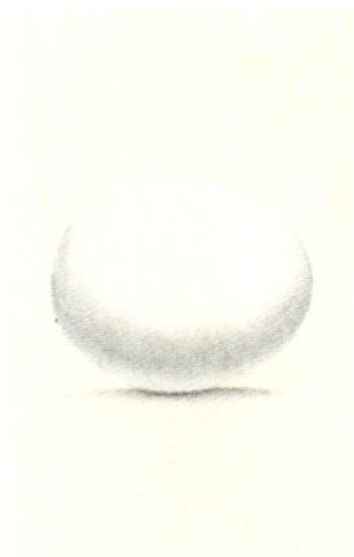

SCHLEIEREULE
*1. Schneeweiß*

STEINKAUZ
*1. Schneeweiß*

MEHLSCHMÄTZER
*1. Schneeweiß*

SPERBEREULE
*2. Rotweiß*

SEEADLER
*2. Rotweiß*

UHU
*3. Violettweiß*

SPECHT
*4. Gelbweiß*

EISVOGEL
*5. Orangeweiß*

KORNWEIHE
*7. Milchweiß*

ROHRWEIHE
*8. Grauweiß*

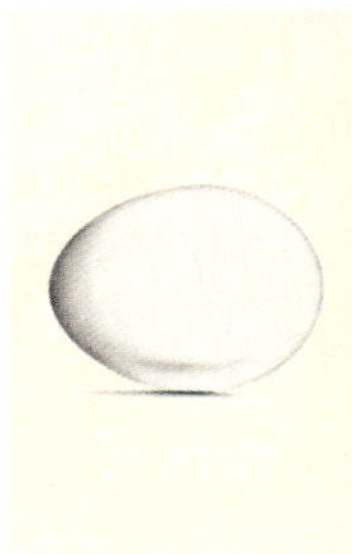

HÜHNERHABICHT
*8. Grauweiß*

WIESENSCHMÄTZER
*9. Aschgrau*

HECKENBRAUNELLE
*11. Französisch Grau*

ROTSCHWANZ
*12. Perlgrau*

WIEDEHOPF
*13. Gelbgrau*

PROVENCE-GRASMÜCKE
*15. Grüngrau*

TRAUERSCHNÄPPER
*32. Erdgrünes Blau*

DROSSEL
*32. Erdgrünes Blau*

WACHOLDER-DROSSEL
*33. Grünblau*

DOHLE
*33. Grünblau*

AMERIKANISCHER KUCKUCK
*34. Graublau*

KERNBEISSER
*34. Graublau*

RABENKRÄHE
*34. Graublau*

RABE
*52. Apfelgrün*

ELSTER
*54. Grasgrün*

NEBELKRÄHE
*55. Entengrün*

SAATKRÄHE
*56. Saftgrün*

FELDLERCHE
*60. Ölgrün*

ROHRSÄNGER
*60. Ölgrün*

DORNGRASMÜCKE
*68. Safrangelb*

NACHTIGALL
*69. Gallensteingelb*

GARTENGRAS-
MÜCKE
*70. Honiggelb*

RAUBWÜRGER
*74. Ockergelb*

NEUNTÖTER
*78. Rauschgelb-
orange*

TURMFALKE
*79. Braunorange*

BAUMFALKE
*81. Tiefrotorange*

HAUBENMEISE
*82. Ziegelrot*

MERLIN
*85. Zinnoberrot*

KOHLMEISE
*86. Morgenrot*

FITISLAUBSÄNGER
*86. Morgenrot*

WANDERFALKE
*87. Arterienblutrot*

GRÜNER HÄNFLING
*88. Fleischrot*

BLAUMEISE
*89. Rosarot*

BAUMPIEPER
*93. Karmesinrot*

SPERBER
*99. Braunrot*

WESPENBUSSARD
*100. Tiefes
Orangebraun*

MILAN
*101. Tiefes Rotbraun*

MÄUSEBUSSARD
*101. Tiefes Rotbraun*

FISCHADLER
*103. Kastanienbraun*

SCHAFSTELZE
*104. Gelbbraun*

GARTENAMMER
*105. Holzbraun*

ALPENKRÄHE
*107. Haarbraun*

STRANDPIEPER
*109. Olivbraun*

KUCKUCK
*110. Schwarzbraun*

ungsbeispiel kaum vor, ebenso Fische; Erstere weil sie in der Regel anhand ihrer anatomischen Merkmale, vor allem des Knochenbaus, bestimmt wurden; Letztere weil nur wenige das natürliche Farbenkleid der meisten Meeresbewohner überhaupt kannten. Ein Verweis auf diesen Teil der Tierwelt war also keine große Hilfe. Vögeln und Insekten dagegen galt ob ihrer farblichen Erscheinung schon seit jeher die Aufmerksamkeit des Menschen, und sie wurden anhand dieser Merkmale bestimmt und benannt. Für die naturkundliche Darstellung musste also die Farbwiedergabe durch den Zeichner ebenso exakt ausfallen wie die Bestimmung durch den Ornithologen oder Entomologen. Es ist deshalb wenig überraschend, dass gleich mehrere Vogel- oder Kerbtierkundler eine „Taxonomie der Farben" entwickelten und umgekehrt nicht wenige auch als Naturmaler tätig waren.

Pionier auf diesem Gebiet war Moses Harris (1730–um 1788). Insektenforscher und Kupferstecher in einer Person, widmete Harris der Bestimmung und Klassifizierung der Farben nicht weniger Aufmerksamkeit als jener seiner lebenden Forschungsgegenstände. In *An Exposition of English Insects* (London, 1776) stellt er sein eigenes Farbsystem vor. Harris räumt ein, dass die dort verwendeten Farbbegriffe wohl „allein den Malern bekannt" seien, weshalb er es um einen Farbkreis ergänzt zu dem Zweck, „den Leser in den Stand zu versetzen, die Vielfalt der Farben und Farbtöne zu beurteilen, welche die verschiedenen Teile des Insekts zieren".[20] Schon bei Harris wird Sehen also zu einer Spielart des Wissens und Bestimmens.

Harris' 1775 gedrucktes Schmetterlingskompendium *The English Lepidoptera* enthält eine Tafel, anhand derer sich den Körperteilen eines Schmetterlings ein Farbcode zuordnen lässt, wobei Harris vor allem die „Häutchen und Sehnen" des Falterflügels als Hauptmerkmalsträger zur Artbestimmung einstuft. Die Zuweisung bestimmter Farbcodes bei der Beschreibung anatomischer Details wurde und wird in der zoologischen Fachliteratur, in der Lehre sowie für Wandtafeln und Modelle weithin genutzt, bis hin zu den computergenerierten Illustrationen und 3-D-Modellen von heute.

## FARBSYSTEME

Die fortschreitende Professionalisierung der Naturwissenschaften im Laufe des 19. Jahrhunderts ging mit zahlreichen technischen Innovationen einher und führte zu einer Flut neu entdeckter Arten. Auch die Taxonomie der Tiere (und Farben) wurde so zu einem immer ausgeklügelteren Geschäft. Hatten in der ersten Jahrhunderthälfte noch Farbsynopsen wie jene von Syme genügt, um eine Vielzahl von bekannten und neu entdeckten Tierarten zu klassifizieren, schien an der Wende zum 20. Jahrhundert auch hier ein Neuansatz unausweichlich.

Gestalt gewann dieser Neuansatz in den Arbeiten des amerikanischen Ornithologen Robert Ridgway (1850–1929), der sich in zweien seiner Werke der Systematisierung der Farbbezeichnungen im Dienste der Artbestimmung der Vögel widmet. *A Nomenclature of Colors for Naturalists and Compendium of Useful Knowledge for Ornithologists* von 1866 enthält als Bestandteil einer von Ridgway entwickelten vereinfachten Methode zur Vogelbestimmung auch ein neu entwickeltes Farbsystem. Es basiert auf 186 Farbmustern samt Farbbezeichnungen, aufgelistet in einem vergleichenden Farbglossar in englischer, lateinischer, deutscher, französischer, spanischer, italienischer sowie norwegischer und dänischer Sprache. Wie Syme hatte Ridgway die Notwendigkeit einer standardisierten Farbterminologie erkannt:

> „Zweifellos stellt eines der größten Desiderate des Naturforschers, ob Fachmann oder Liebhaber, ein Mittel zur Identifizierung der in Beschreibungen verwendeten oder in einer Erstbeschreibung zur korrekten Benennung eines Farbtons zu verwendenden Farbamen dar."[21]

Ridgway beklagt das Fehlen neuerer Publikationen zum Thema und nennt Symes *Nomenklatur der Farben* von 1821 als das jüngste konsultierbare Werk. Er lobt den Nutzen, macht aber auch Mängel von Symes Buch geltend, hätten sich doch „die dortigen Farben mit der Zeit so stark verändert, dass sie nur noch vereinzelt den Tönen entsprechen, die sie ursprünglich darstellen sollten".[22] Er selbst sei deshalb dazu übergegangen, „ob ihrer Fixiertheit" auf die handelsüblichen „Künstlerfarben" seiner Zeit (darunter auch Anilinfarben und -pigmente)

a

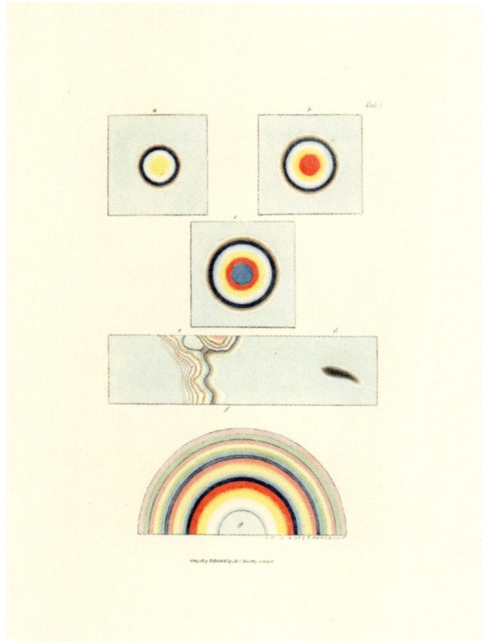

b

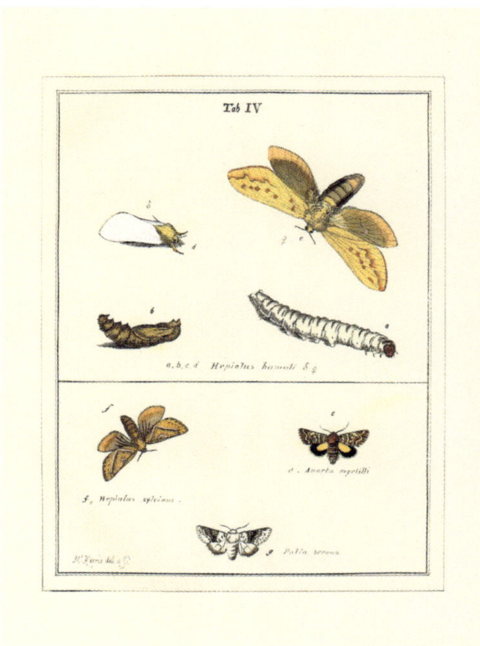


c

d

(a) Rosellasittich, aus: George Shaw, *Zoology of New Holland*, Bd. 1, 1794.
(b) Tafel 1, aus: James Sowerby, *A New Elucidation of Colours, Original, Prismatic, and Material*, 1809.
(c) Verschiedene Falterarten, aus: Moses Harris, *An Exposition of English Insects*, 1776.
(d) Farbkreis, aus: Moses Harris, *An Exposition of English Insects*, 1776.

# MUSCHELSAMMLUNG VON JOSEPH BANKS

*Muscheln von der Expedition mit der HMS* Endeavour, 1768–1871.

Die Schaukästen enthalten Muschelfunde von den Stränden Brasiliens, Tahitis, Neuseelands und Australiens. Als Naturforscher war der Botaniker Sir Joseph Banks mit an Bord der *Endeavour*.

| | | | | | |
|---|---|---|---|---|---|
| 1 | FICUS FICUS / *93. Karmesinrot* | 2 | CONUS ERMINEUS / *82. Ziegelrot* | 3 | CONUS STRIATUS / *43. Rotviolett* |
| 4 | CONUS MARMOREUS / *104. Gelbbraun* | 5 | CONUS GRANULATUS / *86. Morgenrot* | 6 | CONUS TESSULATUS / *5. Orangeweiß* |

# MUSCHELSAMMLUNG VON CHARLES DARWIN

*Muscheln von der Expedition mit der HMS* Beagle, 1831–1836.

Die von verschiedenen Küsten stammenden Muscheln sind ein Überbleibsel von Darwins erster Reise mit der *Beagle*, in deren Verlauf der Begründer der Evolutionstheorie erstmals unmittelbare Erfahrungen als Naturforscher sammeln konnte.



| | | | | | | | | |
|---|---|---|---|---|---|---|---|---|
| 1 | | SACCOSTREA CUCCULLATA | 2 | | MYTILUS SP | 3 | | EUCALLISTA PURPURATA |
| | | *40. Kaiserviolett* | | | *24. Schottisch Blau* | | | *80. Rotorange* |
| 4 | | MYTILUS SP | 5 | | ESODESMA DONACIUM | 6 | | PECTEN SP |
| | | *36. Blauviolett* | | | *7. Milchweiß* | | | *83. Hyazinthrot* |

a

b

c

d

(a) Gegenüberstellung verschiedener Finkenarten, Spencer Fullerton Baird, Thomas Mayo Brewer und Robert Ridgway, *A History of North American Birds*, Bd. 1, 1905.

(b) Gegenüberstellung verschiedener Lerchenarten, Spencer Fullerton Baird, Thomas Mayo Brewer und Robert Ridgway, *A History of North American Birds*, Bd. 1, 1905.

(c) Farbtafel, aus: Robert Ridgway, *Color Standards and Color Nomenclature*, 1912.

(d) Farbtafel, aus: Robert Ridgway, *Color Standards and Color Nomenclature*, 1912.

zurückzureifen. Sorgen macht Ridgway dagegen die „Willkür", mit welcher, wie noch bei Syme, Farben und ihre Schattierungen durch das Heranziehen von Bekanntem – „haarbraun", „aschgrau" – definiert werden. Ridgway wendet ein, dass die entsprechenden Objekte in Wahrheit so viele verschiedene Farbtöne hätten, dass dieses Vorgehen „ohne feste Standards praktisch wertlos" sei.

Als Prototyp moderner Exkursionsführer kann Ridgways *History of North American Birds* von 1905 gelten. Dort werden die Köpfe leicht zu verwechselnder Vogelarten auf Farbtafeln farblich so präzise nebeneinandergestellt, dass sie wie vergleichende Farbmuster wirken. Gerade dem Amateur wird das Identifizieren der jeweiligen Art in Wald und Flur dadurch enorm erleichtert.

Das Thema Farbe ließ Ridgway nicht los, 1912 griff er es daher in seinem Buch *Color Standards and Color Nomenclature* noch einmal auf. Dort entwickelte er sein Farbsystem weiter. Nachdem er damals Symes System einer Kritik unterzogen hatte, bemängelte er an seinem eigenen Erstentwurf nun, dass dessen Farbenzahl unzureichend und „unwissenschaftlich in der Anordnung" sei. Sein neues Werk, so Ridgway, solle durch mehr „Objektivität" nicht nur für Ornithologen, sondern ähnlich wie Symes Farbnomenklatur „auch dem Zoologen, Botaniker, Pathologen und Mineralogen von Nutzen sein".[23] Tatsächlich gilt Ridgways Buch bis heute in Kunst und Wissenschaft als Standardwerk. Wie Sowerby benutzt auch Ridgway die Farben des Sonnenspektrums, die er mit größter Genauigkeit nach Farbton, Schattierung und Intensität analysiert. Dem Buch sind 53 Farbtafeln mit insgesamt über 1000 Farbmuster beigegeben, die wie eine Vorwegnahme des Pantone-Farbfächers von heute wirken.

Mit den Galapagosinseln wandte Ridgway schließlich seinen taxonomischen Scharfsinn einem Feld zu, das schon Ziel der *Beagle* gewesen war. Namentlich beschäftigte er sich mit dem Darwinfinken. Ridgway war der Erste, der nach Exemplaren, welche das Forschungsschiff *USS Albatross* 1888 von dort mit zurückgebracht hatte, den Großen Kaktusfinken (*Geospiza conirostris*) beschrieb. Mit einer an Richardsons Schilderung der Spornammer gemahnenden Präzision listet Ridgway Merkmale des Weibchens auf, die ein flüchtiger Betrachter wohl weder zu bemerken noch einzuordnen wüsste: „Oberseite stumpf rußfarben; vorderseits unten ähnlich, aber unscharf blass mattgrau gestrählt, nach hinten hin stärker und schließlich Hauptfarbe, rußfarben nur noch in breiten Streifen."[24] So liest sich die Farbrubrik der ersten wissenschaftlichen Beschreibung eines Wesens, das bis heute als lebender Beweis für Charles Darwins Theorie von der Entstehung der Arten gilt. Nicht nur die Artenvielfalt der Natur, auch die wissenschaftliche Beschreibungskunst der Farben, so scheint es, befindet sich in steter Fortentwicklung.



ANMERKUNGEN—(1) Lyon 1976, S. 140. (2) Buffon 1770, S. viii–ix. (3) Jones 2013, S. 88–89. (4) Darwin Correspondence Project, Brief Nr. 178. (5) Keynes 2000, S. 9; zitiert nach Charles Darwin, *Gesammelte Werke*, Frankfurt 2006, S. 20. (6) Barlow 1967, S. 41 (7) Keynes 2000, S. 10. (8) Rutherford 1908, S. X. (9) Keynes 2000, S. 211. (10) Darwin Correspondence Project, Brief Nr. 2743. (11) Syme 1821, S. 13. (12) Parry 1825, S. 287. (13) Parry 1825, S. 294. (14) Parry 1825, S. 333. (15) Parry 1825, S. 346. (16) Richardson 1829–1937, Bd. 1, S. xxxv. (17) Darwin, C. R. „Books to be read" and „Books Read" notebook (1838–1851), CUL-DAR119. Transkription Kees Rookmaaker. Darwin Online. S. 1v [2r]. (18) Syme 1821, S. 6. (19) Shaw 1794, Br. 1, S. 3. (20) Harris 1776, S. iv. (21) Ridgway 1886, S. 9. (22) Ridgway 1886, S. 10. (23) Ridgway 1912, Vorwort, S. i. (24) Ridgway 1890, S. 106.

# *III.*
# GRÜN

# GRÜN (a)

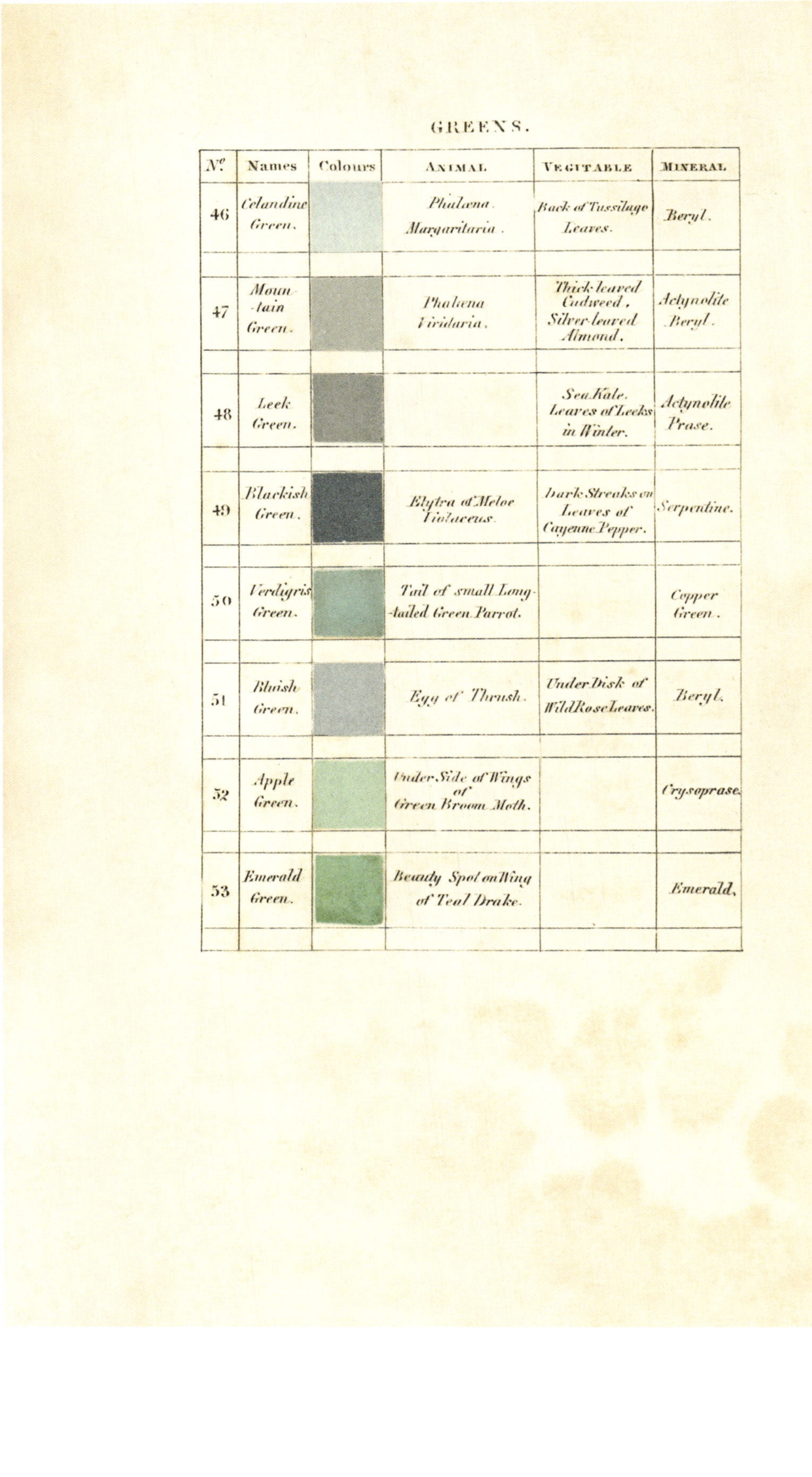

GREENS.

| Nº | Names | Colours | Animal | Vegitable | Mineral |
|---|---|---|---|---|---|
| 46 | Celandine Green. | | Phalæna. Margaritaria. | Back of Tussilago Leaves. | Beryl. |
| 47 | Moun-tain Green. | | Phalæna Viridaria. | Thick leaved Cudweed, Silver leaved Almond. | Actynolite Beryl. |
| 48 | Leek Green. | | | Sea Kale. Leaves of Leeks in Winter. | Actynolite Prase. |
| 49 | Blackish Green. | | Elytra of Meloe Violaceus. | Dark Streaks on Leaves of Cayenne Pepper. | Serpentine. |
| 50 | Verdigris Green. | | Tail of small Long-tailed Green Parrot. | | Copper Green. |
| 51 | Bluish Green. | | Egg of Thrush. | Under Disk of Wild Rose Leaves. | Beryl. |
| 52 | Apple Green. | | Under Side of Wings of Green Broom Moth. | | Crysoprase. |
| 53 | Emerald Green. | | Beauty Spot on Wing of Teal Drake. | | Emerald. |

# GRÜN (b)

## GREENS.

| No. | Names | Colours | ANIMAL | VEGETABLE | MINERAL |
|---|---|---|---|---|---|
| 54 | *Grass Green* | | *Scarabæus Nobilis.* | *General Appearance of Grass Fields. Sweet Sugar Pear* | *Uran Mica.* |
| 55 | *Duck Green* | | *Neck of Mallard* | *Upper Disk of Yew Leaves.* | *Ceylanite* |
| 56 | *Sap Green.* | | *Under Side of lower Wings of Orange tip Butterfly.* | *Upper Disk of Leaves of woody Night Shade.* | |
| 57 | *Pistachio Green.* | | *Neck of Eider Drake* | *Ripe Pound Pear. Hypnum like Saxifrage.* | *Crysolite.* |
| 58 | *Asparagus Green.* | | *Brimstone Butterfly.* | *Variegated Horse-Shoe Geranium.* | *Beryl.* |
| 59 | *Olive Green.* | | | *Foliage of Lignum vitæ.* | *Epidote Olvene Ore.* |
| 60 | *Oil Green.* | | *Animal and Shell of common Water Snail.* | *Nonpareil Apple from the Wall.* | *Beryl* |
| 61 | *Siskin Green.* | | *Siskin.* | *Ripe Coalmar Pear. Irish Pitcher Apple.* | *Uran Mica.* |

# GRÜN (a)

| Nr. | Name | Farbe | TIER | | |
|---|---|---|---|---|---|
| 46 | *Schöllkraut-grün* |  | *Phalœna margaritaria* |  | |
| 47 | *Berggrün* |  | *Phalœna viridaria* |  | |
| 48 | *Lauchgrün* |  | | | |
| 49 | *Schwarz-grün* |  | *Deckflügel von Meloe violaceus* |  | |
| 50 | *Spangrün* |  | *Schwanzfedern des Kleinen Grünen Langschwanzsittichs* |  | |
| 51 | *Blaugrün* |  | *Drosselei* |  | |
| 52 | *Apfelgrün* |  | *Flügelunterseite der Grünen Erbseneule* |  | |
| 53 | *Smaragd-grün* |  | *Flügelfleck der Krickente* |  | |

Dier erste Tabelle mit Grüntönen in Symes *Nomenklatur der Farben* in der Ausgabe von 1821 enthält vier auf Werner zurückgehende Einträge (Nr. 47, 48, 50 und 52) und drei nach Picardet (Nr. 46, 49 und 53); ein Grünton ist dem Farbsystem von Lenz entlehnt (Nr. 51).

# GRÜN (a)

| | PFLANZE | | MINERAL | |
|---|---|---|---|---|
| | *Rückseite von Huflattichblättern* |  | *Beryll* |  |
| | *Dickblättriges Ruhrkraut. Silberblättrige Mandel* |  | *Aktinolith. Beryll* |  |
| | *Meerkohl. Lauchblätter im Winter* | 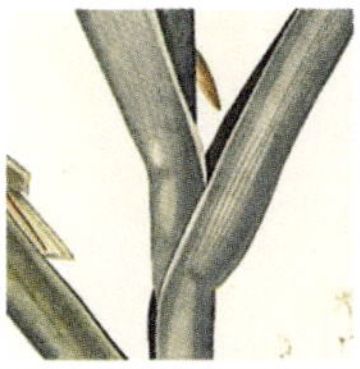 | *Akinolith. Chalcedon* |  |
| | *Dunkle Streifen auf Blättern des Cayenne-pfefferstrauchs* |  | *Serpentin* |  |
| | | | *Grünspan* |  |
| | *Blattunterseite der Wildrose* |  | *Beryll* |  |
| | | | *Chrysopras* |  |
| | | | *Smaragd* |  |

# 46. SCHÖLLKRAUTGRÜN

(a) *Phalæna margaritaria*

(b) *Rückseite von Huflattichblättern*

(c) *Beryll*

*Schöllkrautgrün besteht aus Spangrün und Aschgrau. [W]*

TIER
Perlglanzspanner (*Campaea margaritaria*, o.), aus: Eugenius Johann Christoph Esper, *Die Schmetterlinge in Abbildungen nach der Natur*, 1786.

PFLANZE
Huflattich (*Tussilago farfara*), Aquarellzeichnung, undatiert.

MINERAL
Beryll (2. R., 2. v. l.), Farbtafel mit Edelsteinen, 1898. Schöllkrautgrün ist die grünliche Berylleinlagerung in weißem Topaz.

# 47. BERGGRÜN

(a) *Phalæna viridaria*

(b) *Dickblättriges Ruhrkraut. Silberblättrige Mandel*

(c) *Aktinolith. Beryll*

*Berggrün besteht aus Smaragdgrün mit viel Blau und ein wenig Gelbgrün. [W]*

TIER
*Phalaena viridaria* (u. r.), aus: Pieter Cramer und Caspar Stoll, *De uitlandsche kapellen*, Bd. 4, 1782.

PFLANZE
Ruhrkraut (*Gnaphalium*), aus: E. F. Vallentin-Bertrand und E. M. Cotton, *Illustrations of the Flowering Plants and Ferns of the Falklands Islands*, 1921.

MINERAL
Aktinolith, aus: James Sowerby, *British Mineralogy*, 1802–1817.

## 48. LAUCHGRÜN

(a) ______________

(b) *Meerkohl. Lauchblätter im Winter*

(c) *Akinolith. Chalcedon*

*Lauchgrün besteht aus Smaragdgrün mit etwas Braun und Blaugrau. [W]*

TIER
Rapsweißling (*Pieris napi*, 2. v. o.), aus: James Duncan, *British Butterflies*, 1840.*

PFLANZE
Lauch (*Allium porrum*), aus: Pierre Joseph Redouté, *Les liliacées*, 1805.

MINERAL
Chrysopras-Rohstein, Farbillustration, undatiert.

# 49. SCHWARZGRÜN

(a) *Deckflügel von Meloe violaceus*

(b) *Dunkle Streifen auf Blättern des Cayennepfefferstrauchs*

(c) *Serpentin*

*Schwarzgrün ist Grasgrün gemischt mit einem guten Maß Schwarz. [W]*

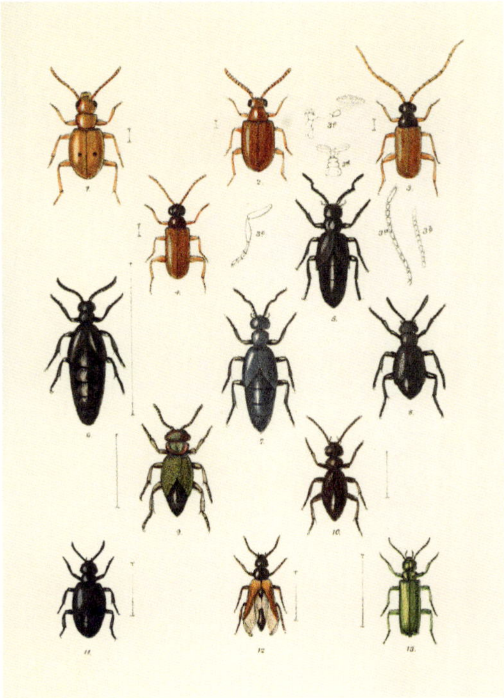

TIER
Violetter Ölkäfer (*Meloe violaceus*, 3. R., M.), aus: W. W. Fowler, *The Coleoptera of the British Islands*, 1891.

PFLANZE
Blätter, Blüten und Frucht des Cayennepfefferstrauchs (*Capsicum annuum*), aus: Edward Hamilton, *The Flora Homoeopathica*, 1852.

MINERAL
Serpentin (l.), aus: Leonard Spencer, *The World's Minerals*, 1916.

# 50. SPANGRÜN

(a) *Schwanzfedern des Kleinen Grünen Langschwanzsittichs*

(b) ——————

(c) *Grünspan*

TIER
Langschwanzsittich (*Psittacula longicauda*), aus: John Gould, *Birds of Australia*, Bd. 6, 1850.

PFLANZE
Kakteengewächs der Art *Pilosocereus lanuginosus*, aus: *Curtis's Botanical Magazine*, London, 1832.*

MINERAL
Kupferkarbonat (M.), aus: L. Simonin, *Underground Life*, 1869.

*Spangrün besteht aus Smaragdgrün, viel Berliner Blau und ein wenig Weiß. [W]*

# 51. BLAUGRÜN

(a) *Drosselei*

(b) *Blattunterseite der Wildrose*

(c) *Beryll*

*Blaugrün besteht aus Berliner Blau mit ein wenig Zitronengelb und Grauweiß.*

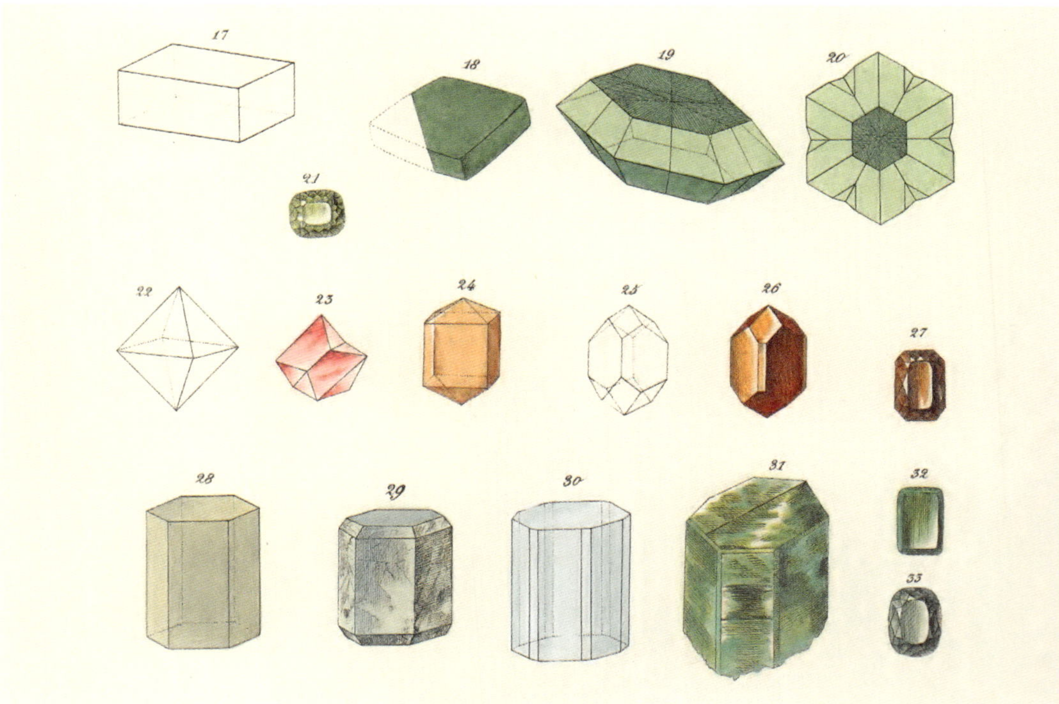


**TIER**
Singdrossel (*Turdus philomelos*) mit Nest und Gelege, aus: John James Audubon, *Birds of America*, 1827–1838.

**PFLANZE**
Wildrose (*Rosa canina*), aus: William Woodville, *Medical Botany*, 1832.

**MINERAL**
Beryll (u. r.), aus: Johann Gottlob Kurr, *The Mineral Kingdom*, 1859.

## 52. APFELGRÜN

(a) *Flügelunterseite der Grünen Erbseneule*

(b) ————————

(c) *Chrysopras*

*Apfelgrün ist Smaragdgrün gemischt mit etwas Grauweiß. [W]*

TIER
Grüne Erbseneule (*Ceramica pisi*, o.), aus: Richard South, *The Moths of the British Isles*, 1920.

PFLANZE
Frucht und Blatt des Apfelbaums (*Malus domestica*), aus: Pierre Joseph Redouté, *Choix des plus belles fleurs*, 1833.*

MINERAL
Chrysopras (u. M.), aus: *Meyers Konversations-Lexikon*, 1895–1897.

# 53. SMARAGDGRÜN

(a) *Flügelfleck der Krickente*

(b) ————————

(c) *Smaragd*

*Smaragdgrün ist das eigentliche Grün bei Werner, doch macht er bei keiner seiner Hauptfarben Angaben zu den Bestandteilen; es besteht zu gleichen Teilen aus Berliner Blau und Gummiharzgelb. [W]*

TIER
Krickente (*Anas crecca*), aus: John Gould, *Birds of Europe*, Bd. 5, 1832–1837.

PFLANZE
Blätter des Feigenbaums (*Ficus domestica*), aus: Cornelis Antoon Jan Abraham Oudemans, *Neerlands plantentuin*, 1865.*

MINERAL
Smaragd (o. r.), aus: George Frederick Kunz, *Gems and Precious Stones of North America*, 1890.

# GRÜN (b)

| Nr. | Name | Farbe | TIER | | |
|---|---|---|---|---|---|
| 54 | *Grasgrün* | | *Scarabæus nobilis* |  | |
| 55 | *Entengrün* | | *Hals der Stockente* |  | |
| 56 | *Saftgrün* | | *Unterseite der Hinterflügel des Aurorafalters* |  | |
| 57 | *Pistazien-grün* | | *Nackengefieder der Eiderente* | 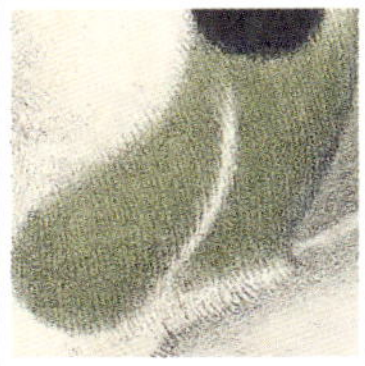 | |
| 58 | *Spargelgrün* | | *Zitronenfalter* |  | |
| 59 | *Olivgrün* | | | | |
| 60 | *Ölgrün* | | *Molluske und Gehäuse der Gemeinen Wasserschnecke* |  | |
| 61 | *Zeisiggrün* | | *Zeisig* |  | |

Die zweite Tabelle mit Grüntönen in Symes *Nomenklatur der Farben* in der Ausgabe von 1821 enthält einen auf Werner zurückgehenden Eintrag (Nr. 54), drei nach Picardet (Nr. 57, 58 und 59), einen nach Lenz (Nr. 60) und einen nach Jameson (Nr. 61); zwei weitere stammen aus Symes Ausgabe von 1814 (Nr. 55 und 56).

# GRÜN (b)

| | PFLANZE | | MINERAL | |
|---|---|---|---|---|
| | *Wiesengras aus der Entfernung. Tafelbirne* |  | *Uranglimmer* |  |
| | *Rückseite von Eibenblättern* |  | *Ceylonit* |  |
| | *Blattoberseite des Bittersüßen Nachtschattens* |  | | |
| | *Reife Pfundbirne. Moossteinbrech* |  | *Chrysolit* | 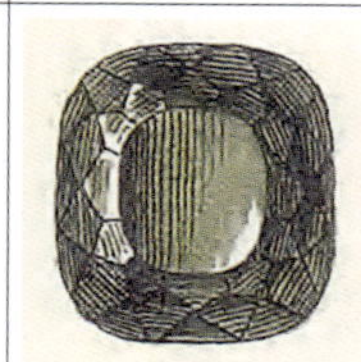 |
| | *Panarschierte Stehende Geranie* |  | *Beryll* | 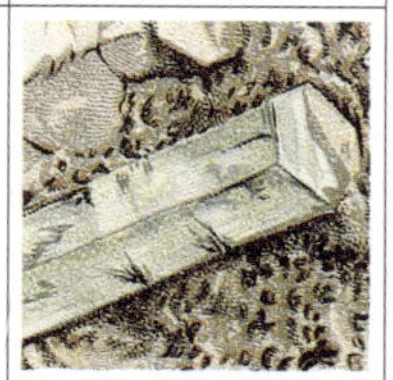 |
| | *Laub des Guajakbaums* |  | *Epidot. Olivinerz* |  |
| | *Spalierapfel Nonpareil* | 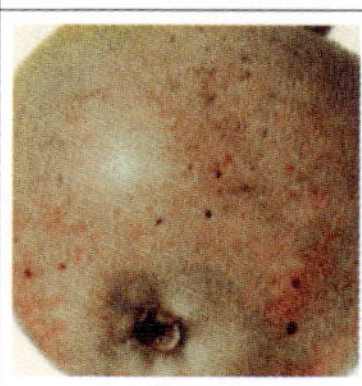 | *Beryll* |  |
| | *Reife Colmarbirne. Manks Küchenapfel* |  | *Uranglimmer* |  |

# 54. GRASGRÜN

(a) *Scarabæus nobilis*

(b) *Wiesengras aus der Entfernung. Tafelbirne*

(c) *Uranglimmer*

*Grasgrün ist Smaragdgrün gemischt mit ein wenig Zitronengelb. [W]*

TIER
Grüner Edelscharrkäfer (*Gnorimus nobilis*, 2. R., 2. v. l.), aus: Georgiy Jacobson, *Beetles of Russia, Western Europe and the Neighbouring Countries*, 1905.

PFLANZE
Süßgräser (*Gramineae*), aus: A. Mentz und C. H. Ostenfeld, *Billeder af nordens flora*, Bd. 2, 1917.

MINERAL
Kupferuranglimmer, Lithografie, 1967.

# 55. ENTENGRÜN

(a) *Hals der Stockente*

(b) *Rückseite von Eibenblättern*

(c) *Ceylonit*

*Entengrün, eine von Werner nach Drucklegung seiner Nomenklatur neu aufgenommene Farbe; besteht aus Smaragdgrün mit ein wenig Indigoblau, viel Gummiharzgelb und ganz wenig Karminrot. [W]*

TIER
Stockente (*Anas platyrhynchos*), aus: John Gould, *Birds of Europe*, 1832–1837.

PFLANZE
Eibenzweig, aus: Willibald Artus, *Hand-Atlas sämmtlicher medicinisch-pharmaceutischer Gewächse*, 1876.

MINERAL
Ceylonit (2. R. r.), aus: Reinhard Brauns, *The Mineral Kingdom*, Bd. 2, 1912.

# 56. SAFTGRÜN

(a) *Unterseite der Hinterflügel des Aurorafalters*

(b) *Blattoberseite des Bittersüßen Nachtschattens*

(c) ——————

*Saftgrün ist Smaragdgrün mit viel Safrangelb und ein wenig Kastanienbraun.*

**TIER**
Aurorafalter (*Anthocharis cardamines*, u. l.), aus: James Duncan, *British Butterflies*, 1840.

**PFLANZE**
Bittersüßer Nachtschatten (*Solanum dulcamara*), aus: Jacob Bigelow, *American Medical Botany*, Bd. 1, 1817.

**MINERAL**
Augit, aus: James Sowerby, *Exotic Mineralogy*, Bd. 2, 1811.*

# 57. PISTAZIENGRÜN

(a) *Nackengefieder der Eiderente*

(b) *Reife Pfundbirne. Moossteinbrech*

(c) *Chrysolit*

*Pistaziengrün ist Smaragdgrün gemischt mit ein wenig Zitronengelb und einem Quäntchen Braun. [W]*

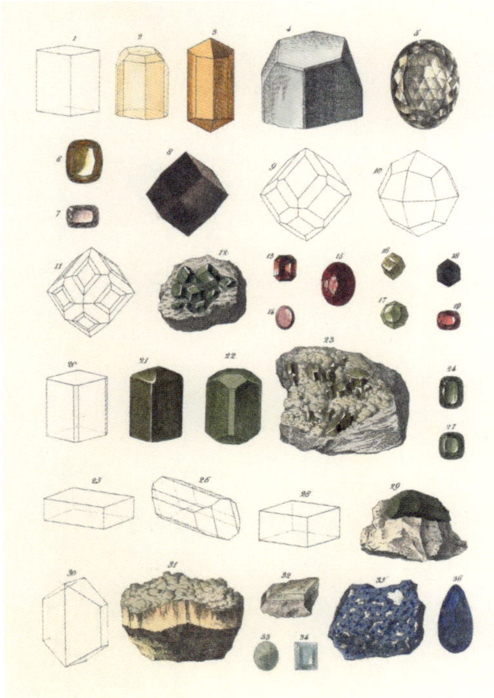

TIER
Eiderente (*Somateria mollissima*), aus: John Gould, *Birds of Great Britain*, Bd. 5, 1862–1873.

PFLANZE
Steinbrech (*Saxifraga*), aus: Carl Lindman, *Bilder ur Nordens Flora*, 1905.

MINERAL
Chrysolit (6. R. r.), aus: Johann Gottlob Kurr, *The Mineral Kingdom*, 1859.

# 58. SPARGELGRÜN

(a) *Zitronenfalter*

(b) *Panaschierte Stehende Geranie*

(c) *Beryll*

*Spargelgrün ist Pistaziengrün gemischt mit viel Grauweiß. [W]*

**TIER**
Zitronenfalter (*Gonepteryx rhamni*, M. r.), aus: Pieter Cramer und Caspar Stoll, *De uitlandsche kapellen*, Bd. 2, 1782.

**PFLANZE**
Stehende Geranien (*Pelargonium zonale*), aus: Louis van Houtte und Charles Lemaire, *Flowers of the Gardens and Hothouses of Europe*, 1857.

**MINERAL**
Beryll (u.), aus: Leonard Spencer, *The World's Minerals*, 1916.

# 59. OLIVGRÜN

(a) ——————

(b) *Laub des Guajakbaums*

(c) *Epidot. Olivinerz*

*Olivgrün ist Grasgrün gemischt mit viel Braun. [W]*

TIER
Genoppte Turmdeckelschnecke (*Tarebia granifera*, o. r.), aus: Richard Brinsley Hinds, *The Zoology of the Voyage of H. M. S. Sulphur*, 1843.*

PFLANZE
Zweig des Guajakbaums (*Guaiacum officinale*), aus: John Lindley, *Edwards's Botanical Register*, 1829.

MINERAL
Epidot (u.), aus: Leonard Spencer, *The World's Minerals*, 1916.

# 60. ÖLGRÜN

(a) *Molluske und Gehäuse der Gemeinen Wasserschnecke*

(b) *Spalierapfel Nonpareil*

(c) *Beryll*

*Ölgrün ist Smaragdgrün gemischt mit Zitronengelb, Kastanienbraun und Gelbgrau. [W]*

TIER
Spitze Sumpfdeckelschnecke (*Viviparus contectus*, 2. R. M. l.), aus: George Brettingham Sowerby II, *Illustrated Index of British Shells*, 1859.

PFLANZE
Nonpareilapfel (*Malus domestica*), aus: William Hooker, kolorierter Kupferstich, um 1818.

MINERAL
Beryll aus dem Ural, Illustration, frühes 19. Jahrhundert.

# 61. ZEISIGGRÜN

(a) *Zeisig*

(b) *Reife Colmarbirne. Manks Küchenapfel*

(c) *Uranglimmer*

*Zeisiggrün ist Smaragdgrün gemischt mit viel Zitronengelb und ein wenig Gelbweiß. [W]*

TIER
Zeisig (*Spinus spinus*), aus: John Gould, *Birds of Great Britain*, Bd. 3, 1862–1873.

PFLANZE
Apfel (*Malus domestica*), aus: Robert Hogg, *The Florist and Pomologist*, 1878–1884.

MINERAL
Kupferuranglimmer (u. M.), aus: Reinhard Brauns, *The Mineral Kingdom*, Bd. 1, 1912.

# DIE FARBENWELT DER PFLANZEN

*Symes botanische Farbterminologie, ihre Ursprünge und ihre Rezeption*

GIULIA SIMONINA



Patrick Syme (1774–1845) war der prominenteste schottische Pflanzenmaler seiner Zeit. Er widmete sich aber auch anderen Sujets.[1] So enthält ein undatiertes Album im Besitz der Schottischen Nationalgalerie insgesamt 67 Aquarellstudien von seiner Hand, die neben Blumen auch Früchte, Insekten, Vögel und Fledermäuse zeigen.[2] Eines der Blätter, auf dem Erbsen und Ackerbohnen zu sehen sind, lässt Symes malerische Fähigkeiten besonders eindrücklich erkennen.[3] 1803, Syme war 29, übernahm er die Malschule seines Bruders,[4] ein Jahr später veröffentlichte er sein erstes Lehrbuch, die *Practical Directions for Learning Flower-Drawing* (verfasst für – wie es darin heißt – „die Damenwelt auf dem Lande", eine Leserschaft, die sich oft keinen eigenen Zeichenlehrer leisten konnte), eines der unzähligen Handbücher der Pflanzenmalerei mit Rezepten zur Farbmischung, die zu Beginn des 19. Jahrhunderts auf den Markt kamen.

Seit 1811 war Syme für zwei in Edinburgh ansässige Gesellschaften, die Caledonian Horticultural Society und die nach dem deutschen Gesteinsforscher benannte Wernerian Natural History Society, als Zeichner und Maler tätig.[5] Gründer der Wernerian Society war Robert Jameson (1774–1854), Professor für Naturgeschichte an der örtlichen Universität. Jameson war es auch, der Syme dazu anregte, mit seiner Unterstützung sein wohl bekanntestes Werk – *Werner's Nomenclature of Colours* (1814, 2/1821) – herauszugeben, in dem Syme ein eigens für Naturkundler entwickeltes Benennungssystem für Farben samt dazugehörigen Farbmustern vorlegte. Zwischen 1801 und 1814 waren in Großbritannien lediglich zwei Publikationen mit ähnlichen Farbmustertabellen erschienen: die englische Ausgabe von Carl Ludwig Willdenows *Grundriss der Kräuterkunde* im Jahr 1805 sowie 1809 James Sowerbys *A New Elucidation of Colours, Prismatic, and Material*; von beiden wird noch die Rede sein. Dennoch wurde bis 1886 fast ausschließlich Symes Farbübersicht von englischen Botanikern benutzt und von englischsprachigen naturkundlichen Autoren zitiert.

## FARBENANGABEN IN ENGLISCHEN HANDBÜCHERN DER PFLANZENMALEREI

Einfachere Farbmuster und Listen von Farbbezeichnungen waren bereits Bestandteil jener Handbücher für Pflanzenmaler, wie sie sich Ende des 18. Jahrhunderts so großer Beliebtheit erfreuten. Viele Maler, darunter wie erwähnt auch Syme selbst, verfassten solche Lehrwerke, wohl auch weil diese eine zusätzliche Einkommensquelle darstellten.[6] Zu ihnen zählte James Sowerby (1757–1822). Sein Buch *An Easy Introduction to Drawing Flowers According to Nature* (1788) richtete sich an „jugendliche Anfänger, die gerne Blumen malen [...], um ihre botanischen Studien zu fördern und ihren Fortschritt mit Vergnügen zu verbinden". Während Symes Buch bereits eine ganze Reihe von Rezepturen zur Mischung der verschiedenen Farben vorhält, beschränkt Sowerby sich auf die Grundfarben Gelb, Rot und Blau, ohne auf die Mischungsverhältnisse näher einzugehen (Sowerby 1788, Tafel X). Den Gebrauch von drei „Primärfarben" empfiehlt auch

a

b

c

d

(a) Patrick Syme, *Erbsen und Bohnen*, undatiertes Aquarellbild.
(b) Patrick Syme, *Blühende Zuckererbsen*, undatiertes Aquarellbild.
(c) Beispiel für opake Farben, aus: James Sowerby, *A Botanical Drawing-book*, 1788.
(d) Blütenblätter, aus: James Sowerby, *A Botanical Drawing-book*, 1788.

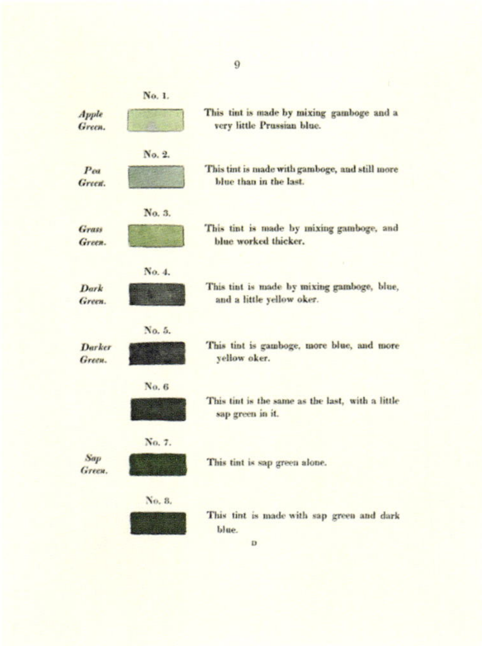


a

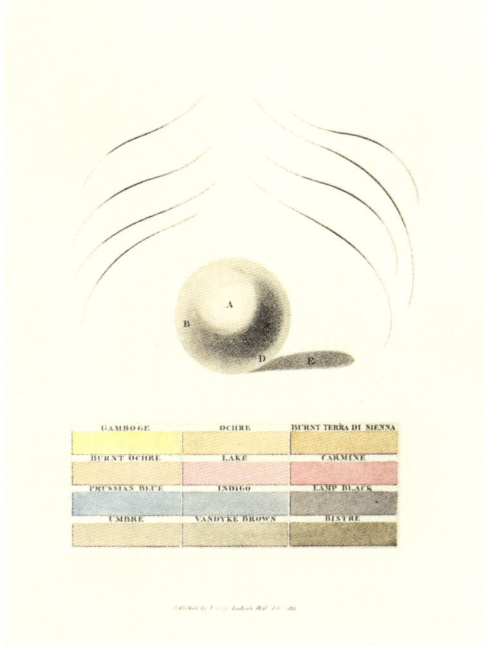


b

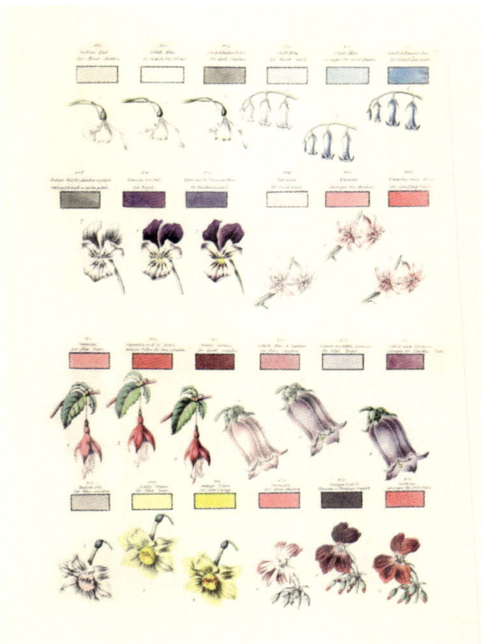

c

d

(a) Liste von Grüntönen, aus: George Brookshaw, *A New Treatise on Flower Painting*, 1818.
(b) Einfluss des Schattens auf die Farbwirkung, aus: François Louis Thomas Francia, *A Series of Progressive Lessons Intended to Elucidate the Art of Flower Painting*, 1824.
(c) Farbmuster 1–12, aus: James Andrews, *Lessons in Flower Painting*, 1836.
(d) Farbschema, aus: James Sowerby, *A New Elucidation of Colours, Original, Prismatic, and Material*, 1809.

Edward Pretty (1729–1865) in *A Practical Essay on Flower Painting in Water Colours* (1810), das jedoch auch eine Farbtafel mit einer in Tusche lavierten Grautonskala samt 24 Farbmustern enthält;[7] nur elf davon sind mit Namen versehen.

Anonym war bereits 1797 das Werk *A New Treatise on Flower Painting* erschienen. Das sehr wahrscheinlich aus der Feder des Malers und Kunsttischlers George Brookshaw (1751–1823) stammende Handbuch der Pflanzenmalerei enthält immerhin schon 59 auf mehreren Seiten angeordnete Farbmuster sowie Angaben zu Mischung und Farbmitteln;[8] 20 davon hat Syme übernommen, etwa Saftgrün, Apfelgrün und Grasgrün. Allerdings stellt Brookshaws Vorgehen eine Ausnahme dar, gewöhnlich waren entsprechende Farbtafeln mit der Angabe des Pigments bzw. Farbmittels versehen, nicht mit Farbnamen oder Mischungsverhältnissen.[9] Jenseits der zu Lehrzwecken abgebildeten Farbmustertafeln scheinen sich die Autoren jedoch wenig für die Sprache der Farben zu interessieren. Stattdessen geben sie das jeweilige Pigment an oder setzen auf eine Farbnummerierung, wohl nach dem Vorbild eines „Malens-nach-Zahlen", wie es der bekannte Pflanzenmaler Ferdinand Bauer (1760–1826) zeit seines Lebens angewandt hatte.[10]

Die geringe Zahl der in Handbüchern der Pflanzenmalerei verwendeten englischen Farbbezeichnungen lässt auf ein geringes Interesse ihrer Autoren an diesem Thema schließen. Es blieb den Botanikern überlassen, für die Farben der von ihnen beschriebenen Pflanzen den passendsten Ausdruck zu finden. Die Nomenklatur der Farben erwies sich damit als Sache der Naturforscher, nicht der Maler. Sowerby, der beide Professionen in einer Person vereinte, suchte nach verbindlichen Standards dafür. Im Schlusswort der zweiten Auflage seines Handbuchs kündigt er die Veröffentlichung einer Auflistung solcher Farbbegriffe an, als „Versuch einer neuen, umfassenden chromatischen Skala oder Farbliste, stellt diese doch ein dringendes Desiderat des gegenwärtigen naturkundlichen Wissens- und Forschungsstandes dar".

Beides – Farbliste und Farbskala – legte Sowerby auch tatsächlich vor. In *A New Elucidation of Colours, Original, Prismatic, and Material* aus dem Jahr 1809 führt der Autor 68 Farbnamen in englischer und lateinischer Sprache auf, darunter fünf Weißtöne, und verwendet dazu Wortzusammensetzungen wie „Gelblichgrün" oder „Bläulichgrau".[11] Bei den zeitgenössischen Naturforschern scheint Sowerbys System indes wenig Anklang gefunden zu haben, möglicherweise war es ihnen zu abstrakt (siehe S. 135). Dazu kam, dass Sowerbys Methode nicht nur den Einsatz eines Glasprismas erforderte. Zu allem Überfluss bestand sein Farbdiagramm aus zahlreichen kleinformatigen Farbfeldern, zusammengedrängt auf einer einzigen Tafel. Dies erschwerte den Farbvergleich besonders im Feld zusätzlich. So kam es, dass der englische Naturforscher Thomas Forster (1789–1860) noch 1813 das Fehlen einer „systematischen Farbanordnung unter Angabe der verschiedenen Mischungsverhältnisse" zu beklagen hatte.[12]

Als Syme schließlich 1814 seine *Nomenklatur der Farben* veröffentlichte, wurde diese von der wissenschaftlichen Fachwelt entsprechend stürmisch begrüßt, nicht zuletzt von den Botanikern. Neben Sowerby gab es noch ein weiteres pflanzenkundliches Handbuch, in dem englische Farbbezeichnungen für den botanischen Gebrauch aufgelistet wurden. Es handelte sich um die englische Ausgabe von Carl Ludwig Willdenows *Grundriss der Kräuterkunde* (Berlin 1792), 1805 unter dem Titel *The Principles of Botany, and of Vegetable Physiology* in London erschienen (siehe S. 179). Wie Syme greift auch Willdenow auf die Lehren jenes Mannes zurück, der oft als „Vater der Mineralogie" bezeichnet wird, auf Abraham Gottlob Werner (1749–1817).

## WISSENSCHAFTLICHE FARBTERMINOLOGIE VON LINNÉ BIS WERNER

Obschon Farbangaben bei der Beschreibung eines naturkundlichen Objekts immer schon eine wesentliche Rolle gespielt hatten, existierte bis zum Ende des 18. Jahrhunderts keine verbindliche Farbterminologie. Carl von Linné (1707–1778) warnt in seiner *Philosophia Botanica* von 1751 sogar, „der Farbe allzu sehr zu vertrauen", stelle sie doch ein zufälliges, für die Bestimmung und Klassifizierung der Pflanzen unerhebliches Merkmal dar.[13] Dessen ungeachtet legt auch der Begründer der modernen naturkundlichen Klassifikationssysteme für das Pflanzenreich eine auf 38 Farbtöne beschränkte

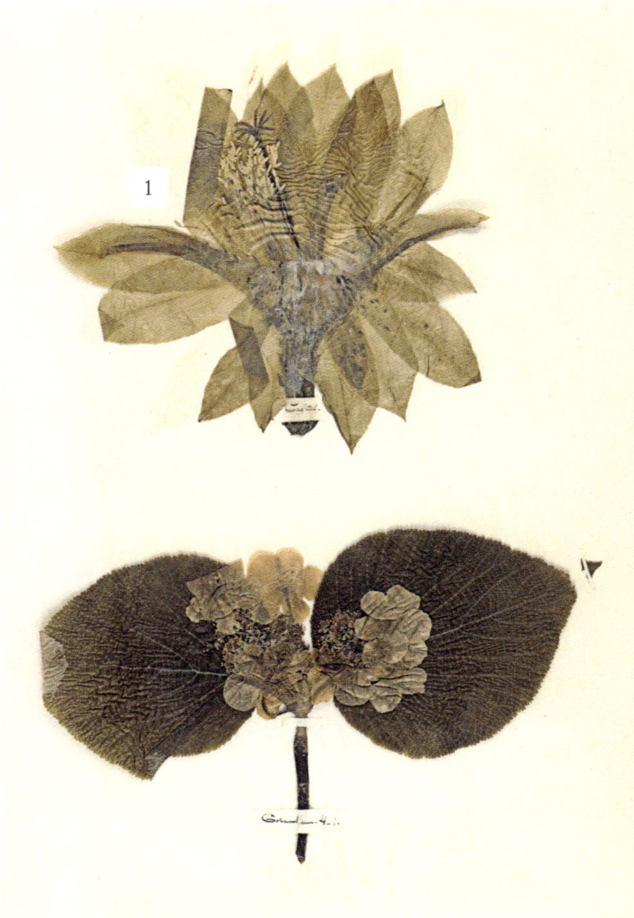
1

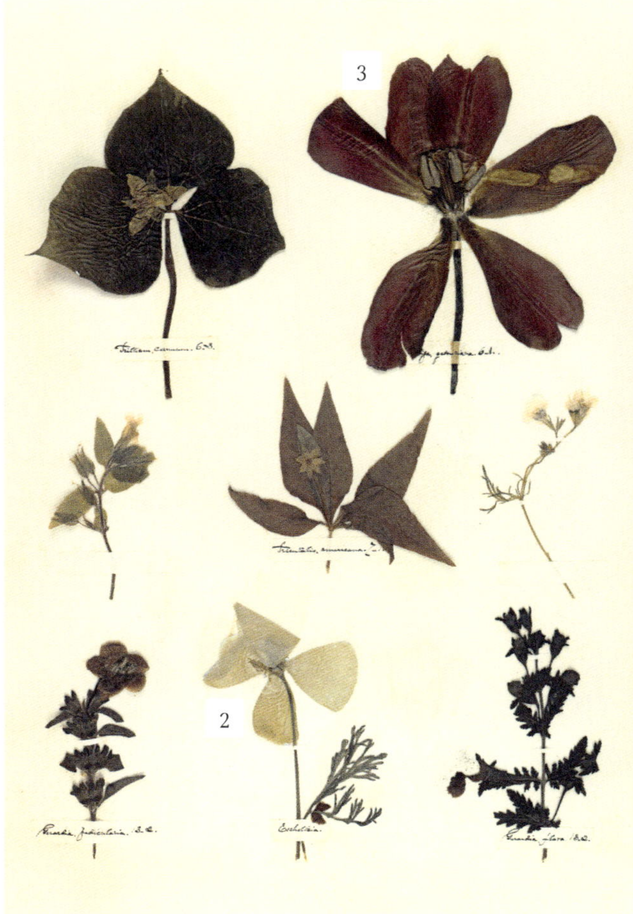
3
2

6
7

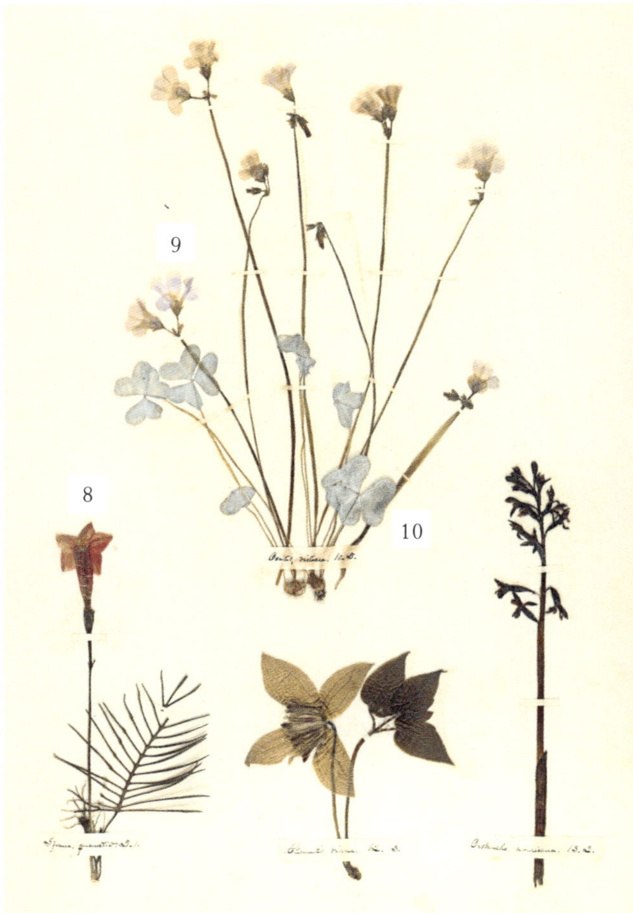
9
8
10

# EMILY DICKINSONS HERBARIUM

Die amerikanische Lyrikerin Emily Dickinson (1830–1886) interessierte sich schon als Kind lebhaft für die Welt der Pflanzen. Bereits mit neun Jahren begann sie, ein Herbarium anzulegen. Als es fünf Jahre später fertig war, enthielt es insgesamt 424 getrocknete und gepresste Pflanzenmuster, viele davon botanisch exakt beschriftet. Dickinson war in Amherst, Massachusetts, für den von ihr angelegten Garten weithin bekannt. Ihre Gedichte und Briefe sind ein Spiegelbild profunder Naturkenntnis.

FARBREN NACH SYME/WERNER

| | | | |
|---|---|---|---|
| 1 | | KAKTUSBLÜTE | *70. Honiggelb* |
| 2 | | ESCHSCHOLZIA | *72. Weingelb* |
| 3 | | GARTENTULPE | *99. Braunrot* |
| 4 | | LYSIMACHIA QUADRIFLORA | *55. Entengrün* |
| 5 | | KAROLINENROSE | *68. Safrangelb* |
| 6 | | KASTANIE | *59. Olivgrün* |
| 7 | | MOOSBEERE | *49. Schwarzgrün* |
| 8 | | ZYPRESSENPRUNKWINDE | *84. Scharlachrot* |
| 9 | | VIOLETTER SAUERKLEE, BLÜTE | *43. Rotviolett* |
| 10 | | VIOLETTER SAUERKLEE, BLATT | *51. Blaugrün* |
| 11 | | GEMEINER SCHNEEBALL | *6. Grünweiß* |
| 12 | | ZAUNROSE | *48. Lauchgrün* |

Farbnomenklatur vor. Als Hauptfarben nennt er *hyalinus* (durchscheinend), *albus* (weiß), *cinereus* (aschgrau), *niger* (schwarz), *luteus* (gelb), *ruber* (rot), *purpureus* (violett), *caeruleus* (blau) and *viridis* (grün). Noch kürzer fällt Linnés Liste von Farbausdrücken für Mineralien aus,[14] in seiner *Systema naturae* (zuerst 1735) nennt er *opacum* (undurchsichtig), *diaphanum* (halbdurchsichtig), *pellucidum* (durchscheinend), *hyalinum* (farblos), *tinctum* (farbig) sowie *reflexio* (Widerschein) und *refractio* (Brechung).

Ganz anders sah dies der in Freiberg lehrende Autor der 1774 in Leipzig erschienenen Abhandlung *Von den äußerlichen Kennzeichen der Foßilien*. Für Werner war „die Farbe unter denen generischen Kennzeichen das erste, so uns an den Foßilien in die Sinne fällt“[15], und damit eines der verlässlichsten Unterscheidungsmerkmale im Mineralienreich.[16] Werners Buch bietet im vierten Kapitel eine ausführliche Liste mit insgesamt 54 Farbbezeichnungen, aufbauend auf acht Grundfarben.[17] Schon nach kurzer Zeit wurde seine Farbmethodik von seinen Schülern und Nachfolgern übernommen. Eine Tafel mit kolorierten Farbmustern jedoch enthielt das Buch nicht. Der englische Mineraloge Robert Jameson, der bei Werner studiert hatte, erinnert sich 1805, dass Werner zwar solche Farbtafeln gerne veröffentlicht hätte, „aber nie die Muße hatte, sie anfertigen zu lassen“[18]. Wohl zu diesem Vorhaben stellte Werner ab 1774 ein Hunderte handbeschriebene Blätter umfassendes Konvolut mit einer erweiterten Farbterminologie einschließlich eines Glossars in englischer, lateinischer und anderen Sprachen zusammen.[19] Diese Sammlung wurde später von Werners Schülern und Nachfolgern – zu denen auch Syme gehörte – für die Erstellung von Farbtafeln in ihren eigenen Lehrbüchern benutzt, in denen sie die Methode ihres Lehrers fortschrieben.

Auf Werners Notate zurückgegriffen hat offenbar auch der Berliner Botaniker Carl Ludwig Willdenow (1765–1812), als er die Farbbestimmungstafeln für seinen viel benutzten *Grundriss der Kräuterkunde* anlegte.[20] Jedoch empfiehlt Willdenow im Sinne Linnés, Farbangaben nur bei Flechten und Pilzen zu verwenden, da deren Farben weniger veränderlich seien als die anderer Vertreter des Pflanzenreichs.[21] Willdenows Übersicht bietet 36 Farbmuster mit zugehörigen lateinischen Bezeichnungen nebst einem 40 Einträge umfassenden lateinisch-deutschen Glossar. Zu den Eigenschaften *hyalinus* (farblos), *lacteus* (milchweiß), *albus* (weiß) and *albidus* (weißlich)[22] sind keine Farbmuster beigegeben; 23 der von Willdenow aufgeführten lateinischen Farbbezeichnungen finden sich so auch in Werners handschriftlichen Aufzeichnungen, andere sind denen von Werner sehr ähnlich.[23]

Alle späteren Ausgaben sowie sämtliche Übersetzungen von Willdenows *Kräuterkunde* enthalten dessen Farbtabelle. Tafel X der englischen Ausgabe stimmt mit dem Original nahezu vollständig überein; die lateinischen Farbbezeichnungen mit ihren englischen Entsprechungen werden im Textteil aufgeführt. Die Farbtafel stammt, wie die übrigen zusätzlichen Tafeln des Buches auch, von dem schottischen Kupferstecher und Verleger Daniel Lizars (1793–1875), wie die Signatur „D Lizars Sculpt“ erkennen lässt. Gedruckt wurde die englische Ausgabe in Edingburgh von der dortigen Universitätsdruckerei im Verlag von William Blackwood (1776–1834), der auch Symes *Nomenklatur der Farben* herausbrachte.

Angesichts der weiten Verbreitung von Werners Bestimmungsmethode war es vielleicht Alexander von Humboldt (1769–1859) – zu dem Willdenow seit 1788 in Verbindung stand, nachdem dieser eine von Willdenows im privaten Kreis gehaltenen Botanikvorlesungen besucht hatte[24] –, der ihm empfahl, eine Farbübersicht in den *Grundriss* aufzunehmen. In den Jahren 1791/92 studierte auch Humboldt bei Werner in Freiberg,[25] möglicherweise schickte er Willdenow zu jener Zeit eine Abschrift von Werners neueren Farblisten.

Dass Werners Farbnomenklatur in der Fachwelt zur Kenntnis genommen wurde, lässt sich auch andernorts ablesen. Im Vorwort zu seinem *Versuch einer Mineralogie* (1794) verrät Franz Joseph Anton Estner (1730–1801), sein Kollege Johann Friedrich Wilhelm Widenmann (1764–1798), der bei Werner studiert hatte, habe ihm 1790 „eine alte Tabelle“ gegeben, bei der es sich um eine Kopie von dessen neuer Farbnomenklatur gehandelt haben mag.[26] Der schon zitierte Robert Jameson berichtet 1805 in der Vorbemerkung zu seinem *Treatise on the External Characters of Minerals*, Werner selbst habe ihm eine erweiterte „tabellarische Übersicht“ überreicht, auf der auch Jamesons bereits 1804 separat veröffentlichte Farbtabelle beruhte.

a

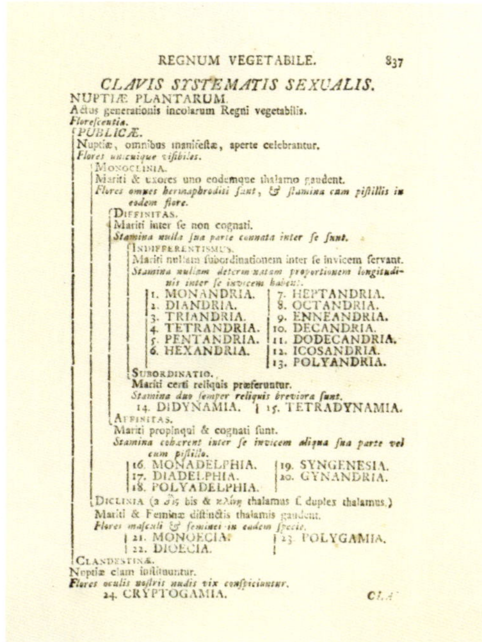

REGNUM VEGETABILE. 837

*CLAVIS SYSTEMATIS SEXUALIS.*

NUPTIÆ PLANTARUM.
Actus generationis incolarum Regni vegetabilis.
*Florescentia.*

*PUBLICÆ.*
Nuptiæ, omnibus manifestæ, aperte celebrantur.
*Flores unicuique visibiles.*

MONOCLINIA.
Mariti & uxores uno eodemque thalamo gaudent.
*Flores omnes hermaphroditi sunt, & stamina cum pistillis in eodem flore.*

DIFFINITAS.
Mariti inter se non cognati.
*Stamina nulla sua parte connata inter se sunt.*

INDIFFERENTISMUS.
Mariti nullam subordinationem inter se invicem servant.
*Stamina nullam determinatam proportionem longitudinis inter se invicem habent.*

| | |
|---|---|
| 1. MONANDRIA. | 7. HEPTANDRIA. |
| 2. DIANDRIA. | 8. OCTANDRIA. |
| 3. TRIANDRIA. | 9. ENNEANDRIA. |
| 4. TETRANDRIA. | 10. DECANDRIA. |
| 5. PENTANDRIA. | 11. DODECANDRIA. |
| 6. HEXANDRIA. | 12. ICOSANDRIA. |
| | 13. POLYANDRIA. |

SUBORDINATIO.
Mariti certi reliquis præferuntur.
*Stamina duo semper reliquis breviora sunt.*
14. DIDYNAMIA. | 15. TETRADYNAMIA.

AFFINITAS.
Mariti propinqui & cognati sunt.
*Stamina cohærent inter se invicem aliqua sua parte vel cum pistillo.*

| | |
|---|---|
| 16. MONADELPHIA. | 19. SYNGENESIA. |
| 17. DIADELPHIA. | 20. GYNANDRIA. |
| 18. POLYADELPHIA. | |

DICLINIA (a δὶς bis & κλίνη thalamus s. duplex thalamus.)
Mariti & Feminæ distinctis thalamis gaudent.
*Flores masculi & feminei in eadem specie.*

| | |
|---|---|
| 21. MONOECIA. | 23. POLYGAMIA. |
| 22. DIOECIA. | |

CLANDESTINÆ.
Nuptiæ clam instituuntur.
*Flores oculis nostris nudis vix conspiciuntur.*
24. CRYPTOGAMIA.

CLA

b

c

d

(a) Die Fortpflanzungsorgane der Pflanzen, aus: Carl von Linné, *Systema naturae*, 1736.
(b) Das Sexualsystem der Pflanzen, aus: Carl von Linné, *Systema naturae*, 1758.
(c) Farbtafel, aus: Carl Ludwig Willdenow, *Grundriss der Kräuterkunde*, 1792.
(d) Farbtafel aus der englischen Ausgabe von Carl Ludwig Willdenows *The Principles of Botany*, 1805.

# DAS *BOTANICAL REGISTER*

Sydenham Edwards (1768–1819) rief im Jahr 1815 das illustrierte Gartenmagazin *The Botanical Register* ins Leben. Unter dem Titel *Edwards's Botanical Register* erschien es bis weit nach seinem Tod, herausgegeben von James Ridgway (Lebensdaten nicht bekannt) und von 1829 an von John Lindley (1799–1865). Den Illustrationen sind jeweils kurze Erläuterungen zu Gestalt und Eigenart der jeweiligen Pflanze beigegeben; die hier abgebildeten stammen aus Band 5, erschienen im Jahr 1819.

BEGONIE
*1. Schneeweiß*

JASMIN
*2. Rotweiß*

HEIDELBEERE
*2. Rotweiß*

TRICHTERNARZISS
*4. Gelbweiß*

WEISSE PINSEL-LILIE
*4. Gelbweiß*

KAMELIE
*4. Gelbweiß*

ROSE LADY BANKS
*6. Grünweiß*

SPANISCHES HASENGLÖCKCHEN
*26. Indigoblau*

KAPBLEIWURZ
*36. Blauviolett*

AMERIKANISCHES LEBERBLÜMCHEN
*37. Veilchenviolett*

DIOSMA
*39. Glockenblumenviolett*

INDISCHER GUMMIWEIN
*41. Aurikelviolett*

LEINKRAUT
*43. Rotviolett*

MOBECCA LOBATA
*47. Berggrün*

MANNSTREU
*48. Lauchgrün*

PALIAVANA PRASINATA
*52. Apfelgrün*

SATYRIUM CORIIFOLIUM
*53. Smaragdgrün*

EVOLVULUS LATIFOLIUS
*54. Grasgrün*

TRAUERBAUM
*54. Grasgrün*

DRÜSENBLÄTTRIGE KUGELDISTEL
*55. Entengrün*

ARTABOTRYS ODORATISSIMUS
*56. Saftgrün*

BERGMAGNOLIE
*58. Spargelgrün*

LOORBEERBLÄTT-RIGER SCHNEEBALL
*59. Olivgrün*

WESTKÜSTEN-WINDE
*61. Zeisiggrün*

SIBIRISCHER LERCHENSPORN
*66. Gummiharzgelb*

SPANISCHER GINSTER
*68. Safrangelb*

GROSS-BLÄTTRIGES SIDA
*70. Honiggelb*

GELBER HIBISKUS
*71. Strohgelb*

ERYSIMUM DIFFUSUM
*73. Sieneser Gelb*

ACACIA ALATA
*74. Ockergelb*

BIBERNELLROSE
*75. Cremegelb*

CULLUMIA
*76. Holländisch Orange*

GASTROLOBIUM BILOBUM
*77. Raulederorange*

GEWÖHNLICHE TULPE
*83. Hyazinthrot*

ZUCKERBUSCH
*84. Scharlachrot*

PHYLLANTHUS ANGUSTIFOLIUS
*84. Scharlachrot*

KORALLENBEERE
*84. Scharlachrot*

LANGFADEN
*84. Scharlachrot*

ZYLINDERPUTZER
*85. Zinnoberrot*

KORALLENBAUM
*86. Morgenrot*

CHINESISCHER GEWÜRZSTRAUCH
*87. Arterienblutrot*

ITALIENISCHES KNABENKRAUT
*89. Rosarot*

ROSA MULTIFLORA CARNEA
*90. Pfirsichblütenrot*

ALPENROSE
*90. Pfirsichblütenrot*

GEISSBLATT
*90. Pfirsichblütenrot*

AUSTRALISCHER INDIGOSTRAUCH
*91. Karminrot*

GERBERA
*91. Karminrot*

APFELROSE
*91. Karminrot*

ORCHIDEENZISTROSE
*92. Färberrot*

DIOSMA CILIATA
*93. Karmesinrot*

WALDHYAZINTHE
*93. Karmesinrot*

MITTAGSBLUME
*94. Violettrot*

FALSCHER INDIGO
*94. Violettrot*

GRAUE HONIGMYRTE
*95. Schildlausrot*

a

b

(a) Wasserfarbklötze der Farbenhändler Henry Boch Binko (drei Klötze links unten, um 1800), Giovanni Arzone (obere Reihe, um 1830) und Waring & Dimes (zwei Klötze rechts unten, um 1840–1842).

(b) Patrick Syme, *Spinne, Käfer und andere Insekten*, undatiertes Aquarellbild.

## SYMES FARBNOMENKLATUR

Das Farbvokabular, das Symes *Nomenklatur der Farben* verwendet, geht höchstwahrscheinlich auf Jamesons Schrift *Tabular View of the External Characters of Minerals* von 1804 zurück, die ihrerseits auf Werner aufbaut. Der Großteil der von Jameson dort aufgeführten 80 Farbbezeichnungen kehrt (bzw. 84, wenn man seine vier Halb-Grautöne als eigenständige Farben mitzählt, siehe Tabelle S. 34) auch bei Syme wieder. Schon in der ersten Auflage von 1814 erweitert dieser den Farbwortschatz indes auf insgesamt 108, in der zweiten von 1821 sind es dann 110, nachdem Syme zwei zusätzliche Farbgruppen – orange und violett – angesetzt und weitere Farbtöne definiert hatte.[27]

Manche der neuen Farben gehen auf die oben erwähnten Autoren zurück, etliche entstammen den Bezeichnungen für Malfarben, Pigmente und andere Farbmittel, die Syme wahrscheinlich zur Herstellung der Farbmischungen für seine Muster verwendet hat. Zu Symes „neuen" Farben gehören etwa Gummiharzgelb, Sieneser Gelb, Saftgrün, Karmesinrot und Umbrabraun.

Einige davon tauchen auch in den Handbüchern der Pflanzenmalerei von Brookshaw und Francia auf, andere sind von Sowerbys *A New Elucidation of Colours inspiriert* (Rotorange, Braunorange, Tiefes Orangebraun, Blauviolett). Wieder andere lassen den wissenschaftlichen Fortschritt zu Symes Zeiten erkennen, so wenn Syme im Rotbereich „Arterienblutrot" und „Venenblutrot" unterscheidet – eine Differenzierung, die ohne Zweifel als Reaktion auf die Forschungen zum Blutkreislauf durch den schottischen Chirurgen John Hunter (1728–1793) zu verstehen ist. Außerdem übernahm Syme vier weitere Farbbegriffe aus der englischen Ausgabe von Willdenows *Kräuterkunde*: Blaugrün, Safrangelb, Violett und Schwarzgrau. Und schließlich prägte der Autor eigene Farbnamen und verhalf im Englischen bereits bekannten wie „Französisch Grau" zu größerer Popularität, sodass sie Eingang in die naturwissenschaftliche Farbterminologie fanden.[28]

Was Symes Buch von anderen unterschied war, dass es eine umfangreiche Zusammenstellung von Farbmustern einfacher und gemischter Töne samt Benennung mit einem Hinweis auf ihr Vorkommen in der Natur, im Reich der Pflanzen, Tiere und Mineralien verband. So bot es tatsächlich eine „Nomenklatur der Farben mit kolorierten Beispielen der verschiedenen Farbtöne als allgemeine Richtschnur, auf die sich bei der Beschreibung eines beliebigen Gegenstandes Bezug nehmen lässt", wie Syme selbst gleich zu Beginn ausführt – also eine wissenschaftliche Farbterminologie, die zur standardisierten Beschreibung naturkundlicher Objekte jeder Art Verwendung finden konnte.

Stützte sich Syme bei den Beispielen aus der Welt der Mineralien noch auf Jameson, fühlte er sich im Tier- und Pflanzenreich als ausgebildeter Botaniker und Insektenforscher offenbar berechtigt, diese selbst zu wählen. Symes Verweise auf die Pflanzenwelt reichen von eher allgemeinen Angaben wie „Kastanienbraun" oder „Gelbweiß" bis zu sehr speziellen, darunter z. B. „Schildlausrot – Unterseite welker Blätter des Mückenfang" oder „Samtschwarz – Maulwurf. Schwanzfedern des Birkhahns". So umfassend Symes botanischer Wissensschatz sein mochte, zuweilen genügte auch er nicht, um eine passende Vergleichsgröße in der Pflanzenwelt oder im Reich der Tiere und der Mineralien anzugeben, sodass bei einigen Farbangaben seiner Tabelle die Spalte der Vergleichseinträge leer bleibt.

Symes Beitrag zur Systematisierung der Farben bestand indes nicht allein im Zusammentragen von über hundert Farbbezeichnungen aus verschiedenen Quellen. Sein Verdienst ist es auch und vor allem, aus einem Lehrmittel für Maler und einige wenige Fachleute ein echtes Arbeitsinstrument für Naturforscher aller Sparten gemacht zu haben. Indem Syme der naturwissenschaftlichen Welt dieses Instrument zur Verfügung stellte, trug er wesentlich dazu bei, Linnés Vorbehalt gegenüber Farbe als taxonomischem Merkmal zu überwinden.

## FARBBEGRIFFE UND FARBTABELLEN FÜR BOTANIKER NACH SYME

In welchem Maße Symes Farbterminologie Eingang in den Sprachgebrauch englischer Botaniker fand, lässt sich am Gebrauch von „Französisch Grau" in der von Sydenham Edwards (1768–1819) und John Lindley (1799–1865) herausgegebenen Zeitschrift *The Botanical Register* ablesen.[29] Auch der britische Botaniker William Jackson Hooker (1785–1865),

1

2

3

6

7

9

10

11

# DIE HERBARIENSAMMLUNG DES MUSEUMS FÜR NATURGESCHICHTE IN LONDON

In einem Herbarium werden Pflanzenproben gesammelt und nach wissenschaftlichen Kriterien beschriftet und katalogisiert. Das Londoner Natural History Museum verfügt über einen bis ins 17. Jahrhundert zurückreichenden Bestand solcher Pflanzensammlungen mit insgesamt über zwei Millionen Einzelstücken aus aller Welt. Zusammengetragen wurden sie auf Forschungsreisen und von Naturkundlern. So enthält die Sammlung Stücke von den Reisen der *Endeavor*, dem Forschungsschiff das unter dem Kommando von James Cook stand, oder der *Beagle*, auf der Charles Darwin unterwegs war, sowie die von bedeutenden Naturgelehrten wie Sir Joseph Banks (1743–1820) oder James Sowerby (1757–1822) angelegten Herbarien.

FARBREN NACH SYME/WERNER

| | | |
|---|---|---|
| 1 | | HYDRANGEA PREZIOSA<br>*42. Pflaumfarbenviolett* |
| 2 | | GOLDSCHUPPENFARN<br>*66. Gummiharzgelb* |
| 3 | | HYDRANGEA MACROPHYLLA<br>*32. Erdgrünes Blau* |
| 4 | | KORALLENPFINGSTROSE<br>*68. Safrangelb* |
| 5 | | MATONIA PECTINATA<br>*102. Umbrabraun* |
| 6 | | KLATSCHMOHN<br>*43. Rotviolett* |
| 7 | | ARKTISCHER MOHN<br>*77. Raulederorange* |
| 8 | | GREIGTULPE<br>*84. Scharlachrot* |
| 9 | | SONNENBLUME<br>*76. Holländisch Orange* |
| 10 | | ZWERGPFINGSTROSE<br>*91. Karminrot* |
| 11 | | STOCKROSE<br>*40. Kaiserviolett* |
| 12 | | WILDPFINGSTROSE<br>*93. Karmesinrot* |

Direktor der Londoner Kew Gardens, stützte sich, wie zuvor schon Richardson für den zoologischen Teil, bei der Abfassung seines *Appendix to Captain Parry's Journal* (1825) sowie seines *Supplement to the English Botany*[30] auf Symes Nomenklatur. Dass Symes Methode für viele Pflanzenforscher ungewohnt war, geht jedoch aus einer Bemerkung des amerikanischen Botanikers und Illustrators William P. C. Barton (1786–1856) hervor. In der Ankündigung zum dritten Band von *A Flora of North America* (1823) beklagt Baron sich, es sei ihm unmöglich gewesen, die von Syme angegebenen Farbmischungen selbst herzustellen und wiederzugeben, wie er es im ersten Band angekündigt hatte, in dem er Symes Farbsynopsen, jedoch ohne kolorierte Farbmuster, abgedruckt hatte. Offenbar verstand Barton Symes Farbangaben also auch als Mischrezepturen[31] und verkannte dabei ihre eigentliche Funktion, der Forschung verbindliche Standards zur Identifizierung und Benennung eines Farbtons in der Natur an die Hand zu geben.

Auch nach Erscheinen von Symes Nomenklatur wurden noch vereinzelt Farbtabellen eigens für Botaniker veröffentlicht, häufiger jedoch für Naturforscher im Allgemeinen. 1815 verfasste der französische Maler und Chemiker Léonór Mérimée (1757–1836) eine Abhandlung über die Rolle der Farben in der Naturerforschung, dem drei kreisrunde Tafeln mit insgesamt 83 Farbtönen und 96 Farbbezeichnungen in französischer und lateinischer Sprache beigegeben waren.[32] 1825 ergänzte der schottische Gärtner und Botaniker George Sinclair (1787–1834) sein Werk über die Erikagewächse der Gärten von Woburn Abbey[33] um ein von ihm selbst so bezeichnetes „Farbdiagramm", bestehend aus einem Farbkreis, aufgeteilt in 270 Einzeltöne, sowie je eine Farbskala in Braun und Grau von der Hand des späteren Hofmalers von Queen Victoria, George Hayter (1792–1871).[34] Im Ganzen verzichten englischsprachige Handbücher der Botanik bei der Auflistung von Farbbegriffen auf entsprechende Farbmuster. Das Interesse an einer Standardisierung des Farbvokabulars in der Naturkunde ließ jedoch nicht nach. Im Gegenteil, um dem Problem des allmählichen Ausbleichens und Vergilbens der handkolorierten Farbmuster auf Papier zu begegnen, verfielen gleich zwei Autoren, James David Forbes (1809–1868) und Francis Galton (1822–1911), auf die Verwendung von farbigen Mosaikplättchen.[35]

Auch in Deutschland, Frankreich, den Vereinigten Staaten und Italien beschäftigte man sich mit dem Thema Farbe. 1834 veröffentlichte der Leipziger Theaterdichter Wilhelm Gerhard (1780–1858) eine Geschichte der Dahlienzucht[36], ergänzt um 48 Farbmuster in Rot-, Gelb-, Violett- und anderen Tönen mit den jeweiligen Farbbegriffen auf Deutsch, Latein, Französisch, Italienisch und Englisch.[37] Als Quellen nennt Gerhard Mérimées Farbenschrift, Syme oder Werner jedoch an keiner Stelle. Den Farben einer anderen Blume, der Nelke, widmete sich ein gewisser Monsieur Ragonot-Godefroy (wohl Pseudonym für den französischen Botaniker Pierre Boitard [1789–1859]) in seinem 1842 erschienenen *Traité sur la culture des œillets*. Darin ist ein Farbzirkel mit insgesamt 48 Farbtönen abgedruckt, der offensichtlich an Mérimées System orientiert ist,[38] mit dem das Nelkenbuch auch die Verwendung von Nummern statt Namen zur Farbbestimmung teilt.

Von der nicht weniger als 186 Farbtöne umfassenden Systematik des amerikanischen Vogelkundlers Robert Ridgway (1850–1929) war in diesem Buch bereits die Rede (siehe S. 30 f.). Die Farbübersicht von Ridgways *Nomenclature of Colors for Naturalists* (1886) nähert sich in ihrer Tabellenform und dem bis zu sechssprachigen Farbglossar dem Vorbild von Syme wieder stärker an. Dies gilt auch für die 1891 von dem italienischen Pflanzen- und Pilzexperten Pier Andrea Saccardo (1845–1920) unter dem Titel *Chromotaxia* publizierte Farbsystematik mit 50 Farbmustern und einer mehrsprachigen Farbnomenklatur, deren englische Termini vermittels Ridgway ebenfalls auf Syme zurückgehen; alle drei richten sich außer an die botanische an die naturkundliche Fachwelt im Allgemeinen. Eine Farbtabelle, ausdrücklich bestimmt „für den Gebrauch von Blumenkundlern", legte dagegen 1895 der Amerikaner Ferdinand Schuyler Mathews (1854–1938) vor. Die 36 dort aufgeführten Farben sind mit Indexzahl und Farbname versehen, decken aber vor allem das Rotspektrum ab.[39] Ähnlich wie Gerhards Dahlienbuch richtet sich auch Mathews Werk vornehmlich an Botaniker und Gärtner. Bleiben dort noch etliche Farbschattierungen unerwähnt, ändert sich dies mit Erscheinen des *Répertoire de couleurs pour aider à la determination des couleurs des fleurs, des*

a

b

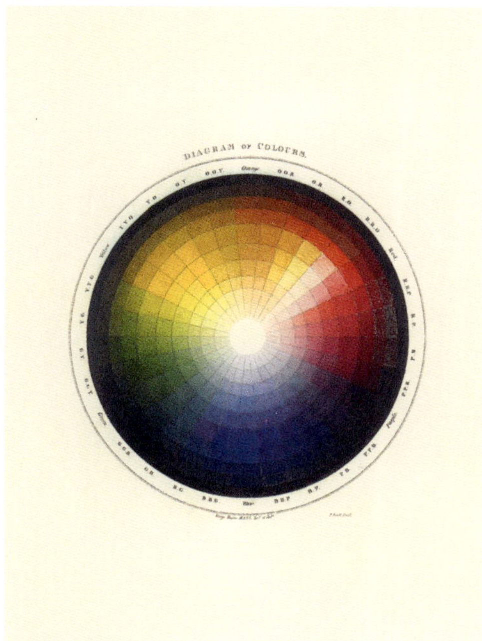


c

(a) Farbsystem, aus: Léonor Mérimée, *Mémoire sur les lois générales de la coloration appliquées à la formation d'une échelle chromatique, à l'usage des naturalistes*, 1815.

(b) Pflanzenanatomische Farbübersicht, aus: Friedrich Gottlob Hayne, *Termini botanici iconibus illustrati*, 1799.

(c) Farbdiagramm, aus: George Hayter, *Hortus ericæus woburnensis*, 1825.

a

b

c

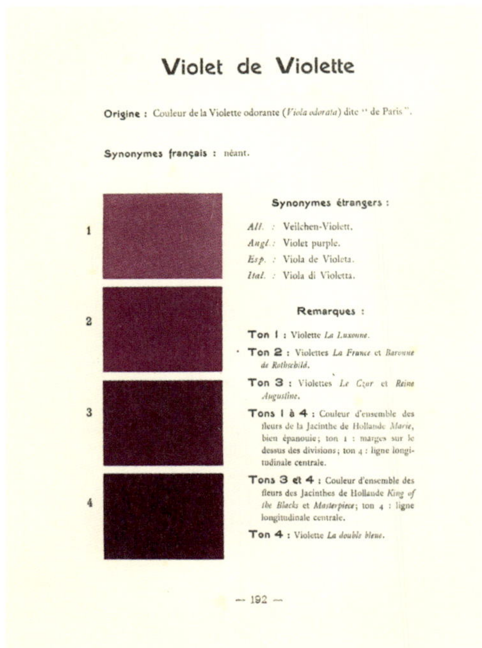


d

(a) Farbtabelle für Dahlienzüchter, aus: Gerhard Wilhelm, *Zur Geschichte, Cultur und Classification der Georginen oder Dahlien*, 1836.

(b) Chromatisches Spektrum, aus: Ragonot-Godefroy, *Traité sur la culture des oeillets*, 1842.

(c) Farbskala, aus: Pier Andrea Saccardo, *Chromotaxia seu Nomenclator colorum*, 1894.

(d) Farbtafel der Violetttöne, aus: René Oberthür und Henri Dauthenay, *Répertoire de couleurs*, 1905.

*feuillages et des fruits* (Repertorium der Farben zur Bestimmung von Blüten, Blättern und Früchten). 1905 als Frucht internationaler Zusammenarbeit mit Unterstützung der Société francaise des chrysanthémistes, der Vereinigung der französischen Chrysanthemenzüchter, herausgegeben, listet es insgesamt 365 Farbtöne auf und enthält insgesamt 1403 Farbmuster, begleitet von einem Farbglossar in sechs Sprachen, inklusive Latein. Zusammengestellt wurde dieses Standardwerk der Botanik von Henri Dauthenay (1857–1910), Direktor des Rosengartens von L'Haÿ bei Paris, und des Insektenforschers und Verlegers René Oberthür (1852–1944), verfasst mithilfe von Fachleuten aus England, Deutschland, Italien und Spanien und aufbauend auf dem 1861 publizierten Farbsystem des französischen Chemikers Michel Eugène Chevreul (1786–1889). Gedruckt wurde dieser bisher umfangreichste Farbkatalog mit den hochwertigen Druckfarben der Firma von Charles Lorilleux (1827–1893).[40] Wieder sucht man Syme vergeblich in der Reihe der von den Herausgebern konsultierten Autoren. Dennoch wurden einige der in ihr System aufgenommenen Farbbezeichnungen wie Veilchenviolett, Schlüsselblumengelb, Chinesisch Blau und Gallensteingelb erstmals 1814 von Syme verwendet.[41] Offensichtlich war dessen Farbnomenklatur schon weniger als ein Jahrhundert nach ihrer Erstveröffentlichung so gründlich zum Allgemeingut der botanischen und naturkundlichen Wissenschaft geworden, dass ihr Autor nicht mehr eigens genannt werden musste.



ANMERKUNGEN—(1) McEwan 1994, S. 566; Halsby und Harris 2001, S. 217. (2) Dixon 2014. (3) Edinburgh, The National Galleries of Scotland, *Erbsen und Bohnen*, Entstehungszeit unbekannt, Wasserfarben über Feder und Bleistift, aufgezogen auf Albumblatt mit lavierter Federrahmenzeichnung, 32 x 20,9 cm, Inv.-Nr. D 3870.32. (4) Bénézit 2011; Dixon 2014. (5) *Dictionary of National Biography*. (6) Blunt und Stearn 1995, S. 254–256. (7) Pretty 1810, Tafel 3. (8) Wood 1991, S. 303. (9) Dazu zählen etwa François Louis Thomas Francias (1772–1839) *A Series of Progressive Lessons, Intended to Elucidate the Art of Flower Painting in Water Colours* (1815) oder die *Lessons in Flower Painting: A Series of Easy and Progressive Studies, Drawn and Coloured After Nature* (1835) des Pflanzenmalers James Andrews (1801–1876). (10) Lack und Ibáñez 1997; Lack 2015, S. 35–41; Mabberley 2017, S. 3–18. (11) Sowerby 1809, S. 34–35. (12) Forster 1813, S. 119, 121. (13) Linné und Freer 2005, S. 229. (14) Linné 1751, S. 243–244. (15) Werner 1774, S. 87. (16) Werner 1774, S. 58–62: Kritik an Linné und Auflistung von dessen Bestimmungsmerkmalen. (17) Werner 1774, S. 99–127. (18) Jameson 1805, S. 22. (19) Freiberg, TU Bergakademie, Universitätsbibliothek, Nachlass Werner, Handschriftlicher Nachlass, Bd. 13, S. 84r–263v. (20) Von 1798 bis 1829/33 wurde Willdenows *Grundriss der Kräuterkunde* im Berliner Verlag Haude und Spener in überarbeiteter Form insgesamt sechsmal wiederaufgelegt. Weitere Ausgaben erschienen 1799 und 1805 bei Ghelen, 1808 bei Bauer, 1818 bei Doll, alle Wien. Bereits 1794 wurde es von Henrik Steffens (1773–1845) ins Dänische, 1805 wahrscheinlich von Maria Elizabetha Jacson (1755–1829) ins Englische und 1819 von Gerard Wttewaal (1776–1839) ins Niederländische übersetzt. (21) Willdenow 1805, S. 197–199. (22) Willdenow 1792, S. 236–239. (23) Vgl. Willdenow 1792, S. 236–239, sowie Werners Freiberger Nachlass. Zur ersten Gruppe gehören *cyaneus*, *coeruleus*, *caesius*, *prasinus*, *luteus*, *aureus*, *ochraceus*, *sulphureus*, *ferrugineus*, *badius/hepaticus*, *lateritius*, *coccineus*, *carneus*, *sanguineus*, *roseus*, *violaceus*, *ater*, *niger*, *cinereus*, *griseus*, *lividus*, *lacteus* und *albus*, zur zweiten *azuleus* (azurblau), *aerogineus* (spangrün), *aurantius* (orange) und *brunus* (braun). (24) Wagenitz und Lack 2012, S. 3; Tkach et al. 2016, S. 13. (25) Wagenbreth 1967, S. 165. (26) Estner 1794:1, S. 11–12. (27) Simonini 2018, §47. (28) Simonini 2018, §46. (29) *The Botanical Register*, Bd. V, 1819, Tafel 417. (30) Zu Richardson und seinen zoologischen Farbangaben vgl. Parry und Hooker 1825, S. 287; Hooker 1834, S. 2768. (31) Barton 1823, [S. ix] Verlagsankündigung. (32) Mérimée 1815. (33) *Hortus ericaeus woburnenis*, London 1825 (34) Sinclair 1825, S. 39–42; Wachsmuth 2014, S. 73. (35) Forbes 1849; Galton 1887. (36) *Zur Geschichte, Cultur und Classification der Georginen oder Dahlien*, Leipzig 1836. (37) Gerhard 1834, S. 41–43; Wachsmuth 2014, S. 73. (38) Wachsmuth 2014, S. 73–74. (39) Mathews 1895. Auf das Problem lichtbeständiger Farben gehen auch Syme und Mathews ein. (40) Dauthenay und Oberthür 1905, S. 36–37. (41) Die von den Herausgebern konsultierte Literatur wird zu Beginn des *Répertoire des Couleurs* unter „Principaux ouvrages consultés" aufgeführt. Die oben erwähnten Farbtöne entsprechen den Katalognummer 191, 19, 210 und 51.

3

# *IV.*

# GELB UND ORANGE

# GELB (a)



## YELLOWS.

| No. | Names | Colours. | ANIMAL | VEGETABLE | MINERAL |
|---|---|---|---|---|---|
| 62 | *Sulphur Yellow.* | | *Yellow Parts of large Dragon Fly.* | *Various Coloured Snap dragon.* | *Sulphur* |
| 63 | *Primrose Yellow.* | | *Pale Canary Bird.* | *Wild Primrose* | *Pale coloured Sulphur.* |
| 64 | *Wax Yellow.* | | *Larva of large Water Beetle.* | *Greenish Parts of Nonpareil Apple.* | *Semi Opal.* |
| 65 | *Lemon Yellow.* | | *Large Wasp or Hornet.* | *Shrubby Goldilocks.* | *Yellow Orpiment.* |
| 66 | *Gamboge Yellow.* | | *Wings of Goldfinch. Canary Bird.* | *Yellow Jasmine.* | *High coloured Sulphur.* |
| 67 | *Kings Yellow.* | | *Head of Golden Pheasant.* | *Yellow Tulip. Cinque foil.* | |
| 68 | *Saffron Yellow.* | | *Tail Coverts of Golden Pheasant.* | *Anthers of Saffron Crocus.* | |

# ORANGE

## ORANGE.

| Nº | Names | Colours. | Animal. | Vegitable. | Mineral. |
|---|---|---|---|---|---|
| 76 | *Dutch Orange.* | | *Crest of Golden crested Wren.* | *Common Marigold. Seedpod of Spindle tree.* | *Streak of Red Orpiment.* |
| 77 | *Buff Orange.* | | *Streak from the Eye of the King Fisher.* | *Stamina of the large White Cistus.* | *Natrolite.* |
| 78 | *Orpiment Orange.* | | *The Neck Ruff of the Golden Pheasant. Belly of the Warty Newt.* | *Indian Cress.* | |
| 79 | *Brownish Orange.* | | *Eyes of the largest Flesh Fly.* | *Style of the Orange Lily.* | *Dark Brazilian Topaz.* |
| 80 | *Reddish Orange.* | | *Lower Wings of Tyger Moth.* | *Hemimeris. Buff Hibiscus.* | |
| 81 | *Deep Reddish Orange.* | | *Gold Fish lustre abstracted.* | *Scarlet Leadington Apple.* | |

GELB (b)

## YELLOWS.

| Nº | Names | Colours | Animal. | Vegitable. | Mineral. |
|---|---|---|---|---|---|
| 69 | *Gallstone Yellow.* | | *Gallstones.* | *Marigold Apple.* | |
| 70 | *Honey Yellow.* | | *Lower Parts of Neck of Bird of Paradise.* | | *Fluor Spar.* |
| 71 | *Straw Yellow.* | | *Polar Bear.* | *Oat Straw.* | *Schorlite. Calamine.* |
| 72 | *Wine Yellow.* | | *Body of Silk Moth.* | *White Currants.* | *Saxon Topaz.* |
| 73 | *Sienna Yellow.* | | *Vent Parts of Tail of Bird of Paradise.* | *Stamina of Honey-suckle.* | *Pale Brazilian Topaz.* |
| 74 | *Ochre Yellow.* | | *Vent Coverts of Red Start.* | | *Porcelain Jasper.* |
| 75 | *Cream Yellow.* | | *Breast of Teal Drake.* | | *Porcelain Jasper.* |

# GELB (a)

| Nr. | Name | Farbe | TIER | | |
|---|---|---|---|---|---|
| 62 | *Schwefelgelb* | | *Gelbfärbung der Großen Libelle* |  | |
| 63 | *Schlüssel-blumengelb* | | *Blassgelber Kanarienvogel* |  | |
| 64 | *Wachsgelb* | | *Larve des Großen Wasserkäfers* | 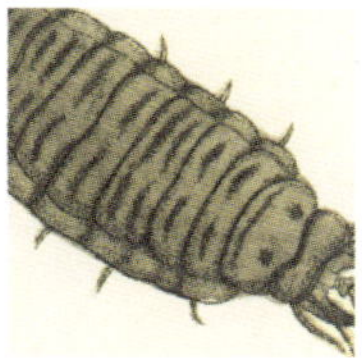 | |
| 65 | *Zitronengelb* | | *Große Wespe oder Hornisse* |  | |
| 66 | *Gummi-harzgelb* | | *Flügelfedern des Distelfinken. Kanarienvogel* |  | |
| 67 | *Königsgelb* | | *Kopfgefieder des Goldfasans* |  | |
| 68 | *Safrangelb* | | *Schwanzfedern des Goldfasans* |  | |

In der ersten Tabelle führt Syme zwei von Werners Gelbtönen auf (Nr. 62 und 65) sowie einen weiteren aus dem System von Morveau (Nr. 64); die übrigen vier (Nr. 63, 66, 67 und 68) gehen auf die Ausgabe von Symes Buch aus dem Jahr 1814 zurück.

# GELB (a)

| | PFLANZE | | MINERAL | |
|---|---|---|---|---|
| | *Löwenmäulchen* |  | *Schwefel* |  |
| | *Wildprimel* |  | *Blasser Schwefel* |  |
| | *Grün des Nonpareilapfels* |  | *Semiopal* |  |
| | *Goldschopfaster* |  | *Gelbes Auripigment* |  |
| | *Gelber Jasmin* |  | *Starkfarbiger Schwefel* | 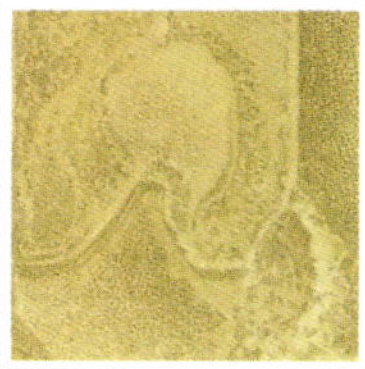 |
| | *Gelbe Tulpe. Fingerkraut* |  | | |
| | *Staubgefäße des Safrankrokus* |  | | |

## 62. SCHWEFELGELB

(a) *Gelbfärbung der Großen Libelle*

(b) *Löwenmäulchen*

(c) *Schwefel*

*Schwefelgelb ist Zitronengelb gemischt mit Smaragdgrün und Weiß. [W]*

3

1, Diamond. 2, Graphite. 3, Sulphur.

**TIER**
Mosaikjungfer (*Aeshna grandis*), aus: George Shaw und Frederick P. Nodder, *The Naturalist's Miscellany*, 1789–1801.

**PFLANZE**
Kleines Löwenmaul (*Linaria vulgaris*), aus: William Curtis, *Lectures on Botany, as delivered in the Botanic Garden at Lambeth*, 1805.

**MINERAL**
Schwefelkristalle auf Gestein, aus: Leonard Spencer, *The World's Minerals*, 1916.

# 63. SCHLÜSSELBLUMENGELB

(a) *Blassgelber Kanarienvogel*

(b) *Wildprimel*

(c) *Blasser Schwefel*

*Schlüsselblumengelb ist Gummiharzgelb gemischt mit ein wenig Schwefelgelb und viel Schneeweiß.*

TIER
Kanarienvogel (*Serinus canaria*), aus: Patrick Syme, *A Treatise on British Song-birds*, 1823.

PFLANZE
Wildprimel (*Primula vulgaris*), aus: A. Mentz, C. H. Ostenfeld, *Billeder af nordens flora*, Bd. 1, 1917.

MINERAL
Schwefel, aus: Philip Rashleigh, *Specimens of British Minerals*, 1797.

# 64. WACHSGELB

(a) *Larve des Großen Wasserkäfers*

(b) *Grün des Nonpareilapfels*

(c) *Semiopal*

*Wachsgelb besteht aus Zitronengelb, Rotbraun und ein wenig Aschgrau. [W]*

**TIER**
Großer Wasserkäfer (*Hydrophilus ovatus*), Larvenstadium (l.), aus: George Shaw und Frederick P. Nodder, *The Naturalist's Miscellany*, 1789–1801.

**PFLANZE**
Nonpareilapfel (*Malus domestica*), Deborah Griscom Passmore, Aquarellzeichnung, 1902.

**MINERAL**
Opal (u.), aus: Leonard Spencer, *The World's Minerals*, 1916.

## 65. ZITRONENGELB

(a) *Große Wespe oder Hornisse*

(b) *Goldschopfaster*

(c) *Gelbes Auripigment*

*Zitronengelb ist die Hauptfarbe in Werners Gelb-Reihe; es hat die Farbe reifer Zitronen und wirkt wie eine Mischung aus Gummiharzgelb und ein wenig Aschgrau (für uns ist ungemischtes Gummiharzgelb das reinste Gelb und damit der eigentliche unter den Gelbtönen). [W]*

TIER
Wespe (*Vespula vulgaris*, o. l.), aus: John O. Westwood, *Dru Drury's Illustrations of Exotic Entomology*, 1837.

PFLANZE
Goldschopfaster (*Chrysocoma vulgaris*), aus: John Curtis, *British Entomology*, 1840.

MINERAL
Auripigment (o. r.), aus: L. Simonin, *Underground Life*, 1869.

## 66. GUMMIHARZGELB

(a) *Flügelfedern des Distelfinken. Kanarienvogel*

(b) *Gelber Jasmin*

(c) *Starkfarbiger Schwefel*

*Gummiharzgelb ist das eigentliche Gelb.*

TIER
Distelfink (*Carduelis carduelis*), aus: John Gould, *Birds of Great Britain*, Bd. 3, 1862–1873.

PFLANZE
Gelber Jasmin (*Gelsemium sempervirens*), aus: Robert Bentley und Henry Trimen, *Medicinal Plants*, 1880.

MINERAL
Schwefelformationen, aus: Reinhard Brauns, *The Mineral Kingdom*, Bd. 1, 1912.

# 67. KÖNIGSGELB

(a) *Kopfgefieder des Goldfasans*

(b) *Gelbe Tulpe. Fingerkraut*

(c) ————————

*Königsgelb ist Gummiharzgelb mit einem kleinen Teil Safrangelb.*

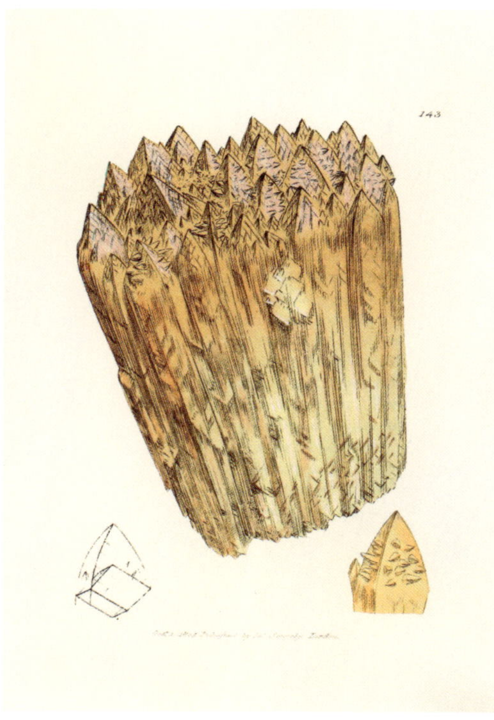


TIER
Goldfasan (*Chrysolophus pictus*), aus: John Gould, *Birds of Australia*, Bd. 7, 1840–1848.

PFLANZE
Tulpen (*Tulipa*), aus: John Lindley, *Edwards's Botanical Register*, 1829–1847.

MINERAL
Kalziumkarbonat, aus: James Sowerby, *British Mineralogy*, 1802–1817, Bd. 2.*

# 68. SAFRANGELB

(a) *Schwanzfedern des Goldfasans*

(b) *Staubgefäße des Safrankrokus*

(c) ——————

*Safrangelb ist Gummiharzgelb mit Gallensteingelb zu je gleichen Teilen.*

TIER
Goldfasan (*Chrysolophus pictus*), aus: Carl Hoffmann, *Book of the World*, 1849.

PFLANZE
Frühlingskrokus (*Crocus vernus*), aus: Pierre Joseph Redouté, *Choix des plus belles fleurs*, 1833.

MINERAL
Magnesiumsulfat, aus: James Sowerby, *Exotic Mineralogy*, Bd. 2, 1811.*

# GELB (b)

| Nr. | Name | Farbe | TIER | | |
|---|---|---|---|---|---|
| 69 | *Gallenstein-gelb* | | *Gallensteine* |  | |
| 70 | *Honiggelb* | | *Unteres Halsgefieder des Paradiesvogels* |  | |
| 71 | *Strohgelb* | | *Eisbär* |  | |
| 72 | *Weingelb* | | *Körper des Seidenspinners* |  | |
| 73 | *Sieneser Gelb* | | *Untere Schwanzfedern des Paradiesvogels* |  | |
| 74 | *Ockergelb* | | *Untere Schwanzfedern des Gartenrotschwanz* | 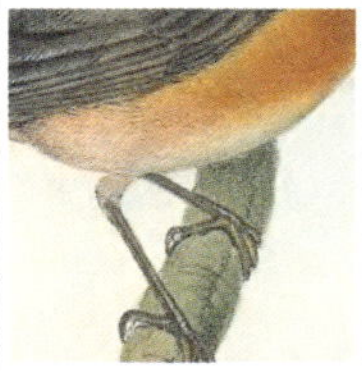 | |
| 75 | *Cremegelb* | | *Brustgefieder der Krickente* |  | |

Die zweite Gelb-Tabelle von Symes *Nomenklatur der Farben* von 1821 enthält vier Gelbtöne nach Werner (Nr. 71, 72, 74 und 75) – Isabellengelb wird hier zu Cremegelb –, einen aus dem System von Picardet (Nr. 70) sowie zwei von Syme selbst festgelegte Töne (Nr. 69 und 73).

# GELB (b)

| | PFLANZE | | MINERAL | |
|---|---|---|---|---|
| | *Marigoldapfel* | 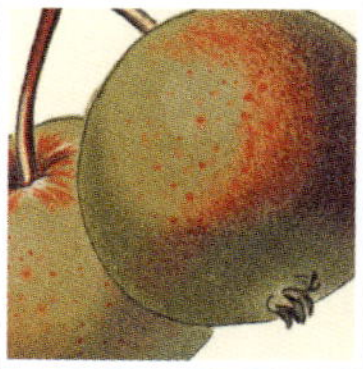 | | |
| | | | *Flussspat* |  |
| | *Haferstroh* |  | *Schorlith. Kalamin* |  |
| | *Weiße Johannisbeere* |  | *Sächsischer Topas* | 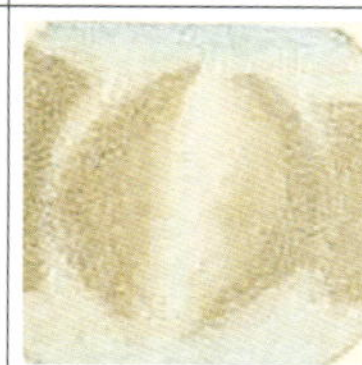 |
| | *Staubblätter des Geißblatts* |  | *Blasser Brasilianischer Topas* |  |
| | | | *Porzellanjaspis* |  |
| | | | *Porzellanjaspis* |  |

# 69. GALLENSTEINGELB

(a) *Gallensteine*

(b) *Marigoldapfel*

(c) ——————

*Gallensteingelb ist Gummiharzgelb mit einem Quäntchen Holländisch Orange und einem winzigen Teil Honiggelb.*

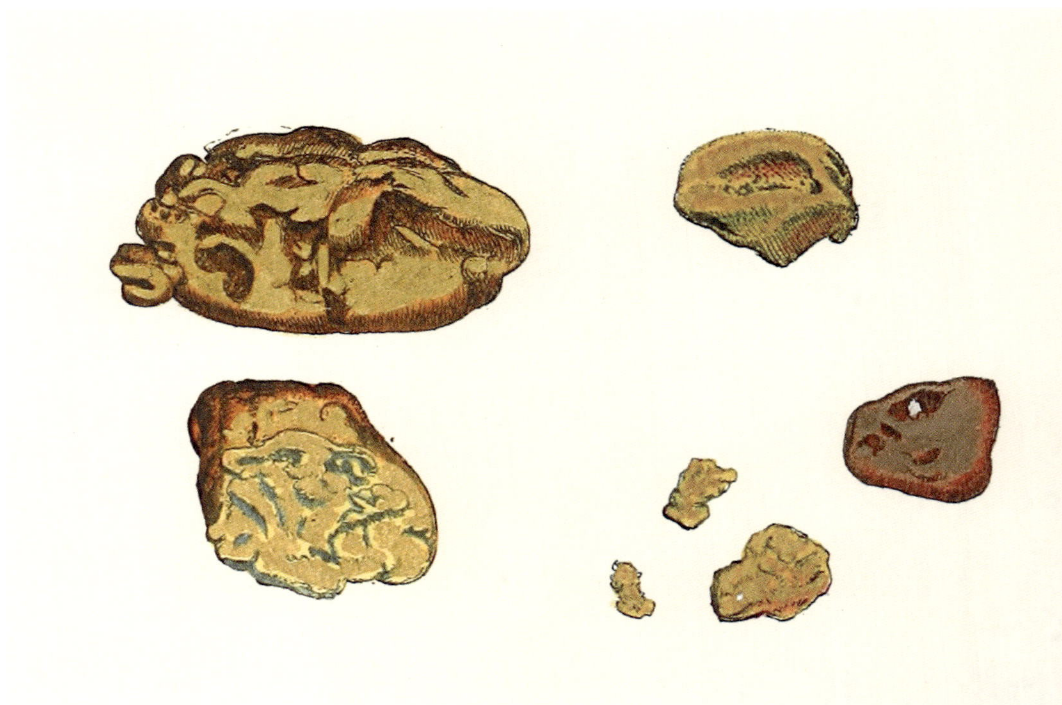

TIER
Gallensteine, Hamlet Frederick Aitken, Illustration, undatiert.

PFLANZE
Apfelblüte und -frucht (*Malus domestica*), aus: Hermann Adolph Koehler, *Medizinal-Pflanzen*, 1887.

MINERAL
Golderz, aus: James Sowerby, *British Mineralogy*, Bd. 1, 1802–1817.*

# 70. HONIGGELB

(a) *Unteres Halsgefieder des Paradiesvogels*

(b) ——————

(c) *Flussspat*

*Honiggelb ist Schwefelgelb gemischt mit Kastanienbraun. [W]*

TIER
Paradiesvogel (*Paradisaea minor*), aus: John Gould, *The Birds of New Guinea and the Adjacent Papuan Islands*, Bd. 1, 1875–1888.

PFLANZE
Zier-Ananas (*Ananas corona*), aus: Johann Wilhelm Weinmann, *Phytanthoza Iconographia*, 1737.*

MINERAL
Fluorit-Einbettung in Orthoklasgestein (2. v. l. o.), aus: Reinhard Brauns, *The Mineral Kingdom*, Bd. 2, 1912.

## 71. STROHGELB

(a) *Eisbär*

(b) *Haferstroh*

(c) *Schorlith. Kalamin*

*Strohgelb ist Schwefelgelb gemischt mit Grauweiß und ein wenig Ockergelb. [W]*

TIER
Eisbär (*Ursus maritimus*), aus: John Audubon, *The Quadrupeds of North America*, 1851.

PFLANZE
Hafer (*Avena sativa*), aus: E. Blackwell, *Herbarium Blackwellianum*, Bd. 2., 1754.

MINERAL
Kalamin, aus: Philip Rashleigh, *Specimens of British Minerals*, 1797.

# 72. WEINGELB

(a) *Körper des Seidenspinners*

(b) *Weiße Johannisbeere*

(c) *Sächsischer Topas*

*Weingelb ist Schwefelgelb gemischt mit Rotbraun und Grau, dazu viel Schneeweiß. [W]*

TIER
Seidenspinner (*Bombyx mori*), aus: Thomas Brown, *The Book of Butterflies, Sphinxes and Moths*, 1832.

PFLANZE
Rote und Weiße Johannisbeere (*Ribes rubrum*), aus: Mentz und C. H. Ostenfeld, *Billeder af nordens flora*, Bd. 2, 1917.

MINERAL
Topas, aus: James Sowerby, *British Mineralogy*, Bd. 4, 1802–1817.

# 73. SIENESER GELB

(a) *Untere Schwanzfedern des Paradiesvogels*

(b) *Staubblätter des Geißblatts*

(c) *Blasser Brasilianischer Topas*

*Sieneser Gelb ist Schlüsselblumengelb mit ein wenig Ockergelb.*

**TIER**
Fadenparadiesvogel (*Seleucidis melanoleucus*), aus: John Gould, *The Birds of New Guinea and the Adjacent Papuan Islands*, 1875–1888.

**PFLANZE**
Geißblatt (*Lonicera periclymenum*), aus: Francois-Pierre Chaumeton, *Flore médicale*, Bd. 2, 1833.

**MINERAL**
Topas (o. l.), aus: Reinhard Brauns, *The Mineral Kingdom*, Bd. 2, 1912.

# 74. OCKERGELB

(a) *Untere Schwanzfedern des Gartenrotschwanz*

(b) ————————

(c) *Porzellanjaspis*

*Ockergelb ist Sieneser Gelb mit ein wenig lichtem Kastanienbraun. [W]*

TIER
Gartenrotschwanz (*Phoenicurus phoenicurus*), aus: John Gould, *Birds of Great Britain*, Bd. 2, 1862–1873.

PFLANZE
Gelber Affodill (*Asphodelus luteus*, r.), aus: Johann Wilhelm Weinmann, *Phytanthoza Iconographia*, 1737.*

MINERAL
Jaspis, aus: Johann Carl Weber, *Die Mineralien*, 1871.

# 75. CREMEGELB

(a) *Brustgefieder der Krickente*

(b) ————————

(c) *Porzellanjaspis*

*Cremegelb ist Ockergelb gemischt mit ein wenig Weiß und einem Quäntchen Holländisch Orange. [W]*

TIER
Krickente (*Anas crecca*), aus: John Gould, *Birds of Europe*, 1832–1837, Bd. 5.

PFLANZE
Schmetterlingslilie (*Hedychium flavum*), aus: *Curtis's Botanical Magazine*, 1823.*

MINERAL
Jaspis (u. M.), aus: *Philip Rashleigh, British* Minerals, 1797.

# ORANGE

| Nr. | Name | Farbe | TIER | |
|---|---|---|---|---|
| 76 | *Holländisch Orange* | | *Kamm des Wintergoldhähnchens* |  |
| 77 | *Rauleder-orange* | | *Augenstreifen des Eisvogels* |  |
| 78 | *Rauschgelb-orange* | | *Halskrause des Goldfasans. Bauch des Kammmolchs* |  |
| 79 | *Braunorange* | | *Augen der Großen Fleischfliege* |  |
| 80 | *Rotorange* | | *Hinterflügel des Braunen Bärs* |  |
| 81 | *Tiefrot-orange* | | *Goldfisch, in Absehung des Glanzes* | 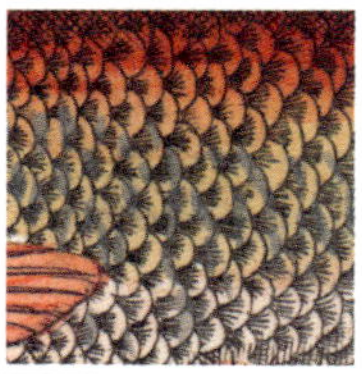 |

Symes Orange-Tabelle enthält einen Farbton von Werner, dessen Oraniengelb hier zu Holländisch Orange (Nr. 76) wird. Alle übrigen Orangetöne sind der Erstauflage von Symes *Nomenklatur der Farben* aus dem Jahr 1814 entnommen.

# ORANGE

| | PFLANZE | | MINERAL | |
|---|---|---|---|---|
| | *Gemeine Ringelblume. Samenkapsel des Pfaffenhütchens* |  | *Auripigmentstreifen* |  |
| | *Staubblätter der Weißen Zistrose* | 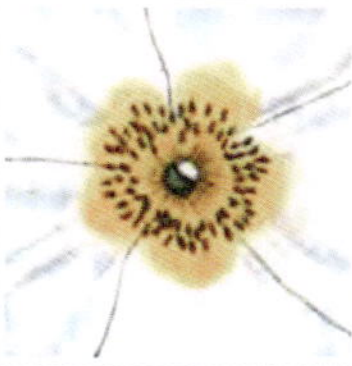 | *Natrolith* |  |
| | *Kapuzinerkresse* |  | | |
| | *Stempel der Feuerlilie* | 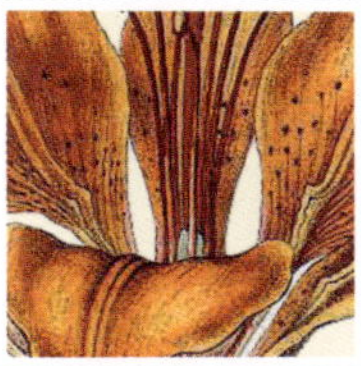 | *Dunkler Brasilianischer Topas* |  |
| | *Braunwurz. Brauner Hibiskus* |  | | |
| | *Roter Leadingtonapfel* | 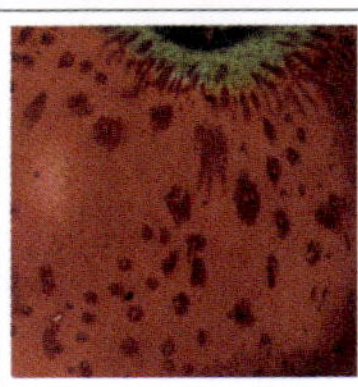 | | |

# 76. HOLLÄNDISCH ORANGE

(a) *Kamm des Wintergoldhähnchens*

(b) *Gemeine Ringelblume. Samenkapsel des Pfaffenhütchens*

(c) *Auripigmentstreifen*

*Holländisch Orange, Werners Oraniengelb, ist Gummiharzgelb mit Karminrot. [W]*

TIER
Wintergoldhähnchen (*Regulus regulus*), aus: John Gould, *Birds of Europe*, Bd. 2, 1832–1837.

PFLANZE
Pfaffenhütchen (*Euonymus europaeus*), aus: A. Mentz und C. H. Ostenfeld, *Billeder af nordens flora*, Bd. 1, 1917.

MINERAL
Auripigment (o. r.), aus: Leonard Spencer, *The World's Minerals*, 1916.

# 77. RAULEDERORANGE

(a) *Augenstreifen des Eisvogels*

(b) *Staubblätter der Weißen Zistrose*

(c) *Natrolith*

*Raulederorange ist Sieneser Gelb mit ein wenig Holländisch Orange.*

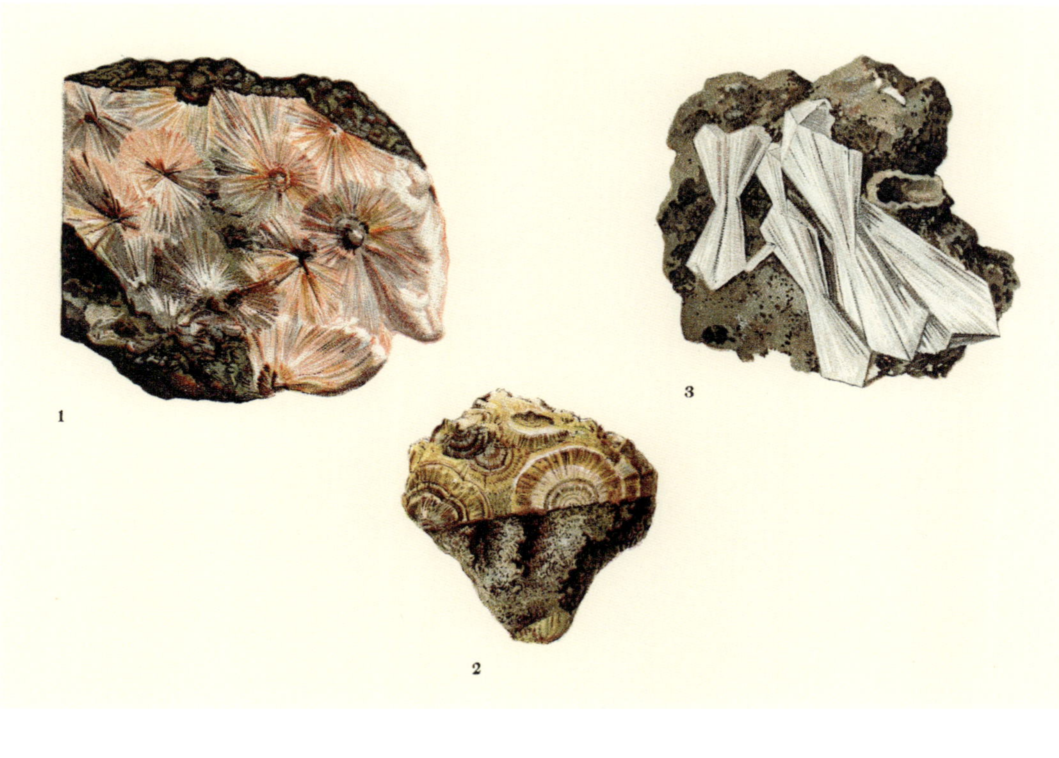


TIER
Eisvogel (*Alcedo atthis*), aus: John Gould, *Birds of Great Britain*, Bd. 2, 1862–1873.

PFLANZE
Zistrose (*Cistus*), aus: Robert Sweet, *Cistineae*, 1830.

MINERAL
Natrolith (u.), aus: Leonard Spencer, *The World's Minerals*, 1916.

# 78. RAUSCHGELBORANGE

(a) *Halskrause des Goldfasans. Bauch des Kammmolchs*

(b) *Kapuzinerkresse*

(c) ______________

*Rauschgelborange, das eigentliche Orange, besteht zu je gleichen Teilen aus Gummiharzgelb und Arterienblutrot.*

TIER
Goldfasan (*Chrysolophus pictus*), John Reeves, Aquarellzeichnung, 1812–1831.

PFLANZE
Kapuzinerkresse (*Tropaeolum*), aus: Henriette Antoinette Vincent, *Études de fleurs et de fruits*, 1820.

MINERAL
Kalziumkarbonat, aus: James Sowerby, *British Mineralogy*, Bd. 1, 1802–1817.*

# 79. BRAUNORANGE

(a) *Augen der Großen Fleischfliege*

(b) *Stempel der Feuerlilie*

(c) *Dunkler Brasilianischer Topas*

*Braunorange ist Rauschgelborange mit ein wenig Hyazinthrot und einem Quäntchen lichtem Kastanienbraun.*

TIER
Fleischfliege (*Sarcophaga carnaria*), aus: John Curtis, *British Entomology*, 1840.

PFLANZE
Feuerlilie (*Lilium bulbiferum*), aus: John Lindley, *Edwards's Botanical Register*, 1829–1847.

MINERAL
Topaseinlagerung in Bergkristall (M. r.), aus: L. Simonin, *Underground Life*, 1869.

# 80. ROTORANGE

(a) *Hinterflügel des Braunen Bärs*

(b) *Braunwurz. Brauner Hibiskus*

(c) ——————

*Rotorange ist Büffellederorange gemischt mit einem guten Teil Ziegelrot.*

**TIER**
Brauner Bär (*Arctia caja*, o.), aus: Friedrich Johann Bertuch, *Bilderbuch für Kinder*, 1802.

**PFLANZE**
Hibiskus, aus: Lena Lowis, *Familiar Indian Flowers*, 1878.

**MINERAL**
Polyhalit, aus: James Sowerby, *Exotic Mineralogy*, 1811.*

## 81. TIEFROTORANGE

(a) *Goldfisch, in Absehung des Glanzes*

(b) *Roter Leadingtonapfel*

(c) ——————

*Tiefrotorange ist Holländisch Orange gemischt mit viel Scharlachrot.*

TIER
Goldfisch (*Carassius auratus*), aus: Friedrich Johann Bertuch, *Bilderbuch für Kinder*, 1802.

PFLANZE
Apfel (*Malus domestica*), aus: Charles McIntosh, *Flora and Pomona*, 1829.

MINERAL
Bleisulfid, aus: James Sowerby, *Exotic Mineralogy*, 1811.*

# EINER FÜR ALLE? SYMES FARBNOMENKLATUR ALS ALLGEMEINER FARBSTANDARD UND IHR BESONDERER NUTZEN FÜR DIE MEDIZIN

*Die Verwendung von Farbtafeln in der pathologischen Anatomie*

ANDRÉ KARLICZEK

Patrick Symes (1774–1845) Schrift *Werner's Nomenclatur of Colours* ist ein herausragendes Buch seiner Zeit und gehört in der ersten Hälfte des 19. Jahrhunderts zu den weit verbreitetsten Farbreferenzsystemen.[1] Dabei ist das kleine Büchlein mit seinen 108 bzw. 110 Farbmustern weder das erste noch das umfangreichste seiner Art, sondern markiert bereits einen vorläufigen Höhepunkt in der Normierung der Farben der Natur. Trotz seiner besonders sorgfältigen Ausführung – die Farbmuster geben noch heute einen sehr guten Eindruck ihrer früheren Brillanz – ist der Erfolg von Symes Farbnomenklatur nicht bloß im Buch selbst zu finden. Als provokante These ließe sich formulieren, dass Symes Schrift bei einer Veröffentlichung etwa 100 Jahre früher mit großer Wahrscheinlichkeit das Schicksal von Richard Wallers (um 1660–1715) *A Catalogue of Simple and Mixt Colours*[2] von 1686 geteilt hätte. Waller hatte die grundlegende Idee einer Farbenmischtabelle von dem Miniaturmaler Elias Brenner (1647–1717) übernommen und eine eigene Tabelle erstellt. In dem zugehörigen sowohl in Englisch als auch Latein verfassten Text erklärt er, wie man aus Blau, Rot und Gelb die meisten bekannten Farben mischen kann. Wallers Buch scheint von der Wissenschaft übersehen worden zu sein, und sicherlich wäre auch Symes Farbnomenklatur als Farbstandard kaum rezipiert worden, wäre es ein Jahrhundert zuvor publiziert worden. Der Grund hierfür ist einfach: Es gab seinerzeit schlicht und ergreifend noch kaum einen Bedarf dafür.

Syme selbst weist auf diesen Umstand bereits in der Vorrede seiner Farbnomenklatur hin, wenn er schreibt, dass ein Farbstandard nützlich ist, wenn die Farbe eines Objekts genau beschrieben werden soll, jedoch erst recht unumgänglich wird, wenn Farbe ein kennzeichnendes Merkmal bildet. Dies scheint einleuchtend, setzt jedoch voraus, dass die Farbe als Merkmal, also ein auf das Wesen eines Objekts hindeutendes Zeichen, von Naturkörpern durch die Naturforscher verstanden und anerkannt wird. Es ist also nicht so, dass die Farbe eines Naturkörpers per se relevant ist, sondern entscheidend ist, welche Bedeutung die Naturforschung der jeweiligen Farbe beimisst und ob es überhaupt einen Bedarf an differenzierten Farbstandards gibt. Dieser Bedarf nach wissenschaftlicher Farbbestimmung entwickelt sich erst in der zweiten Hälfte des 18. Jahrhunderts, als sich die zuvor bloß als Epiphänomen betrachtete Farbe allmählich einerseits zu einem determinierenden Merkmal der Naturkörper und anderseits zu einem analytischen Messwert wandelt. Dies stand im Zusammenhang mit zwei wissenschaftsimmanenten Entwicklungen.

Die erste war die klassifizierende Naturgeschichte nach dem Vorbild der *Systema naturae* (1735) Carl von Linnés (1707–1778) in der ersten Hälfte des 18. Jahrhunderts mit dem Ziel einer natürlichen Systematik aller Naturdinge. Die Naturkörper der drei Reiche (Steine, Pflanzen und Tiere) sollten nach quantitativen (Anzahl) und morphologischen (Form) Gesichtspunkten verglichen und

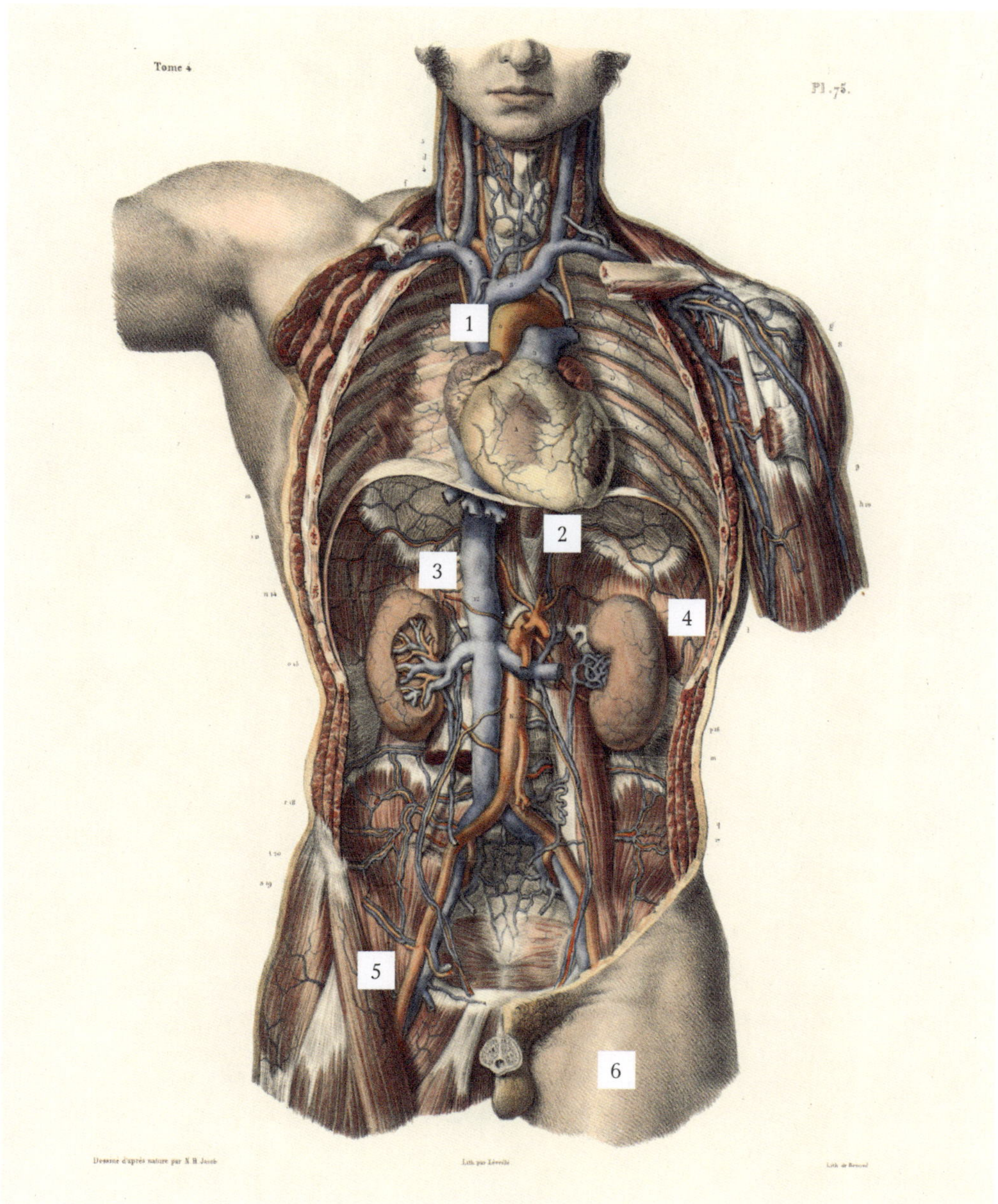


| | | | | | | | | |
|---|---|---|---|---|---|---|---|---|
| 1 | | HAUPTSCHLAGADER<br>*78. Rauschgelborange* | 2 | | HERZ<br>*75. Cremegelb* | 3 | | UNTERE HOHLVENE<br>*30. Leinblütenblau* |
| 4 | | NIERE<br>*86. Morgenrot* | 5 | | SCHNEIDERMUSKEL<br>*80. Rotorange* | 6 | | HAUT<br>*88. Fleischrot* |
| | | | | a | | | | |

(a) Die Blutgefäße in Brust- und Bauchraum, aus: Marc Jean Bourgery, *Traité complet de l'anatomie de l'homme*, 1831–1854.

a

(a) Farbmustertäfelchen der Meißner Porzellanmanufaktur aus dem Besitz von Abraham Gottlob Werner, um 1814–1817, beschrieben im handschriftlichen Katalog *Dritte Abtheilung des Wernerschen Musei. Äußere Kennzeichen-Sammlung*, 1823. Es ist wahrscheinlich, dass Werner sie in seinem Unterricht als Hilfsmittel zur Veranschaulichung der Farbabstufungen verwendete. Insgesamt sind es 249 Plättchen, die etwa 5 x 3,9 cm groß sind.

dann gemäß ihren Gemeinsamkeiten und Unterschiede in eine natürliche Systematik nach Klassen, Ordnungen, Gattungen und Arten geordnet werden. Zusätzlich führt Linné in der 10. Auflage seiner *Systema naturae* (1758) die bis heute verbindliche binominale Nomenklatur ein, nach der ein Naturkörper durch Aneinanderreihung von Gattungs- und Artnamen beschrieben wird.[3] Die zweite Entwicklung betraf die instrumentengestützte Quantifizierung der Natur.

Im 18. Jahrhundert entstanden verschiedene Farbverwendungskonzepte. Im Hinblick auf eine Normierung von Farben sind hierbei Farbreferenzsysteme und Farbskalen zu unterscheiden. Erstere sind Kombinationen von Farbnamen und ausgefärbten Farbmustern, die insofern einen Farbbegriff mit der Referenz auf einen visuellen Farbeindruck absichern. Sie dienen einer sichereren, nachvollziehbaren und vergleichbaren Beschreibung der Farben von Naturkörpern und richten sich in Art und Umfang nach den Erfordernissen der einzelnen Bereiche der Naturforschung. So benötigt man zur Beschreibung von Schmetterlingen andere Farbtöne als zu jener von Pflanzen und Pilzen oder jener von Mineralien. Auf der anderen Seite entwickeln sich Farbskalen, die über ein reines Beschreiben hinausgehen und auf ein „Messen mit Farbe" abheben. Die Farbtöne einer Farbskala repräsentieren demnach bestimmte Mengen von Stoffen oder weisen auf Prozesse und deren Veränderungen hin. Beispiele hierfür sind etwa uroskopische Tafeln[4] zur visuellen Analyse von Harn oder das sogenannte Cyanometer[5], ein Instrument zur Bemessung des Blautons des Himmels und darüber zur Bestimmung der Menge opaker Dünste.

## FARBREFERENZSYSTEME IN DEN NATURWISSENSCHAFTEN

Die Farbreferenzsysteme, zu denen auch Symes *Nomenklatur der Farben* zu zählen ist, entwickeln sich nach 1769 zunächst vorrangig im deutschen Sprachraum in unterschiedlichen Varianten.[6] Neben Farbentabellen, die jeweils die am häufigsten vorkommenden Farbtöne eines Naturreiches abbilden, erscheinen auch umfangreiche Farbatlanten mit zum Teil über 5400 Farbmustern als allgemeine und nicht nur für die Naturgeschichte nutzbare Farbstandards. Die Krux ist hier von Beginn an der spezifische Bedarf und damit die Nutzbarkeit. Dies bezieht sich einerseits auf die Erfordernisse der Naturforscher zur Beschreibung der unterschiedlichen Farben in den drei Reichen der Natur und wird andererseits noch wesentlich schwieriger, wenn auch weitere Wissenschaftsfelder oder gar die Künste und das Handwerk mit eingebunden werden sollen. Je umfangreicher und differenzierter ein Farbreferenzsystem nämlich ist, desto länger dauert es, einen bestimmten Farbton aufzufinden, und desto größer wird die Unsicherheit, wenn es z. B. mehrere Hundert über viele Seiten eines Buches verteilte Töne einer Farbe gibt, weil man diese nicht mehr auf einmal überblicken kann.

Ein Farbstandard, der sich wie etwa Symes Farbnomenklatur nicht nur an Naturforscher, sondern darüber hinaus auch an Künstler und andere richtet, läuft daher Gefahr, eine große Vielfalt an Farbtönen einer fachspezifischen Nutzbarkeit vorzuziehen.[7] Hierin steht Syme nicht allein. Bereits 1782 veröffentlichte Christian Friedrich Prange (1756–1836) ein Farbenlexikon, das sich nicht nur an Naturwissenschaftler, sondern auch an Künstler, Fabrikanten und Handwerker richtet und 4608 Farbmuster enthält. In Anlehnung an Prange erscheint 1794 das *Wiener Farbenkabinet*, das ebenso mehr als 5000 Farbmuster versammelt, die hier – wie auch bei Syme – als eingefärbte Papierstreifen in das Buch geklebt sind.

Außerdem stellt sich die Frage, ob papiergebundene Farbmuster überhaupt in der Lage sind, den Farbeindruck aller Naturkörper vergleichbar abzubilden. Hierbei geht es nicht nur etwa um metallische Farben, sondern auch um Transluzenz, Glanz oder Irisieren. So ist aus der Mineralogie bekannt – und auch Syme erwähnt dies in Bezug auf Werner –, dass zum Farbvergleich entweder einfach eine Suite repräsentativer Mineralien (siehe S. 74) oder beständige Porzellantäfelchen genutzt wurden. Vergleichbare Naturaliensammlungen, z. B. von Schmetterlingen, Käfern oder getrockneten Pflanzen, sind auch aus den anderen Naturreichen bekannt.

## FARBE UND DIE ENTWICKLUNG DER ANATOMIE

Im Hinblick auf die Verwendung von papiergebundenen Farbmustern in der medizinischen Ausbildung müssen zunächst zwei Punkte berücksichtigt werden. Der erste hebt auf die Anatomie, also die Kenntnis des Menschen und seiner Krankheiten durch Zerschneiden (aus dem Griechischen: ἀνά *aná* „open" und τομή *tomé* „cut"). Diese Erkenntnismethode war zwischen dem 3. Jh. v. Chr. und der Renaissance im Abendland – vor allem auch unter dem Eindruck christlicher Moral- und Jenseitsvorstellungen – nicht möglich. Durch das in der Renaissance wiederentdeckte Interesse an der körperlichen Natur des Menschen entwickelt sich die Anatomie ab dem 16. Jahrhundert zur Leitwissenschaft und wird zu einem Mittel der Forschung.[8] Im Zuge dessen wird die Erfahrung des sezierenden Mediziners bzw. seiner Zuschauer zu einem wirklichen Erkenntnismittel, das auch über den medizinischen und über Bücher tradierten Autoritäten der Antike steht.

Zwar entwickelt sich in dieser Zeit auch eine neue Tradition anatomischer Bücher, wie etwa Andreas Vesalius' (1514–1564) *De humani corporis fabrica* (1543), diese sind aber einerseits sehr aufwendig produziert und daher teuer und zum anderen sind sie stets idealisierend. Das bedeutet, dass darin nicht einfach abgebildet wird, was auf dem Sektionstisch zu sehen war, sondern dass hier ideale Körper, gemäß der sich allmählich durchsetzenden Vorstellung des Menschen als Körpermaschine, konstruiert werden.[9] Diese Bücher waren zudem stets unkoloriert. Die Struktur der Organe wurde als wesentlich verstanden, und Farbe galt als eigenständiges Merkmal aufgrund der großen Variabilität als unzuverlässig. Entsprechend findet sie sich nur als sekundäres Merkmal etwa im Gefolge von Gesamtdarstellungen vor Krankheitsbildern. Anatomie-Vorlesungen wurden zwar auf Basis der genannten Prachtwerke, etwa von Andreas Vesalius oder Justus Christian Loder (1753–1832)[10], gehalten, diese werden aber stets durch Sektionen, praktische anatomische Übungen und Demonstrationen von anatomischen Präparaten und/oder Moulagen angereichert, um den Studenten eigene Erfahrungen zu ermöglichen.

## DER STELLENWERT VON SYMES NOMENKLATUR IN DER MEDIZIN

Wie ist nun *Werners Nomenklatur der Farben* im Hinblick auf eine Verwendung in der Medizin zu bewerten? Syme war zum Maler der Wernerian Natural History Society ernannt worden, zu deren Mitgliedern viele angesehene Künstler und Wissenschaftler zählten, darunter auch Chirurgen und Anatomen. Syme selbst empfiehlt sein Buch als Standard insbesondere auch für die pathologische Anatomie (Morbid Anatomy).[11] Die pathologische Anatomie, ähnlich wie die klassifizierende Naturgeschichte, war ein relativ neues wissenschaftliches Feld[12], dessen Methode im Wesentlichen auf Vergleichen zwischen Naturdingen – hier des kranken und dort des gesunden Körpers – basierte. Für derartige Vergleiche bot sich ein Farbstandard natürlich grundlegend an, da Gemeinsamkeiten und Unterschiede zwischen Organen neben morphologischen und Veränderungen der Konsistenz sowie des Geruchs (teilweise auch des Geschmacks) auch optisch-visuell beschrieben werden können. Allerdings werden diese Veränderungen in der Pathologie nicht einzeln, sondern im Sinne eines Gesamthabitus beschrieben, in dem die Farbe nur ein einziger und nicht allein repräsentativer Aspekt war.

Die Bestimmung von Norm und Abnorm, also Gesundheit und Krankheit, war um 1800 noch keineswegs verbindlich erfolgt. Vor allem für die noch sehr junge solidarpathologische Richtung innerhalb der Medizin gab es kaum genügend Vergleichsobjekte (Leichen), deren individuelle Krankheitsgeschichten sowie notwendige anamnestische Informationen dem Pathologen bekannt waren. Die Norm der Organe selbst, als Referenz für etwaige Deviationen, war hier noch kaum abschließend geklärt, da weder die Variationsbreite gesunder Organausbildungen bekannt war noch die im Laufe der Ontogenese ganz normalen Veränderungen der Organe, der Einfluss von Umwelt- und Lebensbedingungen sowie degenerativer Prozesse nach dem Tode auf diese.[13] Aufgrund dieser Komplexität ist das Merkmal Farbe allein in der pathologischen Anatomie nicht zur Bestimmung von Krankheiten oder Abweichungen geeignet und besitzt in der theoretischen Konzeption der Medizin in der ersten Hälfte des 19. Jahrhunderts kaum einen eigenen Erkenntniswert, zumal feine farbdiagnostische Analysen mit einem papiergebundenen Farbstandard während einer Sektion in den meist in natürlicher Kühle von Gewölben gelagerten Leichen ein äußerst schwieriges Unterfangen dargestellt haben dürften.

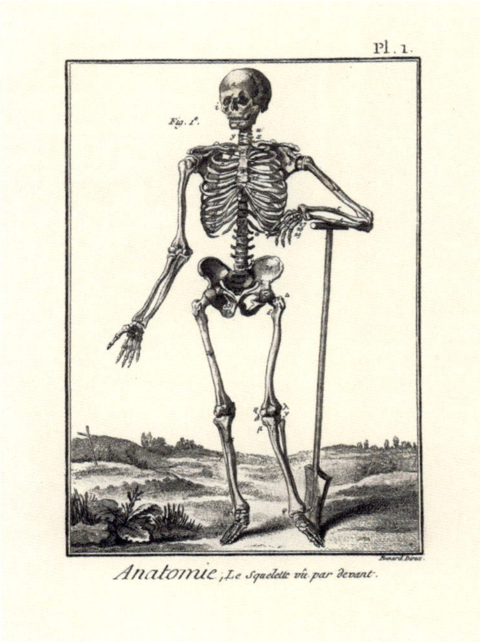


a

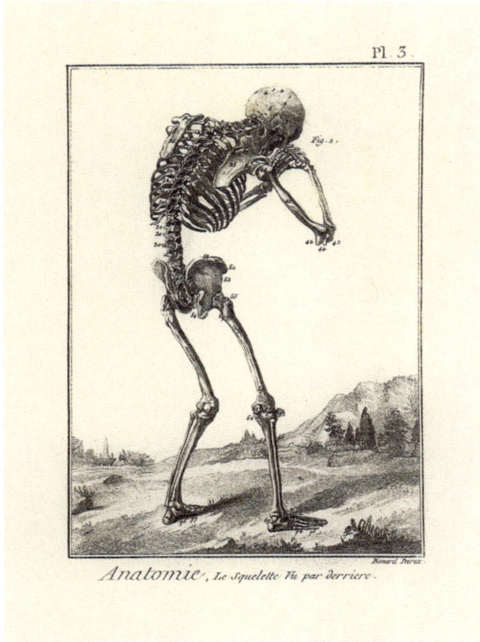


b

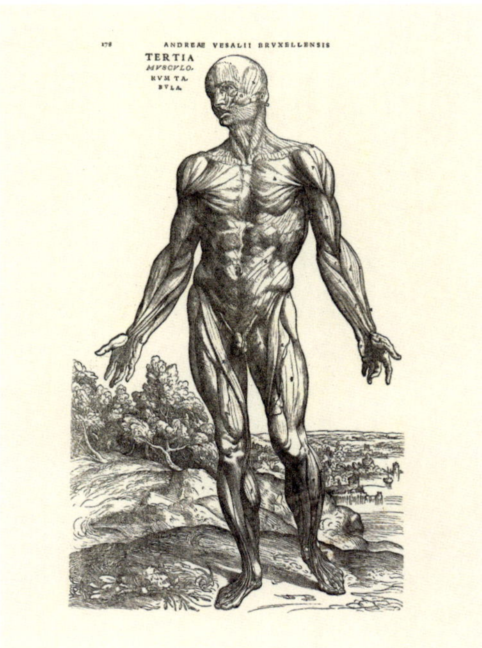


c

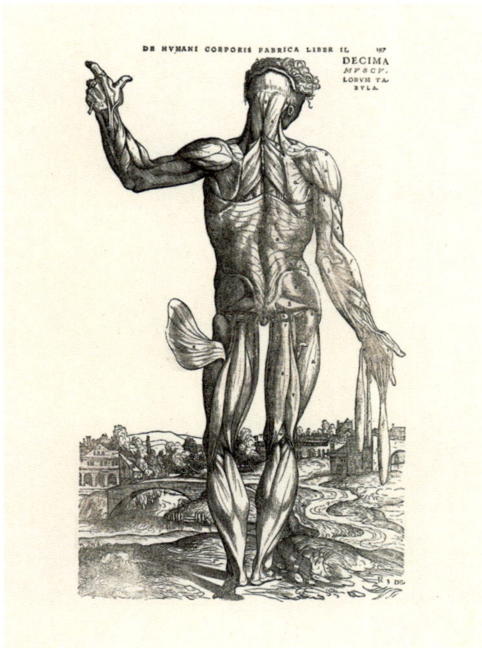


d

(a) Robert Bénard, *Menschliches Skelett von vorn*, Kupferstich, 1779.
(b) Robert Bénard, *Menschliches Skelett von hinten*, Kupferstich, 1779.
(c) Muskelapparat des Menschen (3), aus: Andreas Vesalius, *De humani corporis fabrica libri septem*, 1543.
(d) Muskelapparat des Menschen (4), aus: Andreas Vesalius, *De humani corporis fabrica libri septem*, 1543.

a

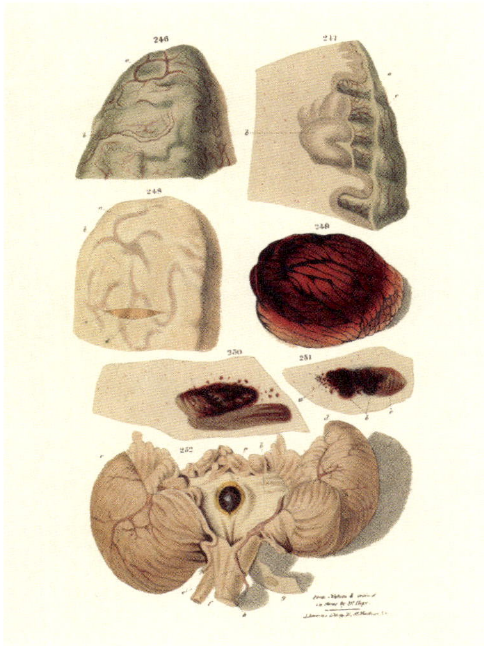

b

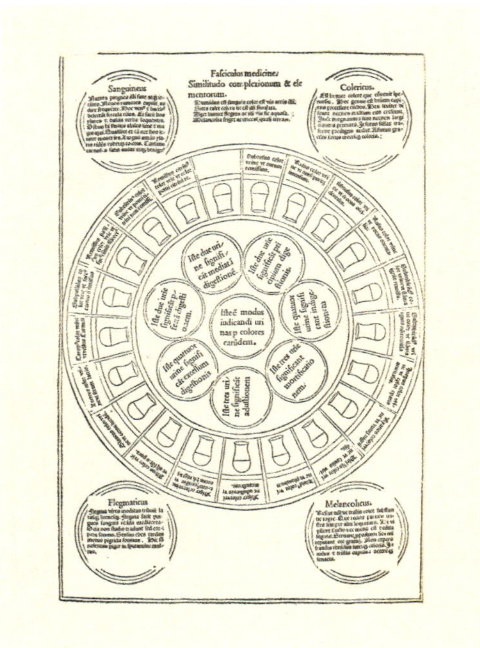


c

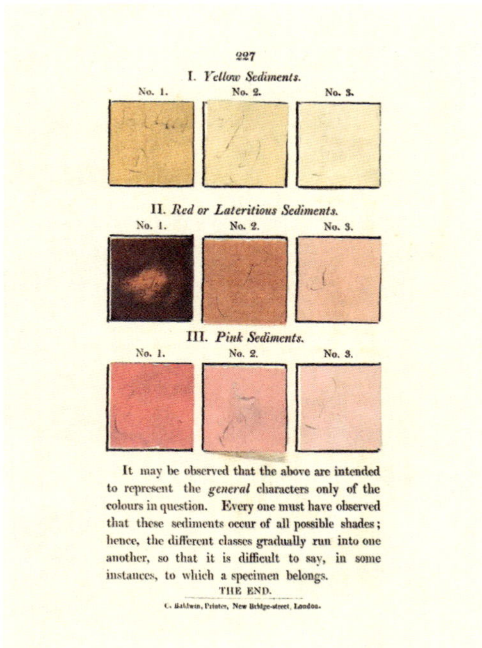


d

(a) W. J. Thomson, *Aquarellbildnis des Anatomen John Gordon*, undatiert.
(b) Teile des Gehirns, aus: James Hope, *Principles and Illustrations of Morbid Anatomy*, 1834.
(c) Diagnoseschlüssel zur Harnschau, aus: Johannes de Ketham, *Fasciculus medicinae*, 1491.
(d) Farbtafel zur Bestimmung von Harnablagerungen, aus: William Prout, *An Inquiry Into the Nature and Treatment of Gravel, Calculus, and Other Diseases*, 1821.

Es darf daher nicht verwundern, dass Symes *Nomenklatur der Farben* in der pathologischen Anatomie nicht in großer Breite Verwendung fand, auch wenn es grundlegend für Farbvergleiche und -beschreibungen geeignet gewesen wäre und es zudem auch einen gewissen Bedarf dafür gab. Die gelegentlichen Hinweise auf eine Verwendung durch Ärzte übersehen in der Regel, dass es um 1800 noch keine fachspezifische Ausbildung von Botanikern und Zoologen gab und die Naturforscher jener Zeit Medizin oder Philosophie studiert hatten. So verhält es sich z. B. auch mit dem schottischen Arzt Sir John Richardson (1777–1865), der als Schiffsarzt auf verschiedenen Expeditionen (u. a. unter John Franklin im Nordpolarmeer) tätig war und dabei Symes Farbnomenklatur nicht als Mediziner, sondern zur Beschreibung von Mineralien, Pflanzen und Tieren nutzte (siehe S. 130).

## DIE NUTZUNG VON SYMES NOMENKLATUR IN DER MEDIZIN

Eine erste konkrete Nutzung von Symes Schrift findet sich bereits 1817 bei dem schottischen Anatomen John Gordon (1786–1818), der – obwohl er bereits im Alter von 32 Jahren verstarb – u. a. als Präsident der Royal Medical Society diente. Gordon ist vor allem durch seine kritischen Beiträge gegenüber der auf dem europäischen Kontinent dieser Zeit besonders populären Phrenologie bekannt. Es handelt sich dabei um den von Franz Joseph Gall (1758–1828) um 1800 entwickelten und besonders durch Johann Spurzheim (1776–1832) vertretenen Versuch, die Neigungen, geistigen Fähigkeiten und insgesamt den Charakter des Menschen anhand der konkreten Form und Ausprägung des Gehirns analysieren zu können, die sich wiederum an der Oberfläche des Schädels ablesen lassen sollte. Gordons konkrete Einwürfe gegen Gall und Spurzheim können hier nicht ausführlich besprochen werden, er nutzt aber seine neuroanatomischen Kenntnisse, um der unterstellten besonderen Organisation der Hirnsubstanzen zu widersprechen. Auf Syme verweist er im Zusammenhang mit der sogenannten grauen Hirnsubstanz:

> „Die *graue Substanz*: Der Ausdruck ‚grau' bzw. ‚aschfarben', mit der man diese Substanz im Allgemeinen bezeichnet, vermittelt denen, die sie noch nie gesehen haben, bewusst eine falsche Vorstellung von ihrer Färbung. *Braun* ist ihr vornehmlicher Farbton, an den meisten Stellen von jenem *Braun*, das Werner in seiner Nomenklatur der Farben als Holzbraun bezeichnet."[14]

Die Referenz auf die Farbmuster wird hier also dazu verwendet, um dem Leser einen Eindruck der tatsächlich eher braunen als grauen Farbe der grauen Hirnsubstanz zu vermitteln. Da Gordon in Edinburgh Medizin studiert hatte und sein Buch zudem von William Blackwood, der auch der Verleger von Syme war, herausgegeben wurde, ist die Rezeption und Nutzung von *Werner's Nomenclature of Colours* hier offenbar eher lokal bedingt.

Eine zweite konkrete Nutzung in der Medizin lässt sich 1819 durch William Prout (1785–1850) im Bereich der urogenitalen Pathologie nachweisen. Prout, der ebenfalls in Edinburgh Medizin studiert hatte, nutzte 1819 die Farbreferenzen, um einen besonderen Harnstein farblich zu charakterisieren. Bei Prout geht es nun – anders als bei den uroskopischen Farbreferenzen des ausgehenden Mittelalters – um eine chemische Analyse der Bestandteile, auf die die Färbung einen Hinweis geben konnte. Prout beschreibt Farbe und Konsistenz des Harnsteins und differenziert äußere („wachsgelb") und innere Färbung („holzbraun") in Bezug auf Symes Farbnomenklatur.[15]

Besonders interessant ist in diesem Zusammenhang, dass Prout bereits 1821 eine eigene Farbentabelle zur Charakterisierung von Harnsedimenten entwickelt, ohne dabei auf Syme zu referenzieren. So erscheint es Prout offenbar sinnvoll, zur Verdeutlichung seiner Beschreibungen eigene Farbmuster beizugeben. Dies könnte ein Hinweis auf eine als ungenügend empfundene Etablierung von Symes *Nomenklatur der Farben* im medizinischen Fachkontext sein, sodass er die Verfügbarkeit und damit die Möglichkeit zur Referenz und dadurch zu einer nachvollziehbaren Veranschaulichung der Farben durch seine Leser nicht voraussetzen konnte.

Außerdem beschränkt Prout seine Farbtafel auf neun Farbtöne, was den Vorteil hatte, dass diese übersichtlich auf einer einzelnen Seite abgebildet werden können. Hier wäre die Verwendung von Symes viel umfangreicherer Farbnomenklatur wesentlich unpraktischer, da zwischen verschiedenen Buchseiten hin und her geblättert werden müsste. Fraglich scheint allerdings, wieso Prout die von ihm entwickelten Farbmuster nicht zumindest im Rückgriff aus Symes Nomenklatur benennt.

Ein drittes Beispiel einer Nutzung im medizinisch-pathologischen Kontext liefert der aus Edinburgh stammende Augenarzt James Hunter. Dieser hatte 1841 zur Diagnose von Entzündungen der Iris eine Tabelle mit Farbveränderungen herausgegeben. Darin sind, ausgehend von den natürlichen Irisfarben, krankhafte Veränderungen als Farbtöne angegeben, die zum Teil Hinweise auf weitere Krankheiten wie etwa Syphilis liefern. Die kritischen Bemerkungen, die Hunter in Bezug auf die Nomenklatur macht, sind hierbei besonders interessant und aufschlussreich:

> „Anfangs hatte ich die Tafel mit Angaben nach Standardfarben von Werner versehen und übernahm dabei seine Nomenklatur. Allerdings sah ich mich veranlasst, diese bei der Drucklegung des Aufsatzes in Teilen abzuändern, denn ohne Abbildungen lassen sich viele von Werners Farbnamen nur schwer zuordnen, wie etwa ‚Pistaziengrün, Sittichgrün, Brokkolibraun' etc., während andere, wie etwa ‚Apfelgrün', das mehr der Rinde als der Frucht gleicht, ‚Schildlausrot', das ein ins Rötliche spielendes Braun und kein Arterienblut- oder Karmesin-Rot ist etc., unglücklich gewählt und geradezu irreführend sind. Der Nutzen einer korrekten Beobachtung der in der Iris durch die Entzündung hervorgerufenen Farbveränderungen für die Praxis ist jedoch ganz erheblich, sowohl bei der Diagnose als auch bei der Behandlung."[16]

Hunter benennt damit gleich zwei Schwierigkeiten, die einer Etablierung als gleichzeitig generellem und spezifisch nutzbarem Standard im Wege stehen. Einerseits die Farbnamen selbst, die häufig im Sinne einer Denomination dasjenige Naturobjekt im Namen tragen, von dem die Farbtöne abgemustert wurden (Grasgrün, Kupferrot, Bleigrau etc.). Dies führt dazu, dass die Verwendung des reinen Farbbegriffes ohne Farbmuster nur dann einen entsprechenden Farbeindruck vermittelt, wenn dieser aus eigenen Erfahrungen bekannt ist. Die zweite Schwierigkeit besteht vor allem in der Medizin, wenn mit einem ganz bestimmten Farbton konkrete Diagnosen und damit Therapien verbunden sind. Hier genügt es nicht, einen ungefähren Eindruck der infrage stehenden Farbe zu haben, sondern – wie Hunter schreibt – es sind eigene Beobachtungen und Erfahrungen unabdingbar.

## DIE BEDEUTUNG VON SYMES FARBNOMENKLATUR IN DER HISTORIE DER FARBREFERENZSYSTEME

Ein Bedarf an Farbreferenzen in der Medizin war also insgesamt gegeben. Auch international wird in der ersten Hälfte des 19. Jahrhunderts das Fehlen spezifischer Standards vor allem zur Unterscheidung von krankheitsbedingten Farbveränderungen von verschiedenen Autoren beklagt. So schreibt etwa der aus Nürnberg stammende Hautarzt Heinrich Eichhorn 1827:

> „Hier ist für die Unterscheidung der Hautkrankheiten eine Farbentabelle, wie wir sie in einigen Zweigen der Naturgeschichte, z. B. der Botanik haben, von grossem Nutzen. Es versteht sich aber von selbst, dass diese Farbentabelle, wenn sie ihrem Zwecke entsprechen soll, mit vielem Fleisse und Genauigkeit verfertigt werden muss. Dass jedes Exanthem in einer ihm eigenthümlichen Farbe auf der Haut erscheint, ist bekannt; allerdings kommen Modificationen dieser Farbe bei einem und demselben Exanthem, z. B. beim Scharlach, vor, je nachdem sein Charakter synochisch, typhos etc. ist; aber gerade diese Modificationen lassen sich durch die Farbentabelle am besten deutlich machen; und nur auf diese Weise ist hier, so weit es möglich ist, die grösste Vollkommenheit zn [sic] erreichen. Wie sehr der Anfänger bei der Unterscheidung der Dinge auf die Farben sieht, gerade weil sie zuerst ins Auge springen, ist bekannt, und wird er dabei in der Unterscheidung der übrigen Merkmale der äusseren Formen der Hautkrankheiten auch geübt, so kann hier die Farbentabelle von grossem Nutzen sein."[17]

Einem besonderen Bedarf können allgemeine und für alle Wissensbereich gleichermaßen intendierte Farbstandards sicherlich nicht gerecht werden. Wie die angeführten Beispiele zeigen, war eine Nutzung von Symes Farbnomenklatur auch im medizinischen Kontext in der ersten Hälfte des 19. Jahrhunderts aber durchaus gegeben. Die Verfügbarkeit des Buches ist in den konkreten Fällen aber sicher u. a.

| Natürliche Färbung der Iris bzw. des entzündeten Teils | Erstes Entzündungsstadium vor Austritt der Lymphe | Übergangsstadium: gesteigerte Vaskularität und beginnender Lymphaustritt | Drittes Stadium mit Lymphaustritt oder im Gefolge der Erkrankung |
|---|---|---|---|
| 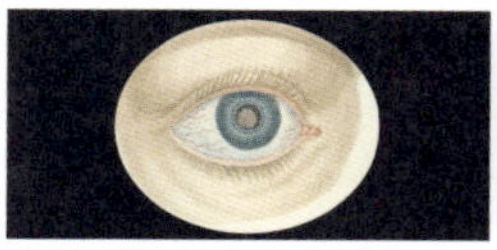 | 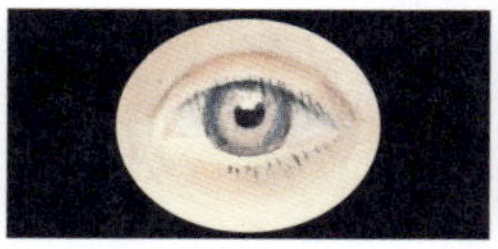 | 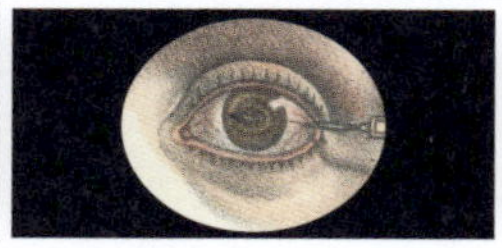 | 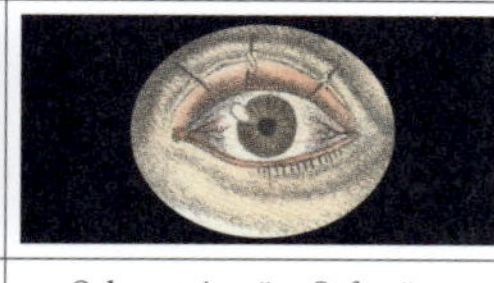 |
| Blau | Violett von Glockenblumen, Kaiser- oder Pflaumfarbenviolett | Schwarz, Hornblenden- oder Grünschwarz | Schmutziggrün, Saftgrün oder Grasgrün |
| 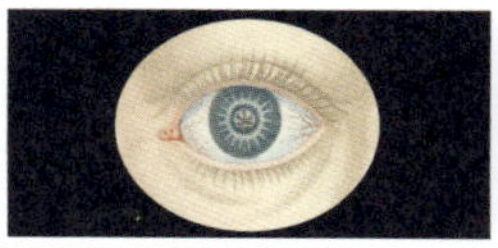 | 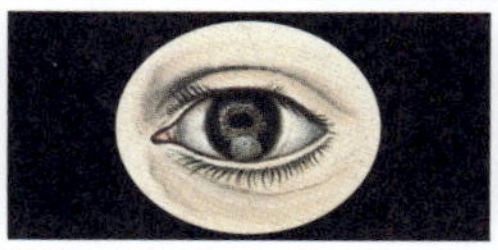 | 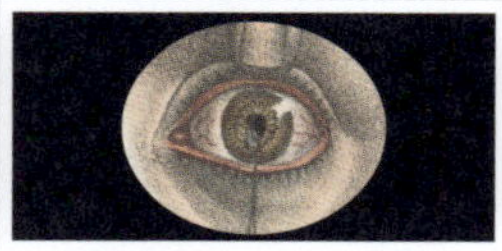 | 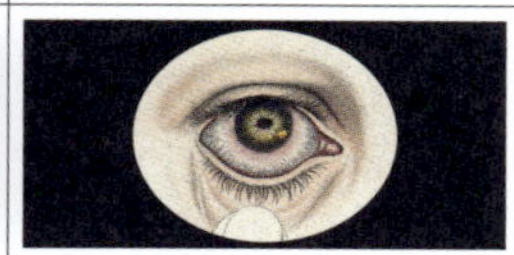 |
| Blaugrau, mit gelben Flecken | Basaltschwarz oder Grauschwarz | Apfelrindengrün | Gelbgrün |
| 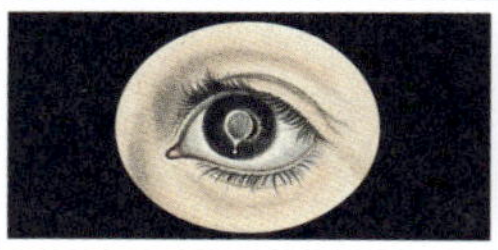 | 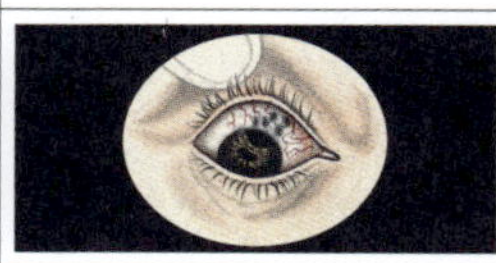 | 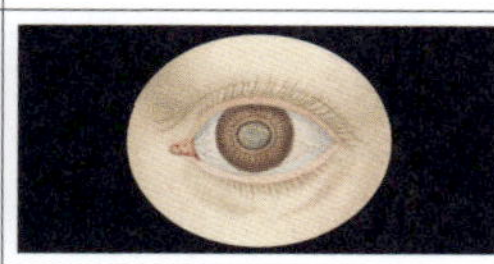 | 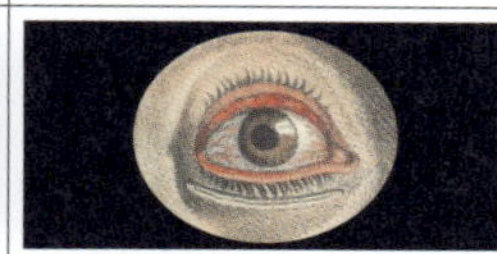 |
| Basaltschwarz | Braunschwarz | Kastanienfarben | Hasel- oder Holzbraun, Helloliv oder Wachsgelb, je nach Ursprungston |
| 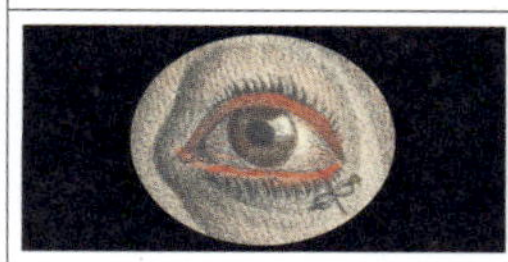 | 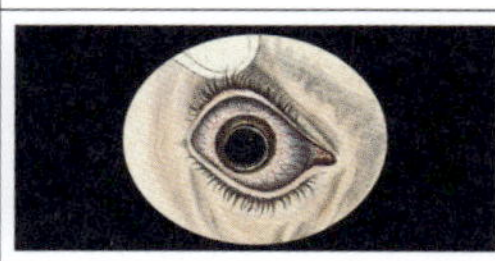 | 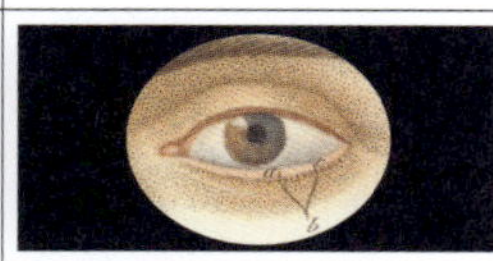 | |
| Nelkenbraun | Rotbraun | Helles Kastanienbraun oder Haselbraun | |
| 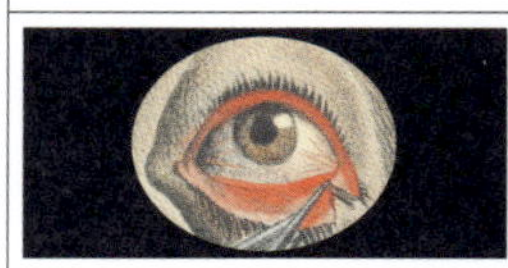 | 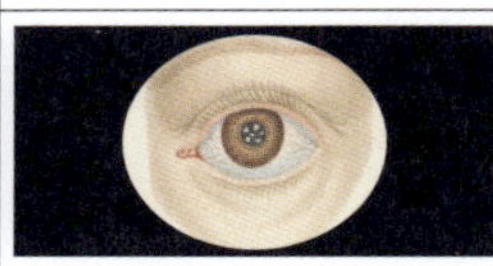 | 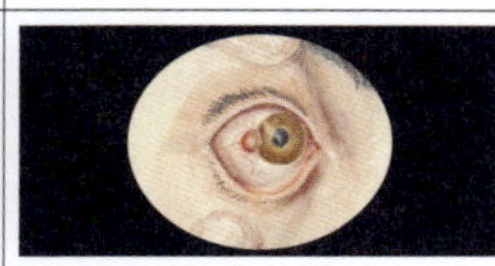 | 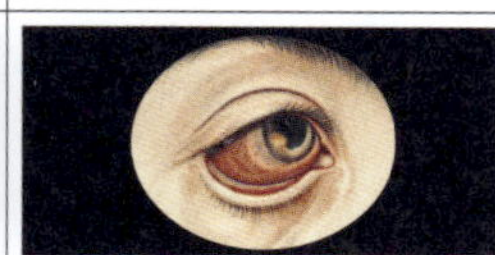 |
| Haselbraun — | Braunrot oder Ziegelrot — | Holzbraun oder sehr helles Haselbraun | Gelbbraun-Orange oder Bernsteingelb |
| 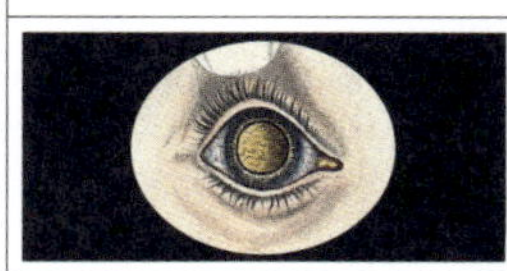 | 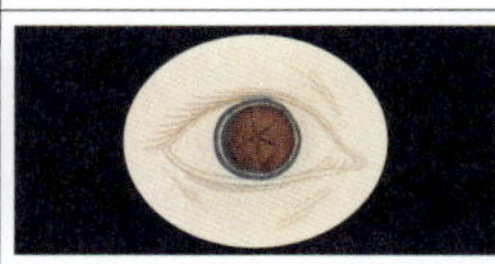 | 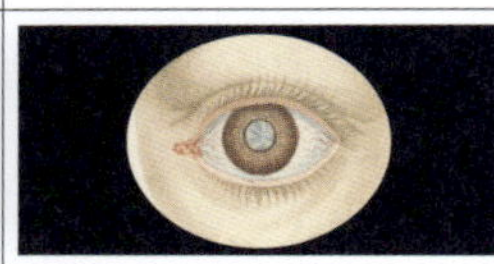 | 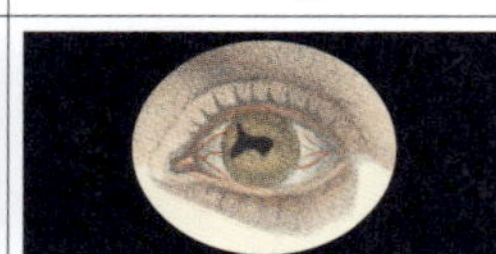 |
| Zitronenfarben oder mehr oder weniger reines Gelb | Tieforange | Helleres Orange | Helles Gelb |
| 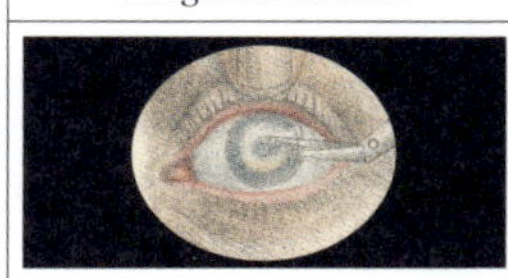 | 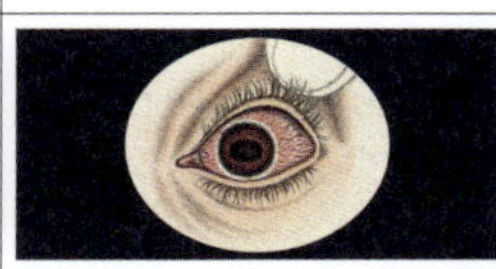 | 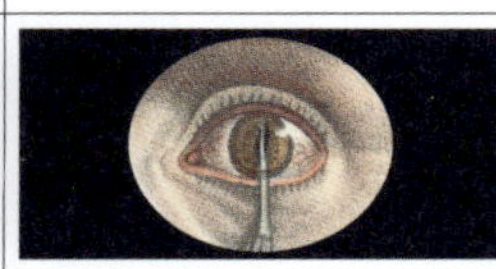 | 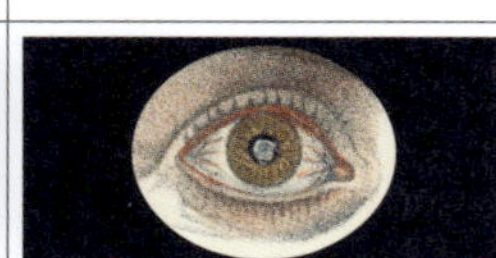 |
| Durchsichtig, fast farblos | Arterienblutrot | Rotorange | Sehr helles oder Schlüsselblumengelb |
| a | | | |

(a) Die 1841 von John Hunter veröffentlichte *Übersicht über die häufigsten Farbveränderungen der Iris* mit den von ihm selbst gewählten Farbangaben werden hier durch Abbildungen aus der medizinischen Literatur illustriert.

a

(a) Farbtafel zur Beschreibung des menschlichen Körpers, aus: Pierre Paul Broca, *Instructions générales pour les recherches et observations anthropologiques*, 1865. Der französische Anatom und Anthropologe Pierre Paul Broca erforschte den Aufbau des menschlichen Gehirns und leistete einen wichtigen Beitrag zur Entwicklung der Anthropometrie, der Wissenschaft von der exakten Vermessung und Beschreibung des menschlichen Körpers.

auch auf die besondere Rolle wissenschaftlicher Gesellschaften wie der Wernerian Society, der herausragenden Stellung Edinburghs in der Medizin um 1800 und dem Geschick des Verlegers William Blackwood zu verdanken, der die Publikation zum Teil auch durch Spenden in Bibliotheken stärker verbreitete. So stiftete Blackwood bereits 1814 ein Exemplar der Bibliothek der Medizinischen Gesellschaft von Edinburgh, wie aus dem Katalog der Bibliothek hervorgeht.[18]

Einer breiteren Nutzung allgemeiner Farbstandards standen aber die bereits genannten Hürden einer Etablierung und Tradierung im Wege. Dies ändert sich erst in der zweiten Hälfte des 19. Jahrhunderts, als mit der technischen Entwicklung synthetischer Farbstoffe und verbesserter Druckverfahren die Voraussetzungen für eine größere Verbreitung identischer Farbmuster gegeben waren. Auf der einen Seite ist es die Entwicklung des industriellen Farbdrucks (Chromolithografie; 1837) durch Godefroy Engelmann (1788–1839) sowie der Steindruck Schnellpresse (1871).[19] Die Entdeckung organischer Teerfarben ermöglichte eine völlig neue Vielfalt, identische Reproduzierbarkeit und kostengünstige Verfügbarkeit von Farben für alle Bereiche und legte den Grundstein für industrielle Erfolgsgeschichten, u. a. der Firmen Hoechst, Bayer und BASF.[20] Dadurch konnten nun Farbmusterbücher nicht nur in einer sehr großen Auflage produziert werden, sondern die Farbmuster waren aufgrund der chemischen Standardisierung der neuen Druckfarben identisch und konnte in beliebiger Anzahl reproduziert werden. Entsprechend war eine wesentlich größere Verbreitung und damit Etablierung im Raum und in der Zeit möglich. Damit war nicht nur eine bessere interdisziplinäre Nutzung, sondern zugleich auch eine leichtere Internationalisierung gegeben.

In diesem Zusammenhang ist auch auf Veränderungen in der Terminologie hinzuweisen. Spätere Farbstandards verwenden zumeist rein numerische oder den Farbton beschreibende Farbnamen, wie etwa Pierre-Paul Brocas (1824–1880) anthropologische Farbentafel zur Beschreibung von Haut- und Augenfarben (1865)[21] oder Otto Raddes (1835–1908) Internationale Farbenskala (1877)[22] belegen.

In Art und Umfang wird Symes *Nomenklatur der Farben* dem naturforschenden Bedarf und den produktionstechnischen Möglichkeiten seiner Zeit in vollem Umfang gerecht und wird damit zurecht als ein Meilenstein in der Geschichte wissenschaftlicher Farbnormen bezeichnet.

ANMERKUNGEN—(1) Siehe hierzu ausführlich: Karliczek 2013 b, Karliczek 2016, Karliczek 2018. Einen guten Überblick über Farbsysteme bieten: Kuehni und Schwarz 2008, Spillmann 2009. (2) Waller 1868. Zu Waller siehe auch: Kusukawa 2015. (3) Linné 1735. (4) Die Uroskopie, also die visuelle Analyse von Harn, hat eine bis in die Antike zurückreichende Tradition. Sie steht jedoch vor dem 19. Jahrhundert in enger Verbindung mit der hippokratischen Tetra-Humoralpathologie. In diesem Sinne sind auch die Farbtöne der seit dem Mittelalter bekannten uroskopischen Farbtafeln keine wirklichen Messwerte, sondern Indizien für bestimmte Krankheiten, aufgrund eines angenommenen und nicht etwa quantitativ-analytisch bestimmten Säfteüberschusses. (5) Siehe hierzu: Breidbach 2011; Karliczek 2013 b. (6) Als Erster entwirft 1769 Jacob Christian Schäffer mit seinem *Entwurf einer allgemeinen Farbenverein* die formellen Regeln für ein wissenschaftlich nutzbares Farbreferenzsystem. Im Grunde besteht dieses aus einem Farbmusterteil, das eine durchnummerierte Tabelle mit unterschiedlichen Farbtönen darstellt, und einem Namensregister, das über eine Ordnungszahl auf den Farbmusterteil referenziert und damit einen konkreten Farbeindruck mit dem Farbnamen verbindet. In ausdrücklichem Rückgriff auf Schäffer werden dessen Regeln und Hauptfarben von A. G. Werner in dessen Kennzeichenlehre von 1774 aufgenommen und durch die Schülergeneration Werners breit rezipiert, siehe hierzu Schäffer 1769. In diesem Zusammenhang auch relevant Giovanno Antonio Scopoli (1723–1788), der bereits 1763 in seiner *Entomologia carniolica* einen Versuch zur Normierung von Farbeindrücken mittels rotierenden und unterschiedlich gefärbten Kreiselscheiben unternommen hatte. Sein Versuch ist aber kaum rezipiert worden. Siehe hierzu: Karliczek 2016, S. 300 f. (7) Prange 1782. (8) Zur Geschichte der Anatomie: Gerabek und Haage 2007. (9) Karliczek 2014. (10) *Tabvlae anatomicae quas ad illvstrandam hvmani corporis fabricam*, Weimar (1794–1803). (11) Giulia Simonini hat darauf hingewiesen, dass der von Syme avisierte Adressatenkreis mit der Zusammensetzung der Wernerian Society in Edinburgh in Verbindung steht: „Ausschlaggebend für diese Entscheidung war sicherlich der Wunsch, ein größeres Publikum zu erreichen, und hier mag auch die Tatsache eine Rolle gespielt haben, dass zu den Mitgliedern der Wernerian Society selbst Fachleute aus den verschiedensten Bereichen zählten, darunter renommierte Geologen, Physiker, Ingenieure, Botaniker, Zoologen, Forschungsreisende, Chirurgen, Anatomen und auch Maler" Simonini 2018. (12) Für die pathologische Anatomie, insbesondere von deren Wandel von einer Humoral- zu einer Solidarpathologie gilt Giovanni Battista Morgagnis *De sedibus et causis morborum per anatomen indagatis* (1767) als begründend. (13) Siehe hierzu insbesondere: Karliczek 2014. (14) Gordon 1817, S. 28 f. (15) Prout 1819. (16) Hunter 1841. (17) Eichhorn 1827. (18) Siehe hierzu: Medical Society of Edinburgh, *Catalogue of the library of the Medical Society of Edinburgh, distributed in two parts ... [with Appendices, 1823–1826 und 1823–1827.]*, 1823, S. 213. (19) Für eine Geschichte des Farbdrucks vor 1800 siehe: Grimm, Kleine-Tebbe und Stijnman 2011. (20) Engel 2009. (21) Broca 1865. Für einen Überblick über Farbstandards zur Beschreibung von Haut- und Augenfarben siehe Karliczek und Schwarz: „Mit Haut und Haar. Vom Merkmal zum Stigma – Farbbestimmungsmethoden am Menschen", in: Karliczek und Schwarz 2016, S. 13–62. (22) Radde 1877.

# *V.*

# ROT UND BRAUN

# ROT (a)

## RED.

| Nº | Names. | Colours. | ANIMAL. | VEGETABLE. | MINERAL. |
|---|---|---|---|---|---|
| 82 | *Tile Red.* | | *Breast of the Cock Bullfinch.* | *Shrubby Pimpernel.* | *Porcelain Jasper.* |
| 83 | *Hyacinth Red.* | | *Red Spots of the Lygœus Apterus Fly.* | *Red on the golden Rennette Apple.* | *Hyacinth.* |
| 84 | *Scarlet Red.* | | *Scarlet Ibis or Curlew, Mark on Head of Red Grouse.* | *Large red Oriental Poppy, Red Parts of red and black Indian Peas.* | *Light red Cinnaber.* |
| 85 | *Vermillion Red.* | | *Red Coral.* | *Love Apple.* | *Cinnaber.* |
| 86 | *Aurora Red.* | | *Vent converts of Pied Wood-Pecker.* | *Red on the Naked Apple.* | *Red Orpiment.* |
| 87 | *Arterial Blood Red.* | | *Head of the Cock Gold-finch.* | *Corn Poppy, Cherry.* | |
| 88 | *Flesh Red.* | | *Human Skin.* | *Larkspur.* | *Heavy Spar, Limestone.* |
| 89 | *Rose Red.* | | | *Common Garden Rose.* | *Figure Stone.* |
| 90 | *Peach Blossom Red.* | | | *Peach Blossom.* | *Red Cobalt Ore.* |

# BRAUN

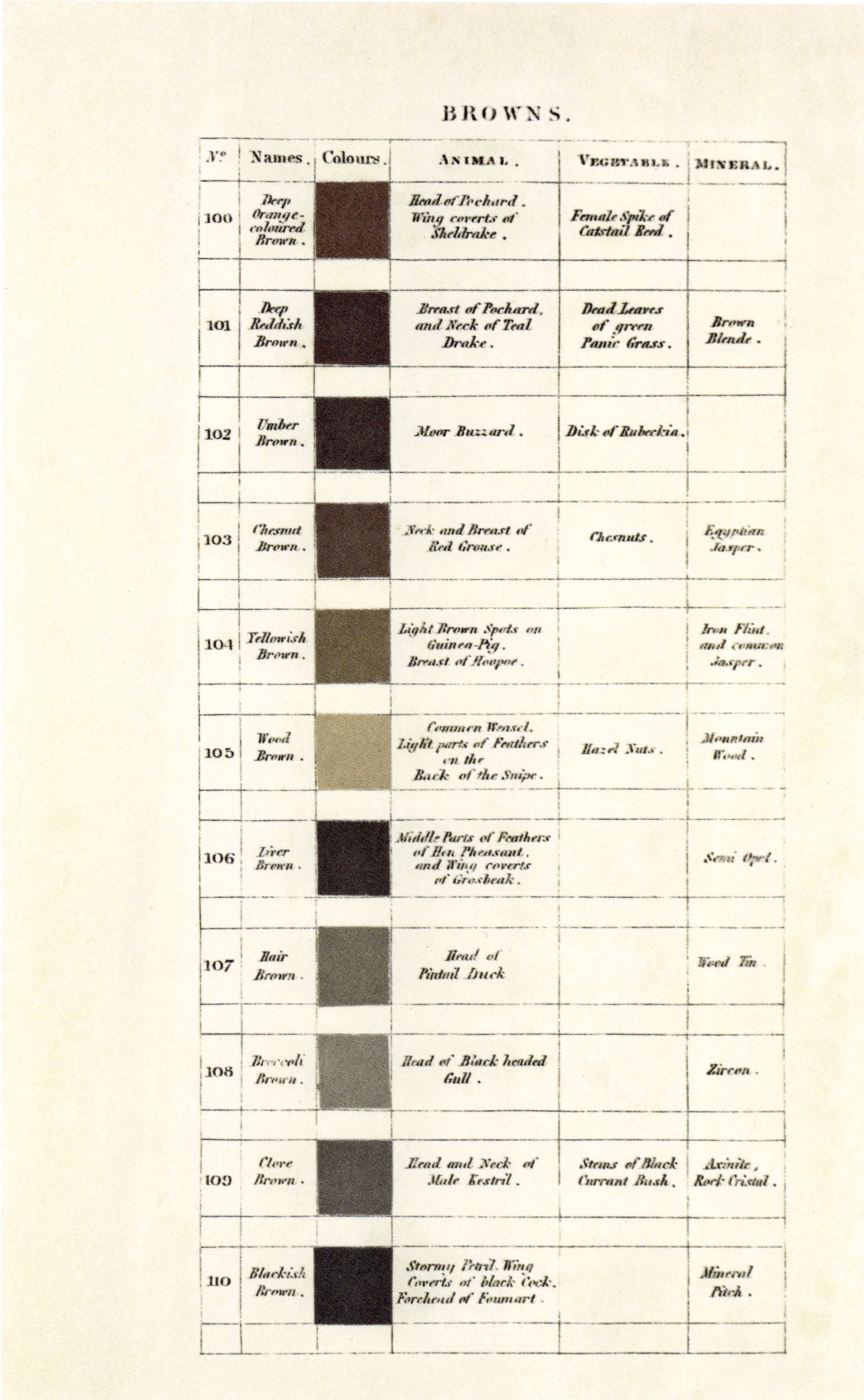

## BROWNS.

| Nº | Names. | Colours. | ANIMAL. | VEGETABLE. | MINERAL. |
|---|---|---|---|---|---|
| 100 | Deep Orange-coloured Brown. | | Head of Pochard. Wing coverts of Sheldrake. | Female Spike of Catstail Reed. | |
| 101 | Deep Reddish Brown. | | Breast of Pochard, and Neck of Teal Drake. | Dead Leaves of green Panic Grass. | Brown Blende. |
| 102 | Umber Brown. | | Moor Buzzard. | Disk of Rubeckia. | |
| 103 | Chesnut Brown. | | Neck and Breast of Red Grouse. | Chesnuts. | Egyptian Jasper. |
| 104 | Yellowish Brown. | | Light Brown Spots on Guinea-Pig. Breast of Hoopoe. | | Iron Flint, and common Jasper. |
| 105 | Wood Brown. | | Common Weasel. Light parts of Feathers on the Back of the Snipe. | Hazel Nuts. | Mountain Wood. |
| 106 | Liver Brown. | | Middle Parts of Feathers of Hen Pheasant, and Wing coverts of Grosbeak. | | Semi Opal. |
| 107 | Hair Brown. | | Head of Pintail Duck | | Wood Tin. |
| 108 | Broccoli Brown. | | Head of Black headed Gull. | | Zircon. |
| 109 | Clove Brown. | | Head and Neck of Male Kestril. | Stems of Black Currant Bush. | Axinite, Rock Cristal. |
| 110 | Blackish Brown. | | Stormy Petril. Wing Coverts of black Cock. Forehead of Foumart. | | Mineral Pitch. |

## RED.

| No. | Names. | Colours. | Animal. | Vegetable. | Mineral. |
|---|---|---|---|---|---|
| 91 | *Carmine Red.* | | | *Raspberry. Cocks Comb. Carnation Pink.* | *Oriental Ruby.* |
| 92 | *Lake Red.* | | | *Red Tulip. Rose Officinalus.* | *Spinel.* |
| 93 | *Crimson Red.* | | | | *Precious Garnet.* |
| 94 | *Purplish Red.* | | *Outside of Quills of Terico.* | *Dark Crimson Officinal Garden Rose.* | *Precious Garnet.* |
| 95 | *Cochineal Red.* | | | *Under Disk of decayed Leaves of None-so-pretty.* | *Dark Cinnaber* |
| 96 | *Veinous Blood Red.* | | *Veinous Blood.* | *Musk Flower, or dark Purple Scabious.* | *Pyrope.* |
| 97 | *Brownish Purple Red.* | | | *Flower of deadly Nightshade.* | *Red Antimony Ore.* |
| 98 | *Chocolate Red.* | | *Breast of Bird of Paradise.* | *Brown Disk of common Marigold.* | |
| 99 | *Brownish Red.* | | *Mark on Throat of Red-throated Diver.* | | *Iron Flint.* |

# ROT (a)

| Nr. | Name | Farbe | TIER | | |
|---|---|---|---|---|---|
| 82 | *Ziegelrot* | | *Brustgefieder des Gimpelhahns* | 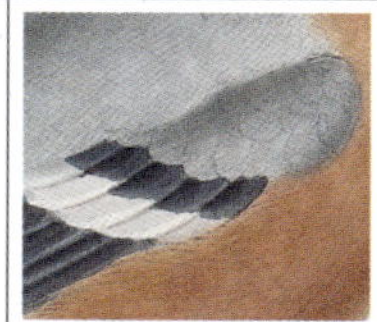 | |
| 83 | *Hyazinthrot* | | *Rote Flecken der Feuerwanze* |  | |
| 84 | *Scharlachrot* | | *Scharlachibis. Kopffleck des Moorschneehuhns* |  | |
| 85 | *Zinnoberrot* | | *Rote Koralle* |  | |
| 86 | *Morgenrot* | | *Kloakenfedern des Buntspechts* |  | |
| 87 | *Arterien-blutrot* | | *Kopf des männlichen Distelfinks* |  | |
| 88 | *Fleischrot* | | *Menschliche Haut* | 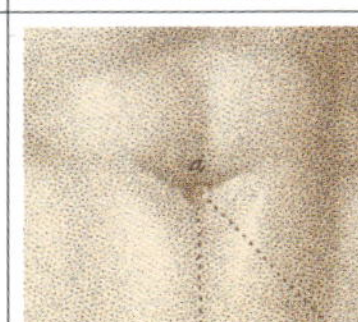 | |
| 89 | *Rosarot* | | | | |
| 90 | *Pfirsich-blütenrot* | | | | |

Die erste Rot-Tabelle in Symes *Nomenklatur der Farben* von 1821 übernimmt vier Rottöne von Werner (Nr. 84, 86, 88 und 90), zwei aus dem System von Pircardet (Nr. 83 und 89) sowie einen von Jameson (Nr. 82) und führt zwei neue Farbbezeichnungen ein (Nr. 85 und 87).

# ROT (a)

| | PFLANZE | | MINERAL | |
|---|---|---|---|---|
| | *Strauchiger Gauchheil* |  | *Prozellanjaspis* | 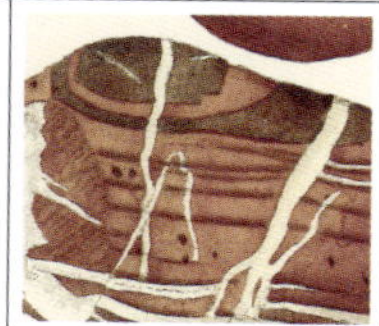 |
| | *Rot der Goldrenette* |  | *Hyazinth* |  |
| | *Roter Türkischer Mohn. Rot der Roten und Schwarzen Kuhbohne* |  | *Hellroter Zinnober* | 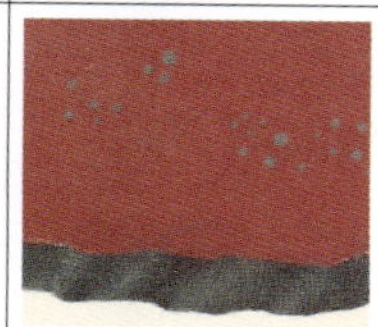 |
| | *Liebesapfel* |  | *Zinnober* | 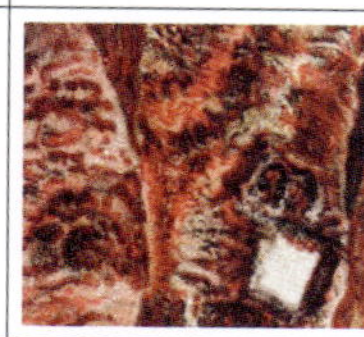 |
| | *Rot der Apfelsorte „Naked Apple"* | 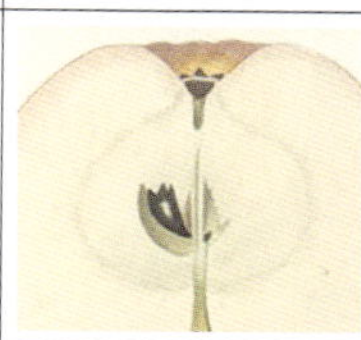 | *Rotes Auripigment* |  |
| | *Klatschmohn. Kirschen* |  | | |
| | *Rittersporn* |  | *Schwerspat. Kalkstein* |  |
| | *Gemeine Gartenrose* |  | *Bildstein* |  |
| | *Pfirsichblüte* |  | *Rotes Kobalterz* | 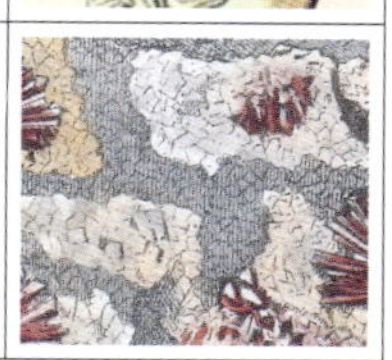 |

# 82. ZIEGELROT

(a) *Brustgefieder des Gimpelhahns*

(b) *Strauchiger Gauchheil*

(c) *Prozellanjaspis*

*Ziegelrot ist Hyazinthrot gemischt mit viel Grauweiß und einem kleinen Teil Scharlachrot. [W]*

TIER
Gimpel (*Pyrrhula pyrrhula*), aus: John Gould, *Birds of Europe*, Bd. 3, 1832–1837.

PFLANZE
Gauchheil (*Anagallis*), aus: J. E. Smith, *English Botany*, 1863–1899.

MINERAL
Jaspis, aus: James Sowerby, *British Mineralogy*, Bd. 3, 1802–1817.

# 83. HYAZINTHROT

(a) *Rote Flecken der Feuerwanze*

(b) *Rot der Goldrenette*

(c) *Hyazinth*

*Hyazinthrot ist Scharlachrot mit Zitronengelb und einem winzigen Teil Braun.*

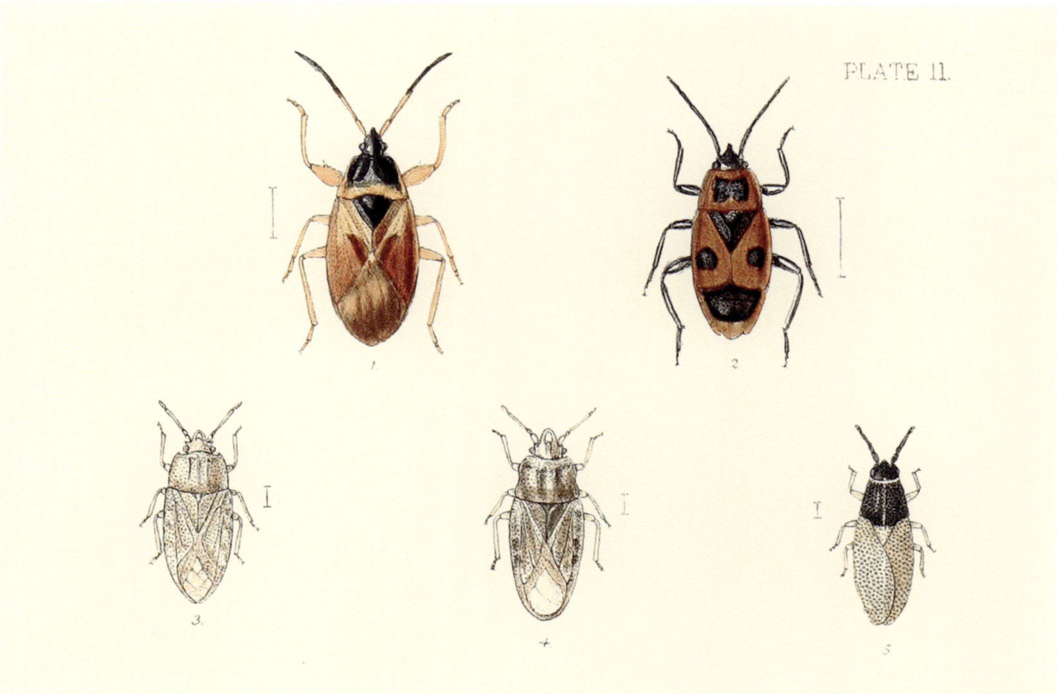

**TIER**
Feuerwanze (*Pyrrhocoris apterus*, o. r.), aus: Edward Saunders, *The Hemiptera Heteroptera of the British Islands*, 1892.

**PFLANZE**
Blüte und Frucht der Renette (*Malus domestica*), aus: John Wright, *The Fruit Growers Guide*, Bd. 1, 1891–1894. Hyazinthrot zeigt sich in der Rotfärbung des reifen Apfels.

**MINERAL**
Hyazinth (2. R. r.), aus: Reinhard Brauns, *The Mineral Kingdom*, Bd. 2, 1912.

# 84. SCHARLACHROT

(a) *Scharlachibis. Kopffleck des Moorschneehuhns*

(b) *Roter Türkischer Mohn. Rot der Roten und Schwarzen Kuhbohne*

(c) *Hellroter Zinnober*

*Scharlachrot ist Arterienblutrot mit ein wenig Gummiharzgelb.*

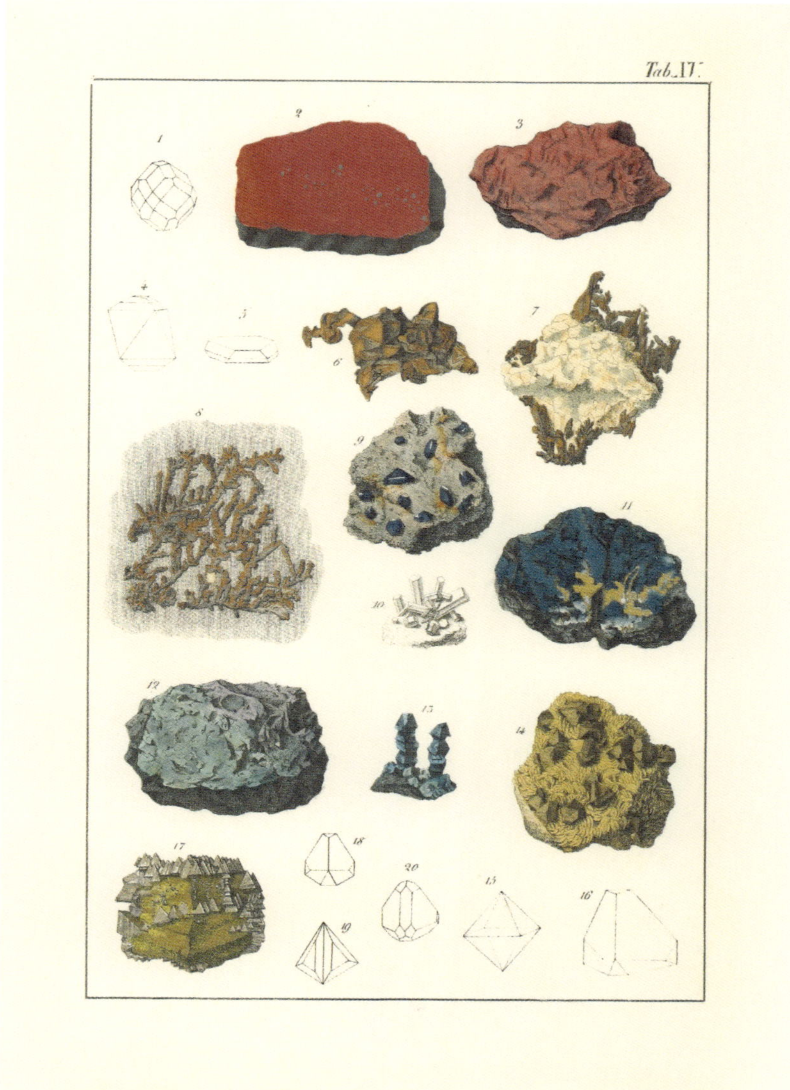

TIER
Scharlachibis (*Eudocimus ruber*, l.), aus: John James Audubon, *Birds of America*, 1827–1838.

PFLANZE
Türkischer Mohn (*Papaver orientale*), aus: J. Zorn und D. L. Oskamp, *Afbeeldingen der artseny-gewassen*, 1796–1800.

MINERAL
Cinnabarit, aus: Johann Gottlob Kurr, *The Mineral Kingdom*, 1859.

# 85. ZINNOBERROT

(a) *Rote Koralle*

(b) *Liebesapfel*

(c) *Zinnober*

*Zinnoberrot ist Scharlachrot mit einem winzigen Teil Braunrot.*

**TIER**
Feuerkoralle (*Millepora*, M.), aus: Georg Wolfgang Knorr, *Deliciae naturae selectae*, 1766.

**PFLANZE**
Tomatenpflanze und -frucht (*Solanum lycopersicum*), aus: E. Blackwell, *Herbarium Blackwellianum*, Bd. 2, 1747–1773.

**MINERAL**
Cinnabarit, aus: Leonard Spencer, *The World's Minerals*, 1916.

## 86. MORGENROT

(a) *Kloakenfedern des Buntspechts*

(b) *Rot der Apfelsorte „Naked Apple“*

(c) *Rotes Auripigment*

*Morgenrot ist Ziegelrot mit ein wenig Arterienblutrot und einem Hauch Karminrot. [W]*

**TIER**
Buntspecht (*Dendrocopos maior*), aus: John Gould, *Birds of Europe*, Bd. 3, 1832–1837.

**PFLANZE**
Apfelblüte und -frucht (*Malus domestica*), aus: A. Poiteau, *Pomologie Française*, 1846.

**MINERAL**
Rotes Auripigment (u. l.), aus: Reinhard Brauns, *The Mineral Kingdom*, Bd. 1, 1912.

# 87. ARTERIENBLUTROT

(a) *Kopf des männlichen Distelfinks*

(b) *Klatschmohn. Kirschen*

(c) ——————

*Arterienblutrot ist das eigentliche Rot.*

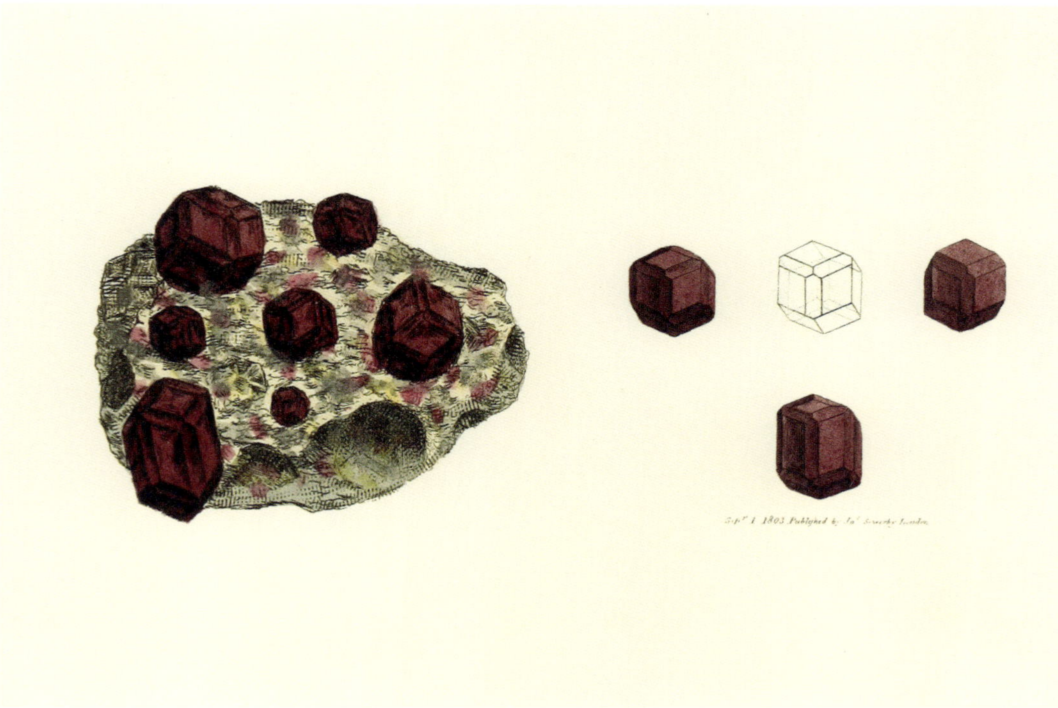

TIER
Distelfink (*Carduelis carduelis*), aus: John Gould, *Birds of Europe*, Bd. 3, 1832–1837. Arterienblutrot ist die maskenartige Zeichnung des Männchens.

PFLANZE
Klatschmohn (*Papaver rhoeas*), aus: G. C. Oeder, *Flora Danica*, 1761–1861.

MINERAL
Granat, aus: James Sowerby, *British Mineralogy*, Bd. 1, 1802–1817.*

# 88. FLEISCHROT

(a) *Menschliche Haut*

(b) *Rittersporn*

(c) *Schwerspat. Kalkstein*

*Fleischrot ist Rosarot gemischt mit Ziegelrot und ein wenig Weiß. [W]*

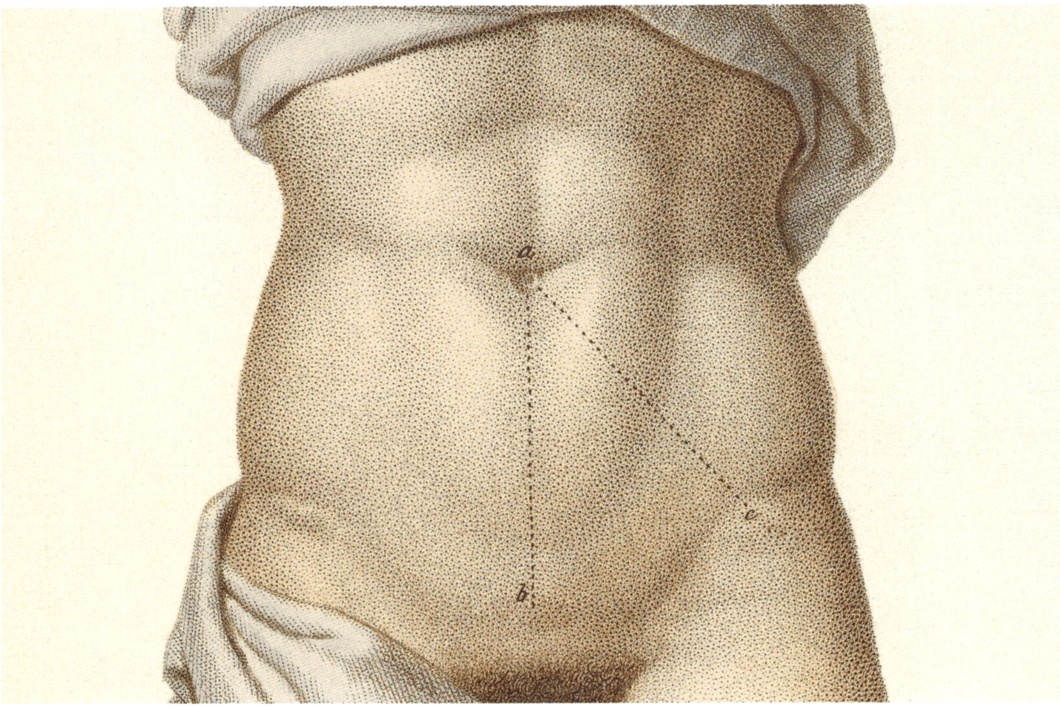

**ANATOMIE**
Epidermis des Menschen, aus: Claude Bernard, *Précis iconographique de médecine opératoire et d'anatomie chirurgicale*, 1856.

**PFLANZE**
Rittersporn (*Delphinium*, M.), aus: Johann Wilhelm Weinmann, *Phytanthoza Iconographia*, 1737.

**MINERAL**
Baryt, aus: James Sowerby, *British Mineralogy*, Bd. 1, 1802–1817.

## 89. ROSAROT

(a) ——————

(b) *Gemeine Gartenrose*

(c) *Bildstein*

*Rosarot ist Karminrot mit einer großen Menge Schneeweiß und sehr wenig Schildlausrot. [W]*

**TIER**
Kubaflamingo (*Phoenicopterus ruber*), aus: Ramon de la Sagra, *Histoire physique, politique et naturelle de l'ile de Cuba*, 1798–1871.*

**PFLANZE**
Gartenrose, aus: C. G. Rossig, *Rosen nach der Natur gezeichnet*, Bd. 1, 1802–1820.

**MINERAL**
Agalmatolith, aus: *Nouveau Larousse illustré*, 1897–1904. Agalmatolith (auch Pagodit) wird traditionell zur Herstellung von Steinschnittarbeiten verwendet, daher der Name Bildstein (hier M., 2. R. v. u.)

# 90. PFIRSICHBLÜTENROT

(a) ——————

(b) *Pfirsichblüte*

(c) *Rotes Kobalterz*

*Pfirsichblütenrot ist Färberrot gemischt mit viel Weiß. [W]*

TIER
Apollofalter (*Parnassius apollo*, o.), aus: James Duncan, *British Butterflies*, 1840. Pfirsichblütenrot zeigt sich in den Hinterflügelflecken.*

PFLANZE
Pfirsich (*Prunus persica*), aus: *Allgemeines teutsches Garten-Magazin*, Bd. 6, 1804–1811.

MINERAL
Rotes Kobalterz (u., 2. v. r.), aus: Johann Gottlob Kurr, *The Mineral Kingdom*, 1859.

# ROT (b)

| Nr. | Name | Farbe | TIER | | |
|---|---|---|---|---|---|
| 91 | *Karminrot* |  | | | |
| 92 | *Färberrot* |  | | | |
| 93 | *Karmesinrot* |  | | | |
| 94 | *Violettrot* |  | *Oberseite der Schwungfedern des Turako* |  | |
| 95 | *Schildlaus-rot* |  | | | |
| 96 | *Venenblut-rot* |  | *Venöses Blut* |  | |
| 97 | *Braun-violettrot* |  | | | |
| 98 | *Schokola-denrot* |  | *Brustgefieder des Paradiesvogels* | 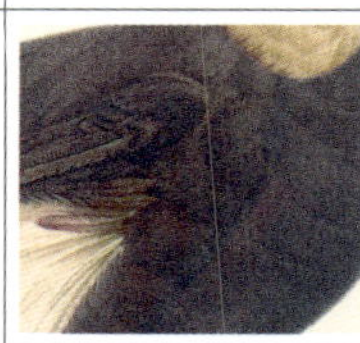 | |
| 99 | *Braunrot* |  | *Halsfleck des Sterntauchers* | 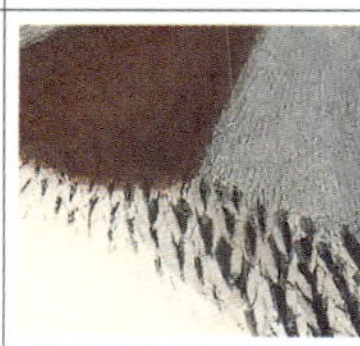 | |

Die zweite Rot-Tabelle in Symes *Nomenklatur der Farben* von 1821 übernimmt vier Rottöne von Werner (Nr. 91, 93, 96 und 99), einen aus dem System von Pircardet (Nr. 95), zwei aus dem von Lenz (Nr. 94 und 97) und führt zwei neue Farbbezeichnungen ein (Nr. 92 und 98).

# ROT (b)

| | PFLANZE | | MINERAL | |
|---|---|---|---|---|
| | *Himbeere. Hahnenkamm* | 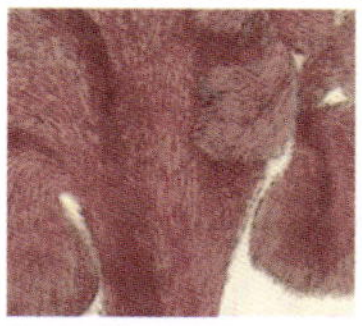 | *Almandin* |  |
| | *Rote Tulpe. Rosa officinalis* | 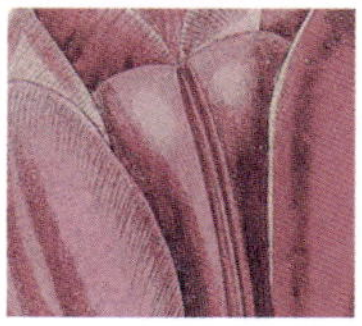 | *Spinell* |  |
| | | | *Almandingranat* |  |
| | *Dunkelkarmesinrote Gartenrose* |  | *Almadingranat* | 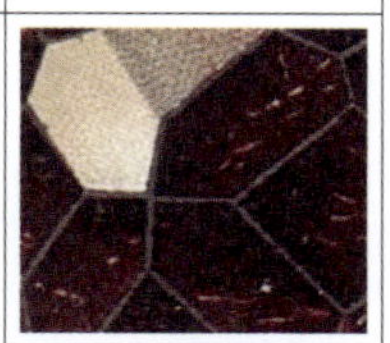 |
| | *Unterseite welker Blätter des Mückenfang* |  | *Dunkler Zinnober* |  |
| | *Moschusgauklerblume. Dunkelviolette Skabiose* |  | *Eisengranat* |  |
| | *Blüte des Bittersüßen Nachtschatten* |  | *Rotes Antimonerz* |  |
| | *Brauner Blütenboden der Ringelblume* | 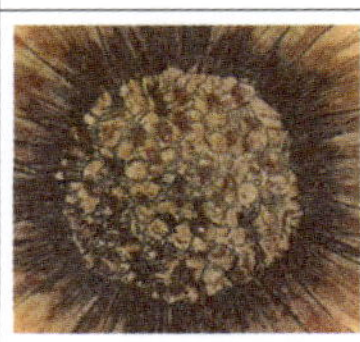 | | |
| | | | *Eisenkiesel* |  |

# 91. KARMINROT

(a) ——————

(b) *Himbeere. Hahnenkamm*

(c) *Almandin*

*Karminrot, Werners rote Hauptfarbe, ist Färberrot mit ein wenig Arterienblutrot. [W]*

TIER
Bluthonigfresser (*Myzomela cruentata*), aus: John Gould, *The Birds of New Guinea and the Adjacent Papuan Islands*, Bd. 3, 1875–1888.*

PFLANZE
Hahnenkamm (*Celosia argentea*), aus: Johann Wilhelm Weinmann, *Phytanthoza Iconographia*, 1737.

MINERAL
Rubin (l. außen), aus: Reinhard Brauns, *The Mineral Kingdom*, Bd. 2, 1912.

# 92. FÄRBERROT

(a) ——————

(b) *Rote Tulpe. Rosa officinalis.*

(c) *Spinell*

*Färberrot, Werners Karmesinrot, ist Arterienblutrot mit einem Anteil Berliner Blau. [W]*

TIER
Langschwanzpipra (*Chiroxiphia linearis*), aus: Richard Brinsley Hinds, *The Zoology of the Voyage of H. M. S. Sulphur*, 1843. Färberrot zeigt sich im Federkamm.*

PFLANZE
Tulpe (*Tulipa*), aus: John Lindley, *Edwards's Botanical Register*, 1829–1847.

MINERAL
Spinell (r.), Lithografie, 1968.

# 93. KARMESINROT

(a) ______________

(b) ______________

(c) *Almandingranat*

*Karmesinrot ist Karminrot mit ein wenig Indigoblau.*

TIER
Soldatenstärling (*Leistes militaris*), aus: George Edwards, *Gleanings of Natural History*, 1758.*

PFLANZE
Anemonen, aus: Johann Wilhelm Weinmann, *Phytanthoza Iconographia*, 1737.*

MINERAL
Granat (M. r.), aus: Reinhard Brauns, *The Mineral Kingdom*, Bd. 2, 1912.

## 94. VIOLETTROT

(a) *Oberseite der Schwungfedern des Turako*

(b) *Dunkelkarmesinrote Gartenrose*

(c) *Almadingranat*

*Violettrot, Akeleirot bei Werner, ist Karminrot mit ein wenig Berliner Blau und einem kleinen Teil Indigoblau. [W]*

TIER
Turako (*Tauraco persa*), Edward Lear, Aquarellzeichnung, um 1835.

PFLANZE
Gartenrose (*Rosa gallica*), aus: Friedrich Johann Bertuch, *Bilderbuch für Kinder*, 1802.

MINERAL
Granatsteine (l. o.), aus: George Frederick Kunz, *Gems and Precious Stones of North America*, 1890.

# 95. SCHILDLAUSROT

(a) ———————

(b) *Unterseite welker Blätter des Mückenfang*

(c) *Dunkler Zinnober*

*Schildlausrot ist Färberrot gemischt mit etwas Blaugrau. [W]*

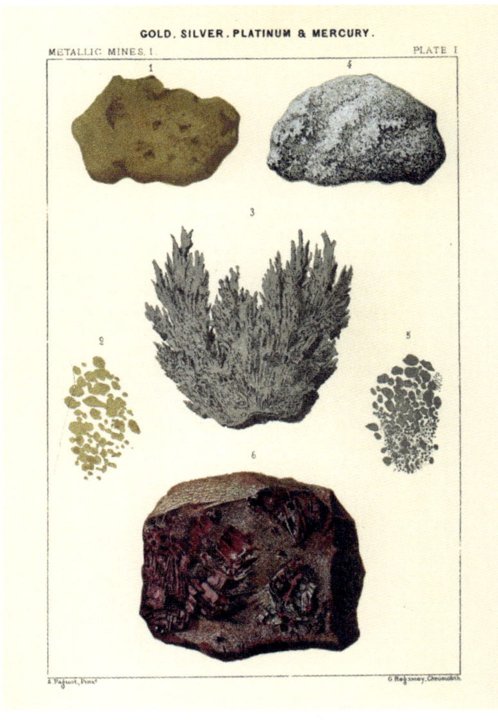


TIER
Feldsperling (*Passer montanus*), aus: George Edwards, *Gleanings of Natural History*, 1858. Schildlausrot zeigt sich am Kopfgefieder.*

PFLANZE
Mückenfang (*Silene armeria*), aus: W. Baxter, *British Phaenogamous Botany*, Bd. 2, 1834–1843.

MINERAL
Cinnabarit (u.), aus: L. Simonin, *Underground Life*, 1869.

# 96. VENENBLUTROT

(a) *Venöses Blut*

(b) *Moschusgauklerblume. Dunkelviolette Skabiose*

(c) *Eisengranat*

*Venenblutrot ist Karminrot gemischt mit Braunschwarz. [W]*

ANATOMIE
*Blut eines Leukämiekranken*, Thomas Godart, Aquarellzeichnung, um 1852–1861.

PFLANZE
Violette Skabiose (*Scabiosa atropurpurea*, l.), aus: Sydenham Edwards, *The New Botanic Garden*, 1812.

MINERAL
Eisengranat (Nr. 13), aus: Johann Gottlob Kurr, *The Mineral Kingdom*, 1859.

# 97. BRAUNVIOLETTROT

(a) ——————

(b) *Blüte des Bittersüßen Nachtschatten*

(c) *Rotes Antimonerz*

*Braunviolettrot, Werners Kirschrot, ist Färberrot gemischt mit Braunschwarz und einem kleinen Teil Grau. [W]*

TIER
Fledermäuse (*Chiroptera*), aus: Richard Brinsley Hinds, *The Zoology of the Voyage of H.M.S. Sulphur*, 1843. Braunviolettrot zeigt sich an den Flügeln der Fledermaus.*

PFLANZE
Bittersüßer Nachtschatten (*Atropa belladonna*), aus: W. Woodville, W. J. Hooker und G. Spratt, *Medical Botany*, Bd. 2, 1832.

MINERAL
Antimon (o.), aus: Philip Rashleigh, *Specimens of British Minerals*, 1797.

# 98. SCHOKOLADENROT

(a) *Brustgefieder des Paradiesvogels*

(b) *Brauner Blütenboden der Ringelblume*

(c) ——————

*Schokoladenrot ist Venenblutrot gemischt mit ein wenig Braunrot.*

TIER
Großer Paradiesvogel (*Paradisaea apoda*), Francois Levaillant, Druckgrafik, 1801–1906.

PFLANZE
Ringelblume (*Calendula officinalis*), aus: P. Bulliard, *Flora Parisiensis*, Bd. 5, 1776–1781.

MINERAL
Eisenoxid (l.), aus: James Sowerby, *British Mineralogy*, Bd. 1, 1802–1817.*

# 99. BRAUNROT

(a) *Halsfleck des Sterntauchers*

(b) ———————

(c) *Eisenkiesel*

*Braunrot ist Schokoladenrot gemischt mit Hyazinthrot und ein wenig Kastanienbraun. [W]*

**TIER**
Sterntaucher (*Gavia stellata*), aus: John Gould, *Birds of Great Britain*, Bd. 5, 1862–1873.

**PFLANZE**
Echter Gewürzstrauch (*Calycanthus floridus*, o. l.), aus: Sydenham Edwards, *The New Botanic Garden*, 1812.*

**MINERAL**
Eisenerz, aus: Reinhard Brauns, *The Mineral Kingdom*, Bd. 1, 1912.

# BRAUN

| Nr. | Name | Farbe | TIER | |
|---|---|---|---|---|
| 100 | *Tiefes Orange-braun* | | *Kopfgefieder der Tafelente. Flügelfedern der Brandgans* | 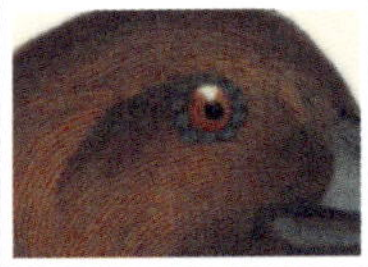 |
| 101 | *Tiefes Rotbraun* | | *Kopfgefieder der Tafelente. Halsgefieder der Krickente* |  |
| 102 | *Umbra-braun* | | *Rohrweihe* |  |
| 103 | *Kastanien-braun* | | *Hals und Brust des Moorschneehuhns* |  |
| 104 | *Gelbbraun* | | *Hellbraune Flecken beim Meerschweinchen. Brustgefieder des Wiedehopfs* | 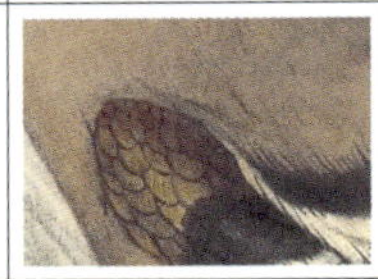 |
| 105 | *Holzbraun* | | *Zwergwiesel. Helle Rückenfedern der Schnepfe* |  |
| 106 | *Leberbraun* | | *Mittelteil der Federn der Fasanenhenne. Flügelfedern des Kernbeißers* |  |
| 107 | *Haarbraun* | | *Kopfgefieder der Spießente* |  |
| 108 | *Brokkoli-braun* | | *Kopfgefieder der Lachmöwe* | 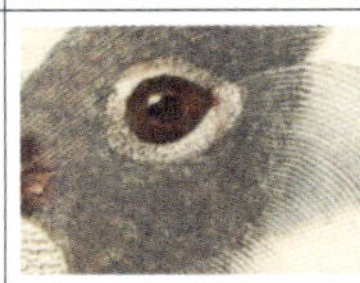 |
| 109 | *Olivbraun* | | *Kopf und Hals des männlichen Turmfalken* |  |
| 110 | *Schwarz-braun* | | *Sturmwellenläufer. Flügelfedern des Birkhahns. Stirn des Iltis* |  |

Die Ausgabe von Symes *Nomenklatur der Farben* von 1821 übernimmt vier Brauntöne von Werner (Nr. 104, 106, 109 und 110), zwei von Lenz (Nr. 105 und 107) sowie zwei aus dem System von Jameson (Nr. 103 und 108); die übrigen drei (Nr. 100, 101 und 102) stammen aus Symes Ausgabe von 1814.

# BRAUN

| | PFLANZE | | MINERAL | |
|---|---|---|---|---|
| | *Weiblicher Blütenstand des Rohrkolbens* |  | | |
| | *Welke Hirseblätter* |  | *Braune Zinkblende* |  |
| | *Blütenboden der Rudbeckie* |  | | |
| | *Kastanien* |  | *Ägyptischer Jaspis* |  |
| | | | *Eisenkiesel und gewöhnlicher Jaspis* |  |
| | *Haselnüsse* |  | *Bergflachs* |  |
| | | | *Semiopal* |  |
| | | | *Holzzinn* |  |
| | | | *Zirkon* |  |
| | *Zweige des Schwarzen Johannisbeerstrauchs* |  | *Axinit. Bergkristall* |  |
| | | | *Erdpech* |  |

# 100. TIEFES ORANGEBRAUN

(a) *Kopfgefieder der Tafelente. Flügelfedern der Brandgans*

(b) *Weiblicher Blütenstand des Rohrkolbens*

(c) ——————

*Tiefes Orangebraun ist Kastanienbraun mit ein wenig Rotbraun und einem Quäntchen Orangebraun.*

TIER
Tafelente (*Anas ferina*), aus: George Graves, *British Ornithology*, 1821.

PFLANZE
Rohrkolben (*Typha latifolia*), aus: J. W. Palmstruch, *Svensk Botanik*, Bd. 8, 1807.

MINERAL
Hämatit, aus: James Sowerby, *British Mineralogy*, Bd. 1, 1802–1817.*

## 101. TIEFES ROTBRAUN

(a) *Kopfgefieder der Tafelente. Halsgefieder der Krickente*

(b) *Welke Hirseblätter*

(c) *Braune Zinkblende*

*Tiefes Rotbraun ist Kastanienbraun mit ein wenig Schokoladenrot.*

TIER
Krickente (*Anas crecca*, u. l.), aus: Carl Hoffmann, *Book of the World*, 1857.

PFLANZE
Hirse (*Panica*, l.), aus: Adam Lonicer, *Kräuterbuch*, 1557.

MINERAL
Sphalerit (u. r.), aus: L. Simonin, *Underground Life*, 1869.

# 102. UMBRABRAUN

(a) *Rohrweihe*
(b) *Blütenboden der Rudbeckie*
(c) ——————

*Umbrabraun ist Kastanienbraun mit ein wenig Schwarzbraun.*

**TIER**
Rohrweihe (*Circus aeruginosus*), aus: John Gould, *Birds of Great Britain*, Bd. 1, 1862–1873.

**PFLANZE**
Rudbeckie (*Rudbeckia hirta*), aus: J. H. Jaume Saint-Hilaire, *La Flore et la Pomone françaises*, Bd. 4, 1828.

**MINERAL**
Zinndioxid (o.), aus: James Sowerby, *British Mineralogy*, Bd. 4, 1802–1817.*

# 103. KASTANIENBRAUN

(a) *Hals und Brust des Moorschneehuhns*

(b) *Kastanien*

(c) *Ägyptischer Jaspis*

*Kastanienbraun, das eigentliche Braun bei Werner, ist Tiefes Rotbraun und Gelbbraun. [W]*

TIER
Morschneehuhn (*Lagopus lagopus*), aus: Edward Donovan, *Natural History of British Birds*, 1794–1819.

PFLANZE
Blatt und Frucht der Rosskastanie (*Aesculus*), aus: H. L. Duhamel du Monceau, *Traité des arbres et arbustes*, Bd. 2, 1800–1819.

MINERAL
Jaspis (Nr. 2 und 3), aus: Leonard Spencer, *The World's Minerals*, 1916.

# 104. GELBBRAUN

(a) *Hellbraune Flecken beim Meerschweinchen. Brustgefieder des Wiedehopfs*

(b) ——————

(c) *Eisenkiesel und gewöhnlicher Jaspis*

*Gelbbraun ist Kastanienbraun gemischt mit einem guten Teil Zitronengelb. [W]*

**TIER**
Wiedehopf (*Upupa epops*), aus: John Gould, *Birds of Europe*, Bd. 3, 1832–1837.

**PFLANZE**
Gewöhnliche Teichbinse (*Schoenoplectus lacustris*), aus: A. Mentz und C. H. Ostenfeld, *Billeder af nordens flora*, Bd. 2, 1917. Gelbbraun zeigt sich in der Blüte der Teichbinse.*

**MINERAL**
Jaspis (M.), aus: Johann Gottlob Kurr, *The Mineral Kingdom*, 1859.

# 105. HOLZBRAUN

(a) *Zwergwiesel. Helle Rückenfedern der Schnepfe*

(b) *Haselnüsse*

(c) *Bergflachs*

*Holzbraun ist Gelbbraun gemischt mit Aschgrau.*

TIER
Waldschnepfe (*Gallinago gallinago*), aus: John Gould, *Birds of Great Britain*, Bd. 4, 1862–1873.

PFLANZE
Blatt, Frucht und Blüte des Haselstrauchs (*Corylus*), aus: A. Mentz und C. H. Ostenfeld, *Billeder af nordens flora*, Bd. 1, 1917.

MINERAL
Bergflachs (Asbest), aus: Reinhard Brauns, *The Mineral Kingdom*, Bd. 2, 1912.

# 106. LEBERBRAUN

(a) *Mittelteil der Federn der Fasanenhenne. Flügelfedern des Kernbeißers*

(b) ______________

(c) *Semiopal*

*Leberbraun ist Kastanienbraun gemischt mit ein wenig Schwarz und Olivgrün.*

TIER
Hakengimpel (*Pinicola enucleator*), aus: John Gould, *Birds of Europe*, Bd. 3, 1832–1837.

PFLANZE
Blatt und Frucht des Cashewbaums (*Anacardium occidentale*), aus: Johann Wilhelm Weinmann, *Phytanthoza Iconographia*, 1737.*

MINERAL
Opal (M.), aus: Reinhard Brauns, *The Mineral Kingdom*, Bd. 2, 1912.

# 107. HAARBRAUN

(a) *Kopfgefieder der Spießente*

(b) ——————

(c) *Holzzinn*

*Haarbraun ist Nelkenbraun gemischt mit Aschgrau. [W]*

TIER
Spießente (*Anas acuta*), aus: John Gould, *Birds of Great Britain*, Bd. 5, 1862–1873.

PFLANZE
Fucusalge (o. r.), aus: Johann Wilhelm Weinmann, *Phytanthoza Iconographia*, 1737.*

MINERAL
Holzzinn, aus: Philip Rashleigh, *Specimens of British Minerals*, 1797.

# 108. BROKKOLIBRAUN

(a) *Kopfgefieder der Lachmöwe*

(b) ——————

(c) *Zirkon*

*Brokkolibraun ist Nelkenbraun gemischt mit Aschgrau und einem Hauch Rot. [W]*

TIER
Lachmöwe (*Chroicocephalus ridibundus*), aus: Charles d'Orbigny, *Dictionnaire universel d'histoire naturelle*, 1849.

PFLANZE
Blatt, Blüte und Frucht des Myrrhestrauchs (*Commiphora africana*), aus: Johann Wilhelm Weinmann, *Phytanthoza Iconographia*, 1737. Brokkolibraun zeigt sich an den Früchten des Afrikanischen Myrrhestrauchs.*

MINERAL
Zirkon (M. r.), aus: Leonard Spencer, *The World's Minerals*, 1916.

# 109. OLIVBRAUN

(a) *Kopf und Hals des männlichen Turmfalken*

(b) *Zweige des Schwarzen Johannisbeerstrauchs*

(c) *Axinit. Bergkristall*

*Olivbraun ist Aschgrau gemischt mit ein wenig Blau, Rot und Kastanienbraun. [W]*

TIER
Turmfalke (*Falco tinnunculus*), aus: John Gould, *Birds of Europe*, Bd. 1, 1832–1837.

PFLANZE
Schwarze Johannisbeere (*Ribes nigrum*), aus: Johannes Zorn, *Afbeelding der Artseny-Gewassen*, 1796.

MINERAL
Axinit (u.), aus: George Frederick Kunz, *Gems and Precious Stones of North America*, 1890.

# 110. SCHWARZBRAUN

(a) *Sturmwellenläufer. Flügelfedern des Birkhahns. Stirn des Iltis*

(b) ————————

(c) *Erdpech*

*Schwarzbraun besteht aus Kastanienbraun und Schwarz. [W]*

TIER
Sturmwellenläufer (*Hydrobates pelagicus*), aus: John Gould, *Birds of Great Britain*, Bd. 5, 1862–1873.

PFLANZE
Blatt, Blüte und Frucht des Brombeerstrauchs (*Rubus villosus*), aus: Robert Bentley und Henry Trimen, *Medicinal Plants*, 1880.*

MINERAL
Erdpech (M. l.), aus: Johann Gottlob Kurr, *The Mineral Kingdom*, 1859.

| | | Druckfarben | | Malfarben | | Anstrichfarben | |
|---|---|---|---|---|---|---|---|
| Nr. | SYMES FARBEN | CMYK | PANTONE | WINSOR & NEWTON | CARAN D'ACHE | LITTLE GREENE | FARROW & BALL |
| 1 | | 4-4-12-0 | 7527 U | Iridescent White | Weiss | Loft White | Snow White |
| 2 | | 3-4-10-0 | — | Flake White Hue | Weiss | Flint | Pointing |
| 3 | | 5-4-10-0 | COOL GRAY 1 U | Titanium White | Titan Buff | Whitening | James White |
| 4 | | 4-4-13-0 | 7527 U | Iridescent White | Schlüsselblume | Slaked Lime | White Tie |
| 5 | | 3-4-12-0 | — | Naples Yellow Light | Schlüsselblume | Stock | Orange Coloured White |
| 6 | | 5-4-12-0 | 7527 U | Iridescent White | Neapelocker | Wood Ash | New White |
| 7 | | 6-5-12-0 | 7527 U | Zinc White | Schlüsselblume | Rolling Fog Pale | Skimmed Milk White |
| 8 | | 8-6-12-0 | COOL GRAY 1 U | Iridescent White | Umbra Natur 10 % | French Grey Pale | School House White |
| 9 | | 15-11-16-2 | 2330 U | Silver | Französisch Grau 10 % | Bone China Blue Mid | Ash Grey |
| 10 | | 18-13-17-3 | 400 U | Pewter | Französisch Grau 30 % | Mono | Hardwick White |
| 11 | | 19-13-16-3 | COOL GRAY 3 U | Davy's Gray | Französisch Grau 10 % | French Grey | Mizzle |
| 12 | | 20-15-17-4 | 420 U | Silver | Silbergrau | Gauze Dark | Purbeck Stone |
| 13 | | 19-16-31-7 | 4239 U | Davy's Gray | Olivbraun 10 % | Portland Stone | French Gray |
| 14 | | 27-20-22-9 | 2331 U | Pewter | Französisch Grau | Mid Lead Colour | Manor House Gray |
| 15 | | 33-24-30-16 | 415 U | Charcoal Grey | Umbra Natur 50 % | French Grey Dark | Treron |
| 16 | | 50-41-31-38 | 2334 U | Payne's Gray | Paynesgrau | Juniper Ash | Plummett |
| 17 | | 45-36-26-49 | 2336 U | Charcoal Grey | Schiefergrau | Dolphin | Tanner's Brown |
| 18 | | 53-44-25-54 | 4287 U | Blue Black | Paynesgrau | Lamp Black | Railings |
| 19 | | 51-35-33-54 | 5463 U | Mars Black | Kasseler Erde | Invisible Green | Off-black |
| 20 | | 51-44-29-57 | 4147 U | Perylene Black | Kasseler Erde | Basalt | Paean Black |
| 21 | | 50-46-31-58 | BLACK 5 U | Payne's Gray | Siena gebrannt | Chimney Black | Mahogany |
| 22 | | 64-50-29-69 | BLACK 6 U | Ivory Black | Schwarz | Basalt | Pitch Black |
| 23 | | 63-49-31-69 | 532 U | Lamp Black | Schwarz | Chocolate Colour | Off-black |
| 24 | | 81-74-14-66 | 282 U | Blue Black | — | Thai Sapphire | Scotch Blue |
| 25 | | 91-82-9-58 | 280 U | Prussian Blue | Violett | Ultra Blue | — |
| 26 | | 57-42-8-22 | 4128 U | Indanthrene Blue | Preussischblau | Mambo | Pitch Blue |
| 27 | | 74-68-9-37 | 2746 U | Ultramarine | Violettbraun | Purpleheart | — |
| 28 | | 52-39-9-20 | 7683 U | Prussian Blue | Phthalocyaninblau | Mambo | Pitch Blue |
| 29 | | 50-31-2-5 | 285 U | Cerulean Blue | Preussischblau | Sky Blue | Ultramarine Blue |
| 30 | | 43-27-6-7 | 2128 U | Ultramarine | Kobaltblau | Tivoli | Cook's Blue |
| 31 | | 38-23-7-6 | 535 U | French Ultramarine | Hellkobaltblau | Blue Verditer | Lulworth Blue |
| 32 | | 35-8-14-5 | 4170 U | Cobalt Turquoise Light | Hellmalachitgrün | Turquoise Blue | Arsenic |
| 33 | | 37-16-15-16 | 5493 U | Cobalt Green | Graublau | Celestial Blue | Green Blue |
| 34 | | 31-16-14-12 | 428 U | Viridian | Stahlgrau | Grey Stone | Oval Room Blue |
| 35 | | 12-6-4-0 | — | Manganese Blue | Französisch Grau 10 % | Bone China Blue Pale | Pale Powder |
| 36 | | 38-25-9-5 | 2115 U | French Ultramarine | Manganviolett | Gauze Dark | — |
| 37 | | 73-67-15-40 | 7679 U | Mauve Blue Shade | Hellaubergine | Purpleheart | — |
| 38 | | 69-60-19-47 | 2765 U | Winsor Violet | Violettbraun | Purple Brown | Scotch Blue |
| 39 | | 49-40-9-9 | 272 U | Winsor Violet | Ultramarinviolett | Hortense | Pitch Blue |
| 40 | | 60-65-11-19 | 2370 U | Cobalt Violet | Violett | Purpleheart | — |
| 41 | | 59-65-17-38 | 2627 U | Permanent Mauve | Hellaubergine | Córdoba | Brinjal |
| 42 | | 67-64-15-36 | 2371 U | Winsor Violet | Violettbraun | — | Pelt |
| 43 | | 18-13-7-1 | 664 U | Mauve Blue Shade | Paynesgrau 30 % | Gauze Mid | Calluna |
| 44 | | 41-32-20-17 | 5285 U | Mauve Blue Shade | Violettgrau | Arquerite | Brassica |
| 45 | | 62-51-20-36 | 2111 U | Winsor Violet | Sepia 50 % | Juniper Ash | Imperial Purple |
| 46 | | 17-8-17-1 | 5595 U | Terre Verte | Hellmalchitgrün | Pearl Colour Mid | Green Ground |
| 47 | | 20-13-21-2 | 4288 U | Prussian Green | Olivgelb | Portland Stone | Cooking Apple Green |
| 48 | | 27-18-25-6 | COOL GRAY 5 U | Olive Green | Grünocker | Pearl Colour Dark | Lichen |
| 49 | | 51-30-33-30 | 4198 U | Chrome Green Deep | Malachitgrün | Livid | Studio Green |
| 50 | | 36-7-27-2 | 558 U | Permanent Green | Berylgrün | Green Verditer | Arsenic |
| 51 | | 23-11-16-2 | 441 U | Viridian | Stahlgrau | Salix | Teresa's Green |
| 52 | | 27-7-34-2 | 4204 U | Prussian Green | Grasgrün | Aquamarine | Breakfast Room Green |
| 53 | | 43-8-53-3 | 2255 U | Winsor Green | Kobaltgrün | Spearmint | Emerald Green |
| 54 | | 36-22-55-19 | 5835 U | Olive Green | Moosgrün | Citrine | Bancha |
| 55 | | 57-36-66-59 | 350 U | Prussian Green | Dunkeltannengrün | Olive Colour | Duck Green |

| | | Druckfarben | | Malfarben | | Anstrichfarben | |
|---|---|---|---|---|---|---|---|
| Nr. | SYMES FARBEN | CMYK | PANTONE | WINSOR & NEWTON | CARAN D'ACHE | LITTLE GREENE | FARROW & BALL |
| 56 | | 34-22-71-26 | 7748 U | *Oxide of Chromium* | *Moosgrün* | *Garden* | *Sap Green* |
| 57 | | 31-19-63-17 | 5767 U | *Sap Green* | *Olivgelb* | *Boxington* | *Yeabridge Green* |
| 58 | | 20-14-35-4 | 453 U | *Olive Green* | *Umbra Natur 10%* | *Kitchen Green* | *Green Ground* |
| 59 | | 44-30-46-25 | 7735 U | *Chrome Green Deep* | *Saftgrün* | — | *Green Smoke* |
| 60 | | 23-26-61-19 | 5835 U | *Olive Green* | *Grünocker* | *Light Bronze Green* | — |
| 61 | | 18-11-52-2 | 5865 U | *Green Gold* | *Olivgelb* | *Pale Lime* | *Breakfast Room Green* |
| 62 | | 16-12-56-7 | 616 U | *Green Gold* | — | *Oak Apple* | — |
| 63 | | 8-8-30-1 | 468 U | *Naples Yellow Light* | *Neapelocker* | *Apple* | *Farrow's Cream* |
| 64 | | 20-22-56-17 | 4505 U | *Olive Green* | *Grünocker* | *Light Bronze Green* | *Calke Green* |
| 65 | | 11-14-48-6 | 4003 U | *Cadmium Lemon* | *Gelbocker* | *Yellow-pink* | *Churlish Green* |
| 66 | | 10-11-53-4 | 615 U | *Winsor Yellow* | *Bismuthgelb* | *Carys* | *Pale Hound* |
| 67 | | 9-10-47-2 | 460 U | *Transparent Yellow* | *Bismuthgelb* | *Lemon Tree* | *Dayroom Yellow* |
| 68 | | 13-25-67-13 | 4018 U | *Green Gold* | *Siena Natur* | — | *Sudbury Yellow* |
| 69 | | 21-45-72-28 | 7574 U | *Gold Ochre* | *Braunocker* | *Callaghan* | *India Yellow* |
| 70 | | 22-33-69-24 | 7558 U | *Yellow Ochre Pale* | *Grünocker* | *Bath Stone* | — |
| 71 | | 9-12-34-1 | 7500 U | *Raw Umber Light* | *Neapelocker* | *Ivory* | *House White* |
| 72 | | 15-15-40-4 | 4545 U | *Yellow Ochre Pale* | *Olivbraun 10 %* | *Normandy Grey* | *Ball Green* |
| 73 | | 9-13-37-2 | 7501 U | *Raw Sienna* | *Neapelocker* | *White Lead Dark* | *Dorset Cream* |
| 74 | | 10-15-41-2 | 7402 U | *Yellow Ochre* | *Neapelocker* | *Woodbine* | *Yellow Ground* |
| 75 | | 7-9-27-0 | 7500 U | *Naples Yellow Light* | *Schlüsselblume* | *Custard* | *Pale Hound* |
| 76 | | 14-30-70-3 | 7555 U | *Yellow Ochre Light* | *Goldbismuth* | *Mister David* | *Dutch Orange* |
| 77 | | 13-25-58-0 | 156 U | *Naples Yellow Deep* | *Gelbocker* | *Mortlake Yellow* | *Citron* |
| 78 | | 16-42-75-5 | 7571 U | *Raw Sienna* | *Siena Natur* | *Yellow-pink* | *India Yellow* |
| 79 | | 24-61-59-33 | 7587 U | *Burnt Sienna* | *Siena gebrannt 50 %* | *Tuscan Red* | *Preference Red* |
| 80 | | 18-59-86-13 | 4013 U | *Brown Ochre* | *Orange* | *Heat* | *Red Earth* |
| 81 | | 17-53-60-20 | 7592 U | *Transparent Maroon* | *Ocker gebrannt* | — | — |
| 82 | | 14-57-63-17 | 7585 U | *Transparent Red Ochre* | *Perylenbraun* | *Tuscan Red* | *Picture Gallery Red* |
| 83 | | 18-62-67-27 | 7600 U | *Indian Red* | *Ocker gebrannt* | *Bronze Red* | *Eating Room Red* |
| 84 | | 14-78-65-25 | 2350 U | *Scarlet Lake* | *Scharlachrot* | *Theatre Red* | *Incarnadine* |
| 85 | | 15-71-62-23 | 7524 U | *Transparent Red Ochre* | *Rotbraun* | — | *Blazer* |
| 86 | | 14-55-54-14 | 7619 U | *Winsor Red* | *Ocker gebrannt 50 %* | *Orange Aurora* | *Red Earth* |
| 87 | | 20-97-50-55 | 4102 U | *Permanent Magenta* | *Karmesinaubergine* | *Baked Cherry* | *Radicchio* |
| 88 | | 10-20-32-2 | 4675 U | *Transparent Red Ochre* | *Braunocker 10 %* | *Creamerie* | *Setting Plaster* |
| 89 | | 9-12-19-0 | 7604 U | *Rose Dore* | *Schlüsselblume* | *Julie's Dream* | *Tallow* |
| 90 | | 9-16-18-0 | 7611 U | *Rose Madder Genuine* | *Ocker gebrannt 10 %* | *Pink Slip* | *Pink Ground* |
| 91 | | 15-68-27-15 | 233 U | *Permanent Carmine* | *Aliarin Karmesin* | *Carmine* | *Rangwali* |
| 92 | | 23-73-17-19 | 2062 U | *Magenta* | *Purpurrot* | *Mischief* | *Lake Red* |
| 93 | | 24-48-27-4 | 4036 U | *Purple Lake* | *Sepia 10%* | *Dorchester Pink* | *Crimson Red* |
| 94 | | 50-82-25-47 | 2355 U | *Permanent Mauve* | *Karmesinaubergine* | *Adventurer* | — |
| 95 | | 36-62-40-40 | 696 U | *Purple Lake* | *Sepia 50 %* | *Blush* | *Brinjal* |
| 96 | | 60-61-39-61 | 2478 U | *Purple Madder* | *Kasseler Erde* | *Purple Brown* | *Paean Black* |
| 97 | | 35-40-33-22 | 437 U | *Permanent Mauve* | *Sepia 10 %* | *Dolphin* | *Sulking Room Pink* |
| 98 | | 53-61-42-58 | 2478 U | *Raw Umber* | *Kasseler Erde* | *Toad* | *Pelt* |
| 99 | | 35-65-50-51 | 4056 U | *Brown Madder* | *Siena gebrannt* | *Spanish Brown* | *Mahogany* |
| 100 | | 28-62-57-40 | 499 U | *Vandyke Brown* | *Ocker gebrannt* | *Callaghan* | *Picture Gallery Red* |
| 101 | | 42-64-44-53 | 4104 U | *Mars Violet Deep* | *Siena gebrannt* | *Spanish Brown* | *Deep Reddish Brown* |
| 102 | | 47-56-45-55 | BLACK 5 U | *Burnt Umber* | *Braunocker* | *Felt* | *Tanner's Brown* |
| 103 | | 33-57-53-42 | 7603 U | *Brown Madder* | *Braunocker* | — | — |
| 104 | | 27-44-60-29 | 2317 U | *Raw Umber* | *Grünocker* | *Stone-dark-warm* | *London Stone* |
| 105 | | 19-28-47-11 | 4249 U | *Raw Umber Light* | *Olivbraun 10 %* | *Stock Dark* | *Dead Salmon* |
| 106 | | 49-54-47-56 | 412 U | *Davy's Grey* | *Umbra Natur* | *Chimney Brick* | *Salon Drab* |
| 107 | | 33-35-49-25 | 4242 U | *Raw Umber (Green)* | *Umbra Natur* | *Grey Moss* | *Pigeon* |
| 108 | | 30-33-42-18 | 7529 U | *Raw Umber (Green)* | *Olivbraun 50 %* | *Silt* | *Broccoli Brown* |
| 109 | | 38-44-44-35 | 411 U | *Davy's Grey* | *Sepia* | *Felt* | *Charleston Gray* |
| 110 | | 55-52-46-58 | 412 U | *Charcoal Grey* | *Kasseler Erde* | *Attic II* | *Off-Black* |

# LITERATURVERZEICHNIS



## EINFÜHRUNG


— Aikin, A., 1815. *A Manual of Mineralogy* (Philadelphia: Solomon W. Conrad).
— Curry, W. (Jun.), 1834. *The Dublin University Magazine: A Literary and Political Journal* (Dublin: William Curry, Jun. & Company).
— Darwin, C. R., 1845. *Journal of Researches into the Natural History and Geology of the Countries Visited During the Voyage of H.M.S. Beagle Round the World under the Command of Captain Fitz Roy, R. N.* 2. Aufl. (London: John Murray).
— Darwin, C. R., 1985. *The Correspondence of Charles Darwin, Bd. 5: 1851–1855.* Hrsg. von F. *Burkhardt* (Cambridge: Cambridge University Press).
— Darwin, C. R., 2016. *The Works of Charles Darwin*, P. H. Barrett und R. B. Freeman (Hrsg.), Bd. 3, *Journal of Researches*, Teil 2 (London: Routledge).
— Emmerling, L. A., 1793–1797. *Lehrbuch der Mineralogie*, 3 Bde. (Gießen: Georg Friedrich Heyer).
— Estner, F. J. A., 1794. *Versuch einer Mineralogie: für Anfänger und Liebhaber: Nach des Herrn Bergcommissionsraths Werner's Methode* (Wien: J. Georg Oehler).
— Eyssvogel, F. G., 1756. *Neu-Eröffnetes Magazin, Bestehend in einer Versammlung allerhand raren Künsten und besonderen Wissenschafften, Durch welche sich Alle Arten der Künstler sehr grossen Nutzen schaffen können* (Bamberg: Martin Göbhardt).
— Hamm, E. P., 2001. „Unpacking Goethe's collections: the public and the private in natural-historical collecting", in: *The British Journal for the History of Science* 34, S. 275–300.
— Hartley, S. D., 2001. *Robert Jameson, Geology and Polite Culture, 1796–1826: Natural Knowledge Enquiry and Civic Sensibility in Late Enlightenment Scotland* (PhD: The University of Edinburgh).
— Jameson, L., 1854. „Biographical memoir of the late Professor Jameson", in: *Edinburgh New Philosophical Journal* 57, S. 1–49.
— Jameson, R., 1804. *Tabular View of the External Characters of Minerals for the Use of Students of Oryctognosy.*
— Jameson, R., 1805. *A Treatise on the External Characters of Minerals* (Edinburgh: Bell & Bradfute).
— Jameson, R., 1811. „On Colouring Geognostical Maps", in: *Memoirs of the Wernerian Natural History Society. Bd. I: 1808–1810* (Edinburgh: Bell & Bradfute), S. 149–161.
— Jameson, R., 1816. *A Treatise on the External, Chemical, and Physical Characters of Minerals*, 2. Aufl. (Edinburgh: Archibald Constable & Co.).
— Jameson, R., 1821. *Manual of Mineralogy: Containing an Account of Simple Minerals and also a Description and Arrangement of Mountain Rocks* (Edinburgh: Archibald Constable & Co.).
— Kirwan, R., 1794 [1784]. *Elements of Mineralogy*, 2. Aufl. (London: P. Elmsly).
— Latreille, P. A., 1803–1804. *Histoire naturelle, générale et particulière des crustacés et des insectes*, Bd. 1 (Paris: F. Dufart).
— Lenz, J. G., 1799 [1791]. *Mineralogisches Handbuch. Durch weitere Ausführung des Wernerschen Systems*, 3. Aufl. (Hildburghausen: Johann Gottfried Hanisch).
— Lenz, J. G., 1793. *Grundriss der Mineralogie, nach dem neuesten Wernerschen System* (Hildburghausen: Johann Gottfried Hanisch).
— Lenz, J. G., 1794. *Mustertafeln der bis jetzt bekannten einfachen Mineralien* (Jena: im Eigenverlag).
— Lenz, J. G., 1798. *Mineralogisches Taschenbuch für Anfänger und Liebhaber*, Bd. 1 (Erfurt: Henningschen Buchhandlung).
— Lenz, J. G., 1800. *System der äusseren Kennzeichen der Mineralien in deutscher, lateinischer, italienischer, französischer, dänischer und ungarischer Sprache, mit erläuternden Anmerkungen* (Bamberg und Würzburg: Tobias Göbhard).
— Lenz, J. G., 1806. *Tabellen über das gesammte Mineralreich* (Jena: Göpferdt).
— Lenz, J. G., 1819. *Die Metalle: ein Handbuch für Freunde der Mineralogie. Platin, Gold, Quecksilber, Silber und Kupferordnung*, Bd. 1 (Gießen: C. G. Müller).
— Lenz, J. G., 1822. *Handbuch der vergleichenden Mineralogie: ein tabellarisches Hülfsbuch zur alsbaldigen Auffindung und Bestimmung der Mineralien*, Bd. 1 (Gießen: C. G. Müller).
— Lewis, D., 2012. *The Feathery Tribe. Robert Ridgway and the Modern Study of Birds* (New Haven: Yale University Press).
— Linnaeus, C., 1735. *Systema naturae, sive regna tria naturae systematice proposita per classes, ordines, genera, & species*, 1. Aufl. (Leiden: Theodorum Haak).
— Ludwig, C. F., 1803–1804. *Handbuch der Mineralogie nach A. G. Werner*, 2 Bde. (Leipzig: Siegfried Leberecht Crusius).
— Mawe, J., 1813. *A Treatise on Diamonds and Precious Stones* (London: Longman, Hurst, Rees, Orme and Brown).
— Morrell, J. B., 1972. „Science and Scottish University reform: Edinburgh in 1826", in: *The British Journal for the History of Science* 6, S. 39–56.
— Picardet [Guyton de Morveau], C., 1790. *Traité des caractères extérieurs des fossiles* (Dijon: L.-N. Frantin).
— Rees, A., 1819. *The Cyclopædia; Or, Universal Dictionary of Arts, Sciences, and Literature*, Bd. 38 (London: Longman, Hurst, Rees, Orme and Brown).
— Ridgway, R., 1886. *A Nomenclature of Colors for Naturalists, and Compendium of Useful Knowledge for Ornithologists* (Boston: Little, Brown & Company).
— Ridgway, R., 1912. *Color Standards and Color Nomenclature* (Washington, D.C.: im Eigenverlag).
— Saccardo, P. A., 1891. *Chromotaxia seu Nomenclator colorum polyglottus additis speciminibus coloratis ad usum botanicorum et zoologorum* (Padua: Typis seminarii).
— Schäffer, J. C., 1769. *Entwurf einer allgemeinen Farbenverein oder Versuch und Muster einer gemeinnützlichen Bestimmung und Benennung der Farben* (Regensburg: Emanuel Adam Weiß).
— Secord, J. A., 1991 (a). „Edinburgh Lamarckians: Robert Jameson and Robert E. Grant", in: *Journal of the History of Biology* 24, S. 1–18.
— Secord, J. A., 1991 (b). „The discovery of a vocation: Darwin's early geology", in: *The British Journal for the History of Science* 24, S. 133–157.
— Simonini, G., 2018. „Organising colours: Patrick Syme's colour chart and nomenclature for scientific purposes", in: *XVII–XVIII. Revue de la Société d'études anglo-américaines des XVIIe et XVIIIe siècles* 75, S. 1–25.
— Sowerby, J., 1804–1817. *British Mineralogy: or, Coloured Figures Intended to Elucidate the Mineralogy of Great Britain*, 5 Bde. (London: R. Taylor & Co.).
— Sowerby, J., 1811. *Exotic Mineralogy: or, Coloured Figures of Foreign Minerals, as a Supplement to British Mineralogy* (London: Benjamin Meredith).
— Struve, H., 1797. *Méthode analytique des fossiles, fondée sur leurs caractères extérieur* (Paris: C. Pougens).
— Syme, P., 1814. *Werner's Nomenclature of Colours: with additions, arranged so as to render it highly useful to the arts and sciences, particularly zoology, botany, chemistry, mineralogy, and morbid anatomy. Annexed to which are examples selected from well-known objects in the animal, vegetable, and mineral kingdoms* (Edinburgh: William Blackwood and T. Cadell); 2. Aufl., 1821.
— Syme, P., 2018. *Werners Nomenklatur der Farben: angepasst an Zoologie, Botanik, Chemie, Mineralogie, Anatomie und die Kunst* (Bern: Haupt).
— Weaver, T., 1805. *A Treatise on the External Characters of Fossils, translated from the German of Abraham Gottlob Werner* (Dublin: M. N. Mahon).
— Werner, A. G., 1774. *Von den äußerlichen Kennzeichen der Foßilien* (Leipzig: Siegfried Leberecht Crusius).
— Widenmann, J. F. W., 1794. *Handbuch des oryktognostischen Theils der Mineralogie* (Leipzig: Siegfried Leberecht Crusius).
— Wilkinson, J. G., 1858. *On Colour and on the Necessity for a General Diffusion of Taste Among All Classes* (London: John Murray).
— Zappe, J. M. R., 1804. *Mineralogisches Handlexicon* (Wien: Anton Doll).


## WERNERS MINERALOGISCHES SYSTEM


— Agricola, G., 1556 (1950). *De re metallica* (New York: Dover Publications).
— Allan, R., 1834. *A Manual of Mineralogy Comprehending the More Recent Discoveries in the Mineral Kingdom* (Edinburgh: Adam and Charles Black).
— Bomare, J.-C. V. de, 1762. *Minéralogie, ou nouvelle exposition du règne mineral* (Paris: Vincent).
— Cronstedt, A. F., 1770. *An Essay Towards a System of Mineralogy* (Übersetzung: Gustav von Engestrom, Bearbeitung: Emanuel Mendes da Costa) (London: Edward and Charles Dilly).
— Dana, J. D., 1837. *A System of Mineralogy: Including an Extended Treatise on Crystallography* (New Haven: Durrie & Peck and Herrick & Noyes).
— Dixon, L., 2014. „Syme, Patrick (1774–1845), flower painter", in: *Oxford Dictionary of National Biography* (Onlineausgabe).
— Eddy, M. D., 2002. „Scottish chemistry, classification and the early mineralogical career of the ‚ingenious' Rev. Dr John Walker (1746 to 1779)", in: *British Journal for the History of Science* 35, S. 411–438.
— Gehler, J. K., 1757. *De characteribus fossilium externis* (Leipzig: Officina Langenhemiana).
— Hübner, J., 1736. *Curieuses und Reales Natur- Kunst- Berg- Gewerck- und Handlungs-Lexicon*, 7. Aufl. (Leipzig: Gleditsch).
— Jameson, R., 1804. *System of Mineralogy*, Bd. 1 (Edinburgh: Archibald Constable & Co.).
— Jameson, R., 1805. *System of Mineralogy*, Bd. 2 (Edinburgh: Bell & Bradfute).
— Jameson, R., 1805. *Siehe Einführung.*
— Jameson, R., 1808. *System of Mineralogy*, Bd. 3 (Edinburgh: William Blackwood).
— Jameson, R., 1820. *A System of Mineralogy, in which Minerals are Arranged According to the Natural History Method*, Bd. 1 (Edinburgh: Archibald Constable & Co.).
— Kazmer, M., 2002. „Werner's first translator: Ferenc Benkő, Hungarian priest, mineralogist, professor", in: Albrecht, H., und Ladwig, R. (Hrsg.), *Abraham Gottlob Werner and the Foundation of the Geological Sciences* (Freiberger Forschungshefte D 207, Verlag der Technischen Universität Bergakademie Freiberg), S. 161–171.
— Laudan, R., 1987. *From Mineralogy to Geology: The Foundations of a Science 1650–1830* (Chicago: University of Chicago Press).
— Linnaeus, C., 1735. *Siehe Einführung.*
— *Memoirs of the Wernerian Natural History Society, Bd. I: 1808–1810*, 1811 (Edinburgh: Bell & Bradfute).
— Mohs, F., 1825. *Treatise on Mineralogy, or the Natural History of the Mineral Kingdom*, Bd. 1 (Übersetzung: Wilhelm Haidinger) (Edinburgh: Archibald Constable).
— Nicol, J., 1849. *Manual of Mineralogy, or the Natural History of the Mineral Kingdom* (Edinburgh: Adam and Charles Black).
— Simonini, G., 2018. *Siehe Einführung.*
— Sweet, J. M., 1976. *The Wernerian Theory of the Neptunian Origin of Rocks* (New York: Haffner Press).
— Syme, P., 1814. *Siehe Einführung.*
— Weaver, T., 1805. *Siehe Einführung.*
— Werner, A. G., 1774. *Siehe Einführung.*
— Werner, A. G., 1791. *Ausführliches und sistematisches Verzeichnis des Mineralien-Kabinets des weiland kurfürstlich, sächsischen Berghauptmans Hernn Karl Eugen Pabst von Ohain* (Leipzig und Annaberg: Grazischen Buchhandlung).
— Zeisig, J. C. (Minerophilus or Minerophilo Freibergensi), 1730. *Neues und wohleingerichtetes Mineral- und Bergwercks-Lexikon* (Chemnitz: Johann Christoph und Johann David Stösseln).


## FARBBESTIMMUNG IM TIERREICH


— Baird, S. F., Brewer, T. M., und Ridgway, R., 1905. *A History of North American Birds* (Boston: Little, Brown & Company).
— Barlow, N. (Hrsg.), 1967. *Darwin and Henslow. The Growth of an Idea* (London: Bentham-Moxon Trust, John Murray).
— Buffon, Comte de, 1770. *Histoire naturelle des oiseaux* (Paris: L'Imprimerie royale).
— Darwin, C. R., „Books to be read" und „Books Read", Notizbuch (1838–1851), CUL-DAR119 (Transkript: Kees Rookmaaker), Darwin online, http://darwin-online.org.uk/.
— Darwins Korrespondenz, „Brief Nr. 178", Darwin, C., an J. S. Henslow [23. Juli –] 15. August [1832], https://www.darwinproject.ac.uk/letter/DCP-LETT-178.xml.
— Darwins Korrespondenz, „Brief Nr. 192", Darwin, C., an J. S. Henslow [ca. 26. Oktober –] 24. November [1832], https://www.darwinproject.ac.uk/letter/DCP-LETT-192.xml.

— Darwins Korrespondenz, „Brief Nr. 2743", Darwin, C., an Asa Gray, 3. April [1860], https://www.darwinproject.ac.uk/letter/DCP-LETT-2743.xml.
— Harris, M., 1775. *The English Lepidoptera, or the Aurelian's Pocket Companion…* (London: Printed for J. Robson).
— Harris, M., 1776. *An Exposition of English Insects* (London: gedruckt für den Autor von Robson and Dilly).
— Jones, W. J., 2013. *German Colour Terms: A Study in Their Evolution from Earliest Times to the Present* (Amsterdam/Philadelphia: John Benjamins).
— Keynes, R. (Hrsg.), 2000. *Charles Darwin's Zoology Notes & Specimen Lists from H.M.S. Beagle* (Cambridge: Cambridge University Press).
— Linnaeus, C., 1758. *Systema naturae …*, 10. Aufl. (Stockholm: Laurentii Salvii).
— Lyon, J., 1976. „The ‚Initial Discourse' to Buffon's Histoire naturelle: the first complete English translation", in: *Journal of the History of Biology* 9, S. 133–181.
— Parry, W. E. (Hrsg.), 1825. *Appendix to Captain Parry's Journal of a Second Voyage for the Discovery of a North West Passage …* (London: John Murray).
— Richardson, J., 1829–1837. *Fauna Boreali-Americana; or the Zoology of the Northern Parts of British America* (London: John Murray).
— Ridgway, R., 1886. *Siehe Einführung.*
— Ridgway, R., 1890. „Scientific results of explorations by the U. S. Fish Commission Steamer Albatross. No. I. Birds collected on the Galapagos Islands in 1888", in: *Proceedings of the United States National Museum*, Bd. XII, 101–128 (Washington, D. C.: Government Printing Office).
— Ridgway, R., 1912. *Color Standards and Color Nomenclature* (Washington, D. C.: im Eigenverlag).
— Rutherford, H. W., 1908. *Catalogue of the library of Charles Darwin now in the Botany School, Cambridge … with an Introduction by Francis Darwin* (Cambridge: Cambridge University Press).
— Shaw, G., 1794. *Zoology of New Holland* (London: John Sowerby; Druck: J. Davis).
— Sowerby, J., 1809. *A New Elucidation of Colours, Original Prismatic, and Material* (London: Richard Taylor).
— van Wyhe, J. (Hrsg.), 2002–. *The Complete Work of Charles Darwin Online* (http://darwin-online.org.uk).

DIE FARBENWELT DER PFLANZEN

— Barton, W. P. C., 1823. *A Flora of North America Illustrated by Coloured Figures Drawn from Nature*, Bd. III (Philadelphia: H. C. Carey & I. Lea).
— Bénezit, E.-C., 2011. „Patrick Syme", in: *Benezit Dictionary of Artists* (Onlineausgabe).
— Blunt, W., und Stearn, W. T., 1995. *The Art of Botanical Illustration, Neuausgabe* (Woodbridge: Antique Collector's Club).
— Brown, G. [Brookshaw, G.], 1797. *A New Treatise on Flower Painting: Containing the Most Familiar and Easy Instructions; with Directions How to Mix the Various Tints, and Obtain a Complete Knowledge by Practice Alone* (London: im Eigenverlag).
— Dauthenay, H., und Oberthür, R., 1905. *Répertoire de couleurs pour aider à la détermination des couleurs des fleurs, des feuillages et des fruits. Publié par la Société française des chrysanthémistes …* (Paris: für La Société française des chrysanthémistes).
— Dixon, L., 2014. *Siehe Werners mineralogisches System.*
— Edwards, S. T., und Lindley, J., 1819. *The Botanical Register: Consisting of Coloured Figures of Exotic Plants Cultivated in British Gardens with Their History and Mode of Treatment*, Bd. V (London: gedruckt für James Ridgway).
— Estner, F. J. A., 1794. *Siehe Einführung.*
— Forbes, J. D., 1849. „Hints towards a classification of colours", in: *Philosophical Magazine* 34, S. 161–178.
— Forster, T., 1813. „On a systematic arrangement of colours", in: *The Philosophical Magazine* 42, S. 119–121.
— Galton, F., 1887. „Notes on permanent colour types in mosaic", in: *Journal of the Anthropological Institute* 16, S. 145–147.
— Gerhard, W., 1834. *Zur Geschichte, Cultur und Classification der Georginen oder Dahlie* (Leipzig: Baumgärtner).
— Halsby, J., und Harris, P., 2001. *The Dictionary of Scottish Painters: 1600 to the Present*, 3. Aufl. (Edinburgh: Canongate).
— Hooker, W. J., 1834. *Supplement to the English Botany of the Late Sir J. E. Smith and Mr. Sowerby: The Descriptions, Synonyms, and Places of Growth*, Bd. II (London: C. E. Sowerby).
— Jameson, R., 1804. *Siehe Werners mineralogisches System.*
— Jameson, R., 1805. *Siehe Einführung.*
— Lack, H.-W., 2015. *The Bauers: Joseph, Franz & Ferdinand. Masters of Botanical Illustration. An Illustrated Biography* (München: Prestel).
— Lack, H.-W., und Ibáñez, M. V., 1997. „Recording colour in late eighteenth century botanical drawings: Sydney Parkinson, Ferdinand Bauer and Thaddäus Haenke", in: *Curtis's Botanical Magazine* 14, S. 87–100.
— Linné, C. v., 1751. *Philosophia Botanica in qua explicantur fundamenta botanica cum definitionibus partium, exemplis terminorum, observationibus rariorum, adjectis figuris aeneis* (Stockholm: Gottfried Kiesewetter).
— Linné, C. v., und Freer, S., 2005. *Linnaeus' Philosophia Botanica.* 2. Aufl. (Oxford: Oxford University Press).
— Mabberley, D. J., 2017. *Painting by Numbers: The Life and Art of Ferdinand Bauer* (Sydney: New South Publishing).
— McEwan, P. J. M., 1994. *Dictionary of Scottish Art & Architecture* (Woodbridge: Antique Collectors' Club).
— Mathews, F. S., 1895. „A chart of correct colors of flowers Arranged by F. Schuyler Mathews for the use of Florists", in: *American Florist* 11, S. 34.
— Mérimée, J.-F. L., 1815. „Mémoire sur les lois générales de la coloration appliquées à la formation d'une échelle chromatique, à l'usage des naturalistes", in: C. F. Brisseau de Mirbel, *Élémens de physiologie végétale et de botanique*, Bd. 2 (Paris: Magimel), S. 909–924.
— Parry, W. E. (Hrsg.), 1825. *Siehe Farbbestimmung im Tierreich.*
— Pretty, E., 1810. *A Practical Essay on Flower Painting in Water Colours* (London: S. & J. Fuller).
— Ragonot–Godefroy [P. B.?], 1842. *Traité sur la culture des oeillets; suivie d'une nouvelle classification pouvant aussi s'appliquer aux genres rosier, dahlia, chrysanthème, et a tous ceux qui sont nombreux en variétés* (Paris: Audot).
— Ridgway, R., 1886. *Siehe Einführung.*
— Saccardo, P. A., 1891. *Siehe Einführung.*
— Simonini, G., 2018. *Siehe Einführung.*
— Sinclair, G., 1825. *Hortus ericæus woburnensis. A Catalogue of Heaths in the Collection of the Duke of Bedford, at Woburn Abbey. Alphabetically and Systematically Arranged.* (London: J. Moyes).
— Sowerby, J., 1788. *An Easy Introduction to Drawing Flowers According to Nature* (London: im Eigenverlag).
— Sowerby, J., 1809. *Siehe Farbbestimmung im Tierreich.*
— Syme, P., 1810. *Practical Directions for Learning Flower-Drawing. Illustrated by Coloured Drawings* (Edinburgh: gedruckt für den Autor von George Ramsay & Company).
— Syme, P., 1814. *Siehe Einführung.*
— Tkach, N., Heuchert, B., Krüger, C., Heklau, H., Marx, D., Braun, U., und Röser, M., 2016. „Type material in the herbarium of the Martin Luther University Halle-Wittenberg of species based on collections from Alexander von Humboldt's American expedition between 1799 and 1804 in its historical context", in: *Schlechtendalia* 29, S. 1–107.
— Wachsmuth, B., 2014. „Farbentafeln für Gärtner und Pflanzenfreunde", in: *Zandera* 29, S. 70–89.
— Wagenbreth, O., 1967. „Werner-Schüler als Geologen und Bergleute und ihre Bedeutung für die Geologie und den Bergbau des 19. Jahrhunderts", in: Rösler, H. J. (Hrsg.), Über die Entwicklung der Mineralsystematik in der ersten Hälfte des 19. Jahrhunderts durch die Schüller A. G. Werners, Freiberger Forschungshefte, C 223: Mineralogie–Lagerstättenlehre (Leipzig: VEB Deutscher Verlag für Grundstoffindustrie), S. 163–178.
— Wagenitz, G., und Lack, H.-W., 2012. „Carl Ludwig Willdenow (1765–1812), ein Botanikerleben in Briefen", in: *Annals of the History and Philosophy of Biology* (zuvor *Jahrbuch für Geschichte und Theorie der Biologie*) 17, S. 1–289.
— Werner, A. G., 1774. *Siehe Einführung.*
— Willdenow, C. L., 1792. *Grundriss der Kräuterkunde zu Vorlesungen entworfen* (Berlin: Haude und Spener).
— Willdenow, C. L., 1805. *The Principles of Botany, and of Vegetable Physiology* (Edinburgh: William Blackwood).
— Wood, L., 1991. „George Brookshaw: the case of the vanishing cabinet-maker I", in: *Apollo* 133, S. 301–306.

EINER FÜR ALLE?

— Anonym, 1794. *Wiener Farbenkabinet; oder vollständiges Musterbuch aller Natur-, Grund- und Zusammensetzungsfarben mit 5000 nach der Natur gemalten Abbildungen und der Bestimmung des Namens einer jeden Farbe, dann einer ausführlichen Beschreibung aller Farbengeheimnisse* (Wien und Prag: Schönfeld).
— Breidbach, O., und Karliczek, A., 2011. „Himmelblau – das Cyanometer des Horace-Bénédict de Saussure (1740–1799)", in: *Sudhoffs Archiv. Zeitschrift für Wissenschaftsgeschichte* 95, S. 3–29.
— Broca, P.-P., 1865. *Instructions générales pour les recherches et observations anthropologiques (anatomie et physiologie)* (Paris: Victor Masson et Fils).
— Eichhorn, H., 1827. „Allgemeine Bemerkungen über die Terminologie der Hautkrankheiten", in: *Archiv für medizinische Erfahrungen im Gebiete der praktischen Medizin, Chirurgie, Geburtshülfe und Staatsarzneikunde* 50, S. 432–477.
— Engel, A., 2009. *Farben der Globalisierung. Die Entstehung moderner Märkte für Farbstoffe 1500–1900* (Frankfurt am Main: Campus-Verlag).
— Gerabek, W. E., Haage, B. D., Keil, G., und Wegner, W. (Hrsg.), 2007. *Enzyklopädie Medizingeschichte* (Berlin: Walter de Gruyter).
— Gordon, J., 1817. *Observations on the Structure of the Brain, Comprising an Estimate of the Claims of Drs. Gall and Spurzheim to Discovery in the Anatomy of that Organ* (Edinburgh: William Blackwood).
— Grimm, M., Kleine-Tebbe, C., und Stijnman, A., 2011. *Lichtspiel und Farbenpracht: Entwicklungen des Farbdrucks 1500–1800; aus den Beständen der Herzog-August-Bibliothek [Ausstellung der Herzog-August-Bibliothek Wolfenbüttel … vom 11. März bis 28. August 2011]* (Wiesbaden: Harrassowitz).
— Hunter, J. 1841. „On the changes in the colour of the iris produced by inflammation", in: *Edinburgh Monthly Journal of Medical Science*, Februar, S. 79–84.
— Karliczek, A., 2013a. „Die Bemessung des Himmels: Das Cyanometer des Horace-Bénédicte de Saussure", in: Breidbach, O. (Hrsg.), *Über die Natur des Lichts* (Wiederstedt: Novalis-Museum), S. 49–60.
— Karliczek, A., 2013b. „Vom Phänomen zum Merkmal: Farben in der Naturgeschichte um 1800", in: Vogt, M., und Karliczek, A. (Hrsg.), *Erkenntniswert Farbe* (Jena: Ernst-Haeckel-Haus), S. 83–111.
— Karliczek, A., 2014. *Modelle des Lebendigen: Interaktionen von Physiologie, Biologie und Pathologie von Boerhaave bis Meckel* (Jena: SALANA).
— Karliczek, A., 2016. „Natur der Farben – Farben der Natur: Die Eigenschaft Farbe zwischen natürlicher Ordnung, Naturbeschreibung und Naturerkenntnis um 1800", in: Dönike, M., Müller-Tamm, J., und Steinle, F. (Hrsg.), *Die Farben der Klassik* (Göttingen: Wallstein Verlag), S. 173–204.
— Karliczek, A., 2018. „Zur Herausbildung von Farbstandards in den frühen Wissenschaften des 18. Jahrhunderts", in: *Ferrum. Nachrichten aus der Eisenbibliothek* 90, S. 36–49.
— Karliczek, A., und Schwarz, A., (Hrsg.), 2016. *Farre. Farbstandards in den frühen Wissenschaften* (Jena: SALANA).
— Kuehni, R. G., und Schwarz, A., 2008. *Color Ordered. A Survey of Color Order Systems from Antiquity to the Present* (Oxford und New York: Oxford University Press).
— Kusukawa, S., 2015. „Richard Waller's Table of Colours (1686)", in: Bushart, M., und Steinle, F. (Hrsg.), *Colour Histories: Science, Art, and Technology in the 17th and 18th Centuries* (Berlin und Boston: de Gruyter), S. 3–21.
— Linné, C. v., 1735. *Siehe Einführung.*
— Prange, C. F., 1782. *Farbenlexicon: Worinn die möglichsten Farben der Natur nicht nur nach ihren Eigenschaften, Benennungen, Verhältnissen und Zusammensetzungen sondern auch durch die wirkliche Ausmahlung enthalten sind; Zum Gebrauch für Naturforscher, Mahler, Fabrikanten, Künstler und übrigen Handwerker, welche mit Farben umgehen* (Halle: Hendel).
— Prout, W., 1819. „Description of a urinary calculus, composed of the lithate or urate of Ammonia", in: *Medico-chirurgical Transactions* 10, S. 389–395.
— Radde, O., 1877. *Radde's Internationale Farbenskala: 42 Gammen mit circa 900 Tönen* (Hamburg: Verlag der Stenochromatischen Anstalt).
— Schäffer, J. C., 1769. *Siehe Einführung.*
— Simonini, G., 2018. *Siehe Einführung.*
— Spillmann, W. (Hrsg.), 2009. Farb-Systeme 1611–2007. *Farb-Dokumente in der Sammlung Werner Spillmann* (Basel: Schwabe).
— Waller, R., 1686. „A Catalogue of Simple and Mixt Colours, with a Specimen of each Colour prefixt to its proper Name", in: *Philosophical Transactions of the Royal Society* 16, S. 24–32.

# BILDNACHWEIS

Die Ziffern beziehen sich auf die jeweilige Seitenzahl.
o = oben, u = unten, l = links, r = rechts

2 © The Trustees of The Natural History Museum, London; 6–7 *Werner's Nomenclature of Colours*, Patrick Syme, Edinburgh, 1821; 8–9 Geowissenschaftliche Sammlung, TU Bergakademie Freiberg; 10–11 MS Typ 55.9 (43). Houghton Library, Harvard University; 12–13 Tennants Auctioneers, North Yorkshire; 14–15 © The Trustees of The Natural History Museum, London; 17 Wellcome Library, London; 18 ol, 18 or © The Trustees of The Natural History Museum, London; 18 ul, 18 ur *Entwurf einer allgemeinen Farbenverein*, Jacob Christian Schäffer, 1769; 21 ol By permission of the Royal Irish Academy © RIA; 21 or Geowissenschaftliche Sammlung, TU Bergakademie Freiberg; 21 u The Picture Art Collection / Alamy Stock Photo; 22 ol *Handbuch des oryktognostischen Theils der Mineralogie*, J. F. W. Widenmann, 1794; 22 or *Versuch einer Mineralogie*, Franz Joseph Anton Estner, 1794; 22 u *Méthode analytique des fossiles, fondée sur leurs caracteres extérieurs*, Henri Struve, 1797; 25 ol, 25 ur Versuch eines Farbensystems, Ignaz Schiffermüller, 1772; 25 ul, 25 ur *A Treatise on Diamonds, and Precious Stones, Including Their History*, John Mawe, London, 1823; 26 ol *A Treatise on the External Characters of Minerals*, Robert Jameson, 1805; 26 or © National Gallery of Scotland; 26 u David Rumsey Map Collection, David Rumsey Map Center, Stanford Libraries.; 29 ol VTR / Alamy Stock Photo; 29 or agefotostock / Alamy Stock Photo; 29 ul, 29 ur *Werner's Nomenclature of Colours*, Patrick Syme, Edinburgh, 1821; 30 ol *On Colour, and on the Necessity for a General Diffusion of Taste Among All Classes*, Sir John Gardner Wilkinson, 1858; 30 or *Chromotaxia seu Nomenclator colorum polyglottus additis speciminibus coloratis ad usum botanicorum et zoologorum*, P. A. Saccardo, 1894; 30 ul, 30 ur *A Nomenclature of Colors for Naturalists*, Robert Ridgway, 1886; 36 *The Birds of America*, Bd. I–IV, John James Audubon, 1827–1838; 38–40 *Werner's Nomenclature of Colours*, Patrick Syme, Edinburgh, 1821; 41 Privatsammlung; 44a *The Birds of Europe*, Bd. 5, John Gould, 1837; 44 ul *Neerland's Plantentuin*, Cornelis Antoon Jan Abraham Oudemans, 1865; 44 ur *The Mineral Kingdom*, Bd. 2, Reinhard Anton Brauns, 1912; 45 o *British Oology*, William C. Hewitson, 1833; 45 ul © The Trustees of the British Museum; 45 ur *British Mineralogy*, James Sowerby, 1802; 46 o *The Birds of Europe*, Bd. 5, John Gould, 1837; 46 ul *Billeder af nordens flora*, August Mentz, C. H. Ostenfeld, 1917; 46 ur *Naturgeschichte des Tier-, Pflanzen- und Mineralreichs*, Gotthilf Heinrich von Schubert, 1886; 47 o *The Birds of Europe*, Bd. 4, John Gould, 1837; 47 ul Leemage/Universal Images Group via Getty Images; 47 ur *The Mineral Kingdom*, J. G. Kurr, 1859; 48 o *The Birds of America*, Bd. I–IV, John James Audubon, 1827–1838; 48 ul *Billeder af nordens flora*, August Mentz, C. H. Ostenfeld, 1917; 48 ur *Premier mémoire sur les kaolins ou argiles àporcelaine*, Alexandre Brongniart, 1839; 49 o *The Birds of Great Britain*, Bd. 2, John Gould, 1873; 49 ul Art Collection 2 / Alamy Stock Photo; 49 ur *The World's Minerals*, Leonard James Spencer, 1922; 50 o Wellcome Library, London; 50 ul *Billeder af nordens flora*, August Mentz, C. H. Ostenfeld, 1917; 50 ur *The Mineral Kingdom*, Bd. 2, Reinhard Anton Brauns, 1908; 51 o *The Birds of Great Britain*, Bd. 5, John Gould, 1873; 51 ul Grapes – White Hamburg, George Brookshaw, Thomas Bensley, 1812; 51 ur *The Mineral Kingdom*, Bd. 2, Reinhard Anton Brauns, 1908; 54 ol *The Birds of Europe*, Bd. 3, John Gould, 1837; 54 or Dorling Kindersley/UIG / Bridgeman Images; 54 u *Specimens of British Minerals*, Philip Rashleigh, 1797; 55 ol *The Birds of Great Britain*, Bd. 2, John Gould, 1873; 55 ur *British Phaenogamous Botany*, William Baxter, 1834; 55 u *The Mineral Kingdom*, J. G. Kurr, 1859; 56 o *The Birds of Europe*, Bd. 2, John Gould, 1837; 56 ul *Deutschlands Flora in Abbildungen nach der Natur*, Jacob Sturm, 1798; 56 ur *A Treatise on Diamonds, and Precious Stones*, John Mawe, 1823; 57 o *The Birds of Europe*, Bd. 5, John Gould, 1837; 57 ul Florilegius / Alamy Stock Photo; 57 ur *British Mineralogy*, James Sowerby, 1802; 58 o *The Birds of Great Britain*, Bd. 1, John Gould, 1873; 58 ul DEA / G. CIGOLINI/De Agostini via Getty Images; 58 ur *Specimens of British Minerals*, Philip Rashleigh, 1797; 59 ol *The Birds of Europe*, Bd. 4, John Gould, 1837; 59 or *Deutschlands Flora in Abbildungen nach der Natur*, Jacob Sturm, 1798; 59 u *The Mineral Kingdom*, Bd. 2, Reinhard Brauns, 1908; 60 ol *A Treatise on British Song-Birds*, Patrick Syme, 1823; 60 or Florilegius / Alamy Stock Photo; 60 u *The Mineral Kingdom*, Bd. 1, Reinhard Brauns, 1908; 61 ol *The Birds of Europe*, Bd. 3, John Gould, 1837; 61 or *British Mineralogy*, James Sowerby, 1802; 61 u *Illustrationes florae Hispaniae insularumque Balearium*, H. M. Willkomm, 1886–1892; 64 o *The Birds of Great Britain*, John Gould, 1873; 64 u *The Mineral Kingdom*, Bd. 1, Reinhard Anton Brauns, 1912; 65 *Neerland's Plantentuin*, Cornelis Antoon Jan Abraham Oudemans, 1865; 66a *The Naturalist's Miscellany*, Bd. 4, G. Shaw, F. P. Nodder, 1789; 66 ul Florilegius / Alamy Stock Photo; 66 ur *The Mineral Kingdom*, Bd. 1, Reinhard Anton Brauns, 1912; 67 o *The Birds of Europe*, Bd. 4, John Gould, 1837; 67 ul *Phytanthoza iconographia*, J. W. Weinmann, 1737; 67 ur *The World's Minerals*, Leonard James Spencer, 1822; 68 *The Birds of Europe*, Bd. 5, John Gould, 1837; 69 o *Neerland's Plantentuin*, Cornelis Antoon Jan Abraham Oudemans, 1865; 69 u *The Mineral Kingdom*, Bd. 2, Reinhard Anton Brauns, 1908; 70 ol *The Book of Butterflies, Sphinxes and Moths*, Thomas Brown, 1832; 70 or *Choix des plus belles fleurs*, P. J. Redouté, 1833; 70 u *Specimens of British Minerals*, Philip Rashleigh, 1797; 71 ol *British Butterflies*, James Duncan, 1840; 71 or Florilegius / Alamy Stock Photo; 71 u *The Mineral Kingdom*, J. G. Kurr, 1859; 72 o *British Quadrupeds*, William MacGillivray, 1840; 72 u Wellcome Library, London; 73 Florilegius / Alamy Stock Photo; 75 *Encyclopédie, ou Dictionnaire Raisonné des Sciences, des Arts et des Métiers*, Diderot & d'Alembert, 1751–1777; 76 ol, 76 or *De re metallica libri XII*, Georg Agricola, 1621; 76 ul *Physica subterranea profundam subterraneorum genesin*, Johann Joachim Becher, 1669; 76 ur *Systema naturae*, Bd. 3, Carl von Linné, 1768; 78–79 Courtesy the President and Fellows of Queens' College, Cambridge; 81 o *Versuch einer Geschichte von Flötz-Gebürgen*, Johann Gottlob Lehmann, 1756; 81 ul, 81 ur *Von den äußerlichen Kennzeichen der Foßilien*, Abraham Gottlob Werner, Leipzig, 1774; 82 *Mustertafeln der bis jetzt bekannten einfachen Mineralien*, Johann Georg Lenz, 1794; 85 ol, 85 or *Deliciae naturae selectae*, Bd. 1, Georg Wolfgang Knorr, 1766; 85 ul *Familiar Lessons on Mineralogy and Geology*, John Mawe, London, 1830; 85 ur *A Treatise on Diamonds, and Precious Stones, Including Their History*, John Mawe, London, 1823; 86 ol David M. Beach; 86 or *Memoirs of the Wernerian Natural History Society*, Bd. 4, Wernerian Natural History Society, 1822; 86 ul 851 Sortierlade (Niederlande) © Centraal Museum, Utrecht; 86 ur Privatsammlung; 88 *The Birds of America*, Bd. I–IV, John James Audubon, 1827–1838; 90–91 *Werner's Nomenclature of Colours*, Patrick Syme, Edinburgh, 1821; 94 o Florilegius / Alamy Stock Photo; 94 u *Underground Life: or, Mines and Miners*, Louis Simonin, New York, 1869; 95 Florilegius / Alamy Stock Photo; 96 o *The Birds of Europe*, Bd. 5, John Gould, 1837; 96 u Florilegius / Alamy Stock Photo; 97 *Exotic Mineralogy*, James Sowerby, London, 1811; 98 ol *The Birds of New Guinea and the Adjacent Papuan islands*, Bd. 2, John Gould, 1875; 98 or *Deutschlands Flora in Abbildungen nach der Natur*, Jacob Sturm, 1798; 98 u Exotic Mineralogy, James Sowerby, London, 1811; 99 ol *The Coleoptera of the British Islands*, Bd. 5, William Weekes Fowler, Horace St. John Kelly Donisthorpe, 1891; 99 or *Choix des plus belles fleurs*, P. J. Redouté, Paris, 1833; 99 u *Specimens of British Minerals*, Philip Rashleigh, 1797; 100 ol *A Selection of the Birds of Brazil and Mexico*, William Swainson, 1841; 100 or *The Natural History of Carolina, Florida, and the Bahama Islands*, Mark Catesby, 1754; 100 u *British Mineralogy*, James Sowerby, 1802; 101 ul *British Butterflies*, James Duncan, 1840; 101 ur The Natural History Museum / Alamy Stock Photo; 101 u *The World's Minerals*, Leonard Spencer, New York, 1916; 102 ol 510 Collection / Alamy Stock Photo; 102 or bauhaus1000; 102 u *Naturgeschichte des Tier-, Pflanzen- und Mineralreichs in kolorierten Bildern nebst erläuternden*, A. Kenngott, F. Rolle, G. H. v. Schubert, 1888; 103 ol *The Birds of Great Britain*, Bd. 3, John Gould, 1873; 103 or *Favourite Flowers of Garden and Greenhouse*, Edward Step, D. Bois, 1896; 103 u *Gems and Precious Stones of North America*, G. F. Kunz, 1890; 104 ol *Gleanings of Natural History*, George Edwards, 1758; 104 or *Phytanthoza iconographia*, Bd. 2, Johann Wilhelm Weinmann, 1737; 104 u *Specimens of British Minerals*, Philip Rashleigh, 1797; 105 ol *British Butterflies*, James Duncan, 1840; 105 or *The Botanical Magazine*, Bd. 1–2, 1788; 105 u *Gems and Precious Stones of North America*, G. F. Kunz, 1890; 106 *The Birds of Europe*, Bd. 3, John Gould, 1837; 107 o *Flora Graeca*, Bd. 6, John Sibthorp, James Smith, 1828; 107 u *The Mineral Kingdom*, J. G. Kurr, 1859; 110 ol Album / Alamy Stock Photo; 110 or Flora Parisiensis, Pierre Bulliard, 1776–1783; 110 u *The Mineral Kingdom*, Bd. 2, Reinhard Anton Brauns, 1908; 111 o *De uitlandsche kapellen: voorkomende in de drie waereld-deelen Asia, Africa en America*, Bd. 3, Pieter Cramer, Caspar Stoll, 1782; 111 ul *Edwards's Botanical Register*, Bd. 23, James Ridgway, John Lindley, 1837; 111 ur *The Mineral Kingdom*, Bd. 2, Reinhard Anton Brauns, 1908; 112 ol *The Birds of New Guinea and the Adjacent Papuan islands*, Bd. 2, John Gould, 1875; 112 or *Choix des plus belles fleurs*, P. J. Redouté, 1833; 112 u *Gems and Precious Stones of North America*, George Frederick Kunz, 1890; 113 o *The Coleoptera of the British islands*, William Weekes Fowler, Horace St. John Kelly Donisthorpe, Bd. 4, 1890; 113 ul *Medical Botany*, Bd. 2, James Sowerby, William Woodville, William Jackson Hooker, 1832; 113 ur *The Mineral Kingdom*, J. G. Kurr, 1859; 114 ol *British Butterflies*, James Duncan, 1840; 114 or *The Ladies' Flower-Garden of Ornamental Perennials*, Bd. 2, Jane Loudon, 1849; 114 u *The Mineral Kingdom*, J. G. Kurr, 1859; 115 ul *The Birds of New Guinea and the Adjacent Papuan islands*, Bd. 2, John Gould, 1875; 115 or © Florilegius/Mary Evans; 115 u *British Mineralogy*, Bd. 1, James Sowerby, 1802; 116 ol ilbusca; 116 or *Choix des plus belles fleurs*, P. J. Redouté, 1833; 116 u *The Mineral Kingdom*, Bd. 1, Reinhard Anton Brauns, 1912; 117 ol *The Zoology of the Voyage of H.M.S. Sulphur*, Bd. 1, Richard Brinsley Hinds, 1843; 117 or Belgique horticole, Bd. 6, Charles Morren, 1856; 117 u *Specimens of British Minerals*, Philip Rashleigh, 1797; 118 ol Florilegius / Alamy Stock Photo; 118 or *Choix des plus belles fleurs*, P. J. Redouté, 1833; 118 u *The World's Minerals*, Leonard Spencer, 1922; 119 ol Florilegius / Alamy Stock Photo; 119 or *Icones plantarum medicinalium*, Bd. 5, Johannes Zorn, 1779; 119b *Familiar Lessons on Mineralogy and Geology*, John Mawe, 1830; 120 *British Butterflies*, James Duncan, 1840; 121 o *Neerland's Plantentuin*, Cornelis Antoon Jan Abraham Oudemans, 1865; 121 u *A Popular Treatise on Gems*, Lewis Feuchtwanger, 1859; 123 ol *The Natural History of British Birds*, Bd. 1, Edward Donovan, 1794; 123 or *The Natural History of British Birds*, Bd. 4, Edward Donovan, 1797; 123 ul, 123 ur Florilegius / Alamy Stock Photo; 124–125 Tennants Auctioneers; 126 CUL DAR 44: 13, Courtesy of the Syndics of Cambridge University Library; 128–129 © The Trustees of The Natural History Museum, London; 131 o © The Trustees of The Natural History Museum, London; 131 ul, 131 ur Historic England Archive; 132–133 © The Trustees of The Natural History Museum, London; 134 o Album / Alamy Stock Photo; 134 ul, 134 ur *Journal of a Second Voyage for the Discovery of a North-West Passage from the Atlantic to the Pacific*, William Edward Parry, 1824; 136–137 *British Oology*, William C Hewitson, 1833; 139 ol *Zoology of New Holland*, Bd. 1, George Shaw, 1794; 139 or *A New Elucidation of Colours, Original Prismatic, and Material*, James Sowerby, 1809; 139 ul, 139 ur *An Exposition of English Insects*, Moses Harris, 1776; 140–141 © The Trustees of The Natural History Museum, London; 142 ol, 142 or *A History of North American Birds*, Bd. 2, Spencer Fullerton, Robert Ridgway, T. M. Brewer, 1905; 142 ul, 142 ur *Color Standards and Color Nomenclature*, Robert Ridgway, 1912; 144 *The Birds of America*, Bd. I-IV, John James Audubon, 1827–1838; 146–147 *Werner's Nomenclature of Colours*, Patrick Syme, 1821; 150 ol Florilegius / Alamy Stock Photo; 150 or *Flora Batava*, Bd. 1, J. Kops, 1800; 150 u Historical Images Archive / Alamy Stock Photo; 151 o *De uitlandsche kapellen: voorkomende in de drie waereld-deelen Asia, Africa en America*, Bd. 4, Pieter Cramer, Caspar Stoll, 1782; 151ul *Illustrations of the flowering plants and ferns of the Falkland Islands*, E. M. Cotton, E. F. Vallentin, 1921; 151ur *British mineralogy*, Bd. 3, James Sowerby, 1802; 152 ol *British Butterflies*, James Duncan, 1840; 152 or *Les liliacees*, Bd. 7, P.J. Redouté, 1802; 152 u *Nastasic*; 153 ol The Reading Room / Alamy Stock Photo; 153 or *The flora homoeopathica*, Edward Hamilton, 1852; 153 u *The World's Minerals*, Leonard Spencer, 1922; 154 *The Birds of Asia*, Bd. 6, John Gould, 1850; 155 o Florilegius / Alamy

Stock Photo; 155 u *Underground Life: or, Mines and Miners*, Louis Simonin, New York, 1869; 156 ol *The Birds of America*, Bd. I–IV, John James Audubon, 1827–1838; 156 or *Medical Botany*, Bd. 3, William Woodville, 1832; 156 u *The Mineral Kingdom*, J. G. Kurr, 1859; 157 ol *The Moths of the British Isles*, Richard South, 1922; 157 or PhotoStock-Israel/Alamy Stock Photo; 157 u THEPALMER; 158 o *The Birds of Europe*, Bd. 5, John Gould, 1837; 158 u *Gems and precious stones of North America*, George Frederick Kunz, 1890; 159 *Neerland's Plantentuin*, Cornelis Antoon Jan Abraham Oudemans, 1865; 162 ol *Beetles in Russia and Western Europe*, Georgiy Jacobson, Devriena, 1905–1915; 162 ur *Billeder af nordens flora*, A. Mentz, C.H. Ostenfeld, 1917; 162 u Privatsammlung; 163 o *The Birds of Europe*, Bd. 5, John Gould, 1837; 163 ul Florilegius / Mary Evans; 163 ur *The Mineral Kingdom*, Bd. 2, Reinhard Brauns, 1908; 164 ol *British Butterflies*, James Duncan, 1840; 164 or *American Medical Botany*, Jacob Bigelow, 1817; 164 u *Exotic Mineralogy*, James Sowerby, 1811; 165 o *The Birds of Great Britain*, Bd. 5, John Gould, 1837; 165 ul Florilegius / Alamy Stock Photo; 165 ur *The Mineral Kingdom*, J. G. Kurr, 1859; 166 o *De uitlandsche kapellen: voorkomende in de drie waereld-deelen Asia, Africa en America*, Pieter Cramer, Caspar Stoll, 1779; 166 ul Florilegius / Mary Evans; 166 ur *The World's Minerals*, Leonard Spencer, 1922; 167 o *The Zoology of the Voyage of H.M.S.* Sulphur, Bd. 2, R. B. Hinds, 1843; 167 ul *Edwards's Botanical Register*, Bd. 25, John Lindley, James Ridgway, 1829; 167 ur *The World's Minerals*, Leonard Spencer, 1922; 168 The Picture Art Collection/Alamy Stock Photo; 169 o Pictures Now / Alamy Stock Photo; 169 u bilwissedition Ltd. & Co. KG / Alamy Stock Photo; 170 *The Birds of Great Britain*, Bd. 3, John Gould, 1837; 171 o Florilegius/Mary Evans; 171 u *The Mineral Kingdom*, Bd. 1, R. Brauns, 1912; 173 ol, 173 or National Gallery of Scotland; 173 ul, 173 ur *A Botanical Drawing-book*, James Sowerby, 1788; 174 ol *A New Treatise on Flower Painting*, George Brookshaw, 1918; 174 or *A Series of Progressive Lessons Intended to Elucidate the Art of Flower Painting in Water Colours*, 1824; 174 ul *Lessons in Flower Painting*, James Andrews, 1836; 174 ur *A New Elucidation of Colours, Original Prismatic, and Material*, James Sowerby, 1809; 176–177 MS Am 1118.11. Houghton Library, Harvard University; 179 ol The Natural History Museum / Alamy Stock Photo; 179 or *Systema naturae*, Bd. 10, Carl Linnaeus, 1758; 179 ul *Grundriss der Kräuterkunde zu Vorlesungen entworfen*, Carl Ludwig Willdenow, 1799; 179 ur *The Principles of Botany, and of Vegetable Physiology*, Carl Ludwig Willdenow, 1805; 180–181 *The Botanical Register*, Bd. 5, James Ridgway, Sydenham Edwards, 1819; 182 o Ronald M. Bodoh; 182 u National Gallery of Scotland; 184–185 The Trustees of The Natural History Museum, London; 187 o bpk / Staatsbibliothek zu Berlin; 187 ul *Termini botanici iconibus illustrati*, Friedrich Gottlob Hayne, 1807; 187 ur bpk / Staatsbibliothek zu Berlin; 188 ol *Zur Geschichte, Cultur und Classification der Georginen oder Dahlien*, Wilhelm Gerhard, Leipzig, 1836; 188 or *Traité sur la culture des oeillets*, Ragonot-Godefroy, Paris, 1842; 188 ul *Chromotaxia*, P. A. Saccardo, 1894; 188 ur *Répertoire de couleurs pour aider à la détermination des couleurs des fleurs, des feuillages et des fruits*, René Oberthür, Henri Dauthenay, 1905; 190 *The Birds of America*, Bd. I–IV, John James Audubon, 1827–1838; 192–194 *Werner's Nomenclature of Colours*, Patrick Syme, 1821; 195 Privatsammlung; 198 ol Florilegius / Alamy Stock Photo; 198 or Florilegius/Mary Evans; 198 u *The World's Minerals*, Leonard Spencer, 1922; 199 ol *A Treatise on British Song-Birds*, Patrick Syme, 1823; 199 or *Billeder af nordens flora*, Bd. 1, A. Mentz, C. H. Ostenfeld, 1917; 199 u *Specimens of British Minerals*, Philip Rashleigh, 1797; 200 o Album / Alamy Stock Photo; 200 ul U.S. Department of Agriculture Pomological Watercolor Collection. Rare and Special; Collections, National Agricultural Library, Beltsville, MD 20705; 200 ur *The World's Minerals*, Leonard Spencer, 1922; 201 o Florilegius / Alamy Stock Photo; 201 ul The Robin Symington Collection/Mary Evans Picture Library; 201 ur *Underground Life: or, Mines and Miners*, Louis Simonin, New York, 1869; 202 ol *The Birds of Great Britain*, Bd. 3, John Gould, 1873; 202 or Florilegius/Mary Evans; 202 u *The Mineral Kingdom*, Bd. 1, R. A. Brauns, 1912; 203 o *The Birds of Australia*, Bd. 7, John Gould, 1848; 203 ul *Edwards's Botanical Register*, Bd. 23, James Ridgway, John Lindley, 1837; 203 ur *British Mineralogy*, Bd. 2, James Sowerby, 1802; 204 Florilegius / Alamy Stock Photo; 205 o *Choix des plus belles fleurs*, Pierre Joseph Redouté, 1833; 205 u *Exotic Mineralogy*, Bd. 2, James Sowerby, 1811; 208 ol Dittrick Medical History Center, Case Western Reserve University; 208 or Album / Alamy Stock Photo; 208 u *British Mineralogy*, Bd. 1, James Sowerby, 1802; 209 ol *The Birds of New Guinea and the Adjacent Papuan Islands*, Bd. 1, John Gould, 1875; 209 or Historic Images / Alamy Stock Photo; 209 u *The Mineral Kingdom*, Bd. 2, R. A. Brauns, 1908; 210 o *The Quadrupeds of North America*, Bd. 3, John James Audubon, 1849; 210 ul *Herbarium Blackwellianum*, Bd. 2, E. Blackwell, 1754; 210 ur *Specimens of British Minerals*, Philip Rashleigh, 1797; 211 ol *The Book of Butterflies, Sphinxes and Moths*, Bd. 2, Thomas Brown, 1832; 211 or *Billeder af nordens flora*, Bd. 2, August Mentz, C. H. Ostenfeld, 1917; 211 u *British Mineralogy*, Bd. 4, James Sowerby, 1802; 212 ol *The Birds of New Guinea and the Adjacent Papuan Islands*, Bd. 1, John Gould, 1875; 212 or *Flore Médicale*, Bd. 2, François-Pierre Chaumeton, 1833; 212 u *The Mineral Kingdom*, Bd. 2, R. A. Brauns, 1908; 213 o *The Birds of Great Britain*, Bd. 2, John Gould, 1873; 213 ul *Phytanthoza iconographia*, Bd. 1, Johann Wilhelm Weinmann, 1737 ; 213 ur *Die Mineralien: in 64 colorirten Abbildungen nach der Natur*, J. C. Weber, 1871; 214 o *The Birds of Europe*, Bd. 5, John Gould, 1837; 214 u ZU_09; 215 Florilegius / Alamy Stock Photo; 218 ol The Birds of Europe, Bd. 2, John Gould, 1837; 218 or *Billeder af nordens flora*, Bd. 2, August Mentz, C. H. Ostenfeld, 1917; 218 u *The World's Minerals*, Leonard Spencer, 1922; 219 ul The Birds of Great Britain, Bd. 2, John Gould, 1873; 219 or *Cistineae: The Natural Order of Cistus*, Or Rock-rose, Robert Sweet, 1830; 219 u *The World's Minerals*, Leonard Spencer, 1922; 220 o The Natural History Museum / Alamy Stock Photo; 220 ul *Études de fleurs et de fruits : peints d'après nature*, Henriette Antoinette Vincent, 1820; 220 ur *British Mineralogy*, Bd. 1, James Sowerby, 1802; 221 ol Album / Alamy Stock Photo; 221 or *Edwards's Botanical Register*, Bd. 27, James Ridgway, John Lindley, 1841; 221 u *Underground life: or, Mines and Miners*, Louis Simonin, New York, 1869; 222 o *Bilderbuch für Kinder*, Bd. 4, F. J. Bertuch, 1802; 222 ul *Familiar Indian Flowers*, Lena Lowis, 1878; 222 ur *Exotic Mineralogy*, Bd. 2, James Sowerby, 1811; 223 o, 223 ul Florilegius / Alamy Stock Photo; 223 ur *Exotic Mineralogy*, Bd. 2, James Sowerby, 1811; 225 *Traité complet de l'anatomie de l'homme comprenant la medecine operatoire, Bourgery*, N. H. Jacob, 1831–1854; 226 Geowissenschaftliche Sammlung, TU Bergakademie Freiberg; 229, 230 ol, 230 or Wellcome Library, London; 230 ul *Fasciculus Medicinae*, Johannes Ketham, Venedig, 1493; 230 ur *Inquiry into the Nature and Treatment of Gravel, Calculus, and Other Diseases Connected with a Deranged Operations of the Urinary Organs*, W. Prout, 1821, State Library of Victoria; 233 Wellcome Library, London; 234 *Instructions générales pour les recherches et observations anthropologiques*, P. P. Broca, 1865; 236 *The Birds of America*, Bd. I–IV, John James Audubon, 1827–1838; 238–240 *Werner's Nomenclature of Colours*, Patrick Syme, 1821; 241 Privatsammlung; 244 o *The Birds of Europe*, Bd. 3, John Gould, 1837; 244 ul *English Botany, or Coloured Figures of British Plants*, Bd. 7, J. E. Smith, 1867; 244 ur *British Mineralogy*, Bd. 3, James Sowerby, 1802; 245 o *The Hemiptera Heteroptera of the British Islands*, Edward Saunders, 1892; 245 ul Mary Evans Picture Library; 245 ur *The Mineral Kingdom*, Bd. 2, R. A. Brauns, 1908; 246 *The Birds of America*, Bd. I–IV, John James Audubon, 1827–1838; 247 o *The Mineral Kingdom*, J. G. Kurr, 1859; 247 u *Afbeeldingen der artseny-gewassen*, Bd. 2, J. Zorn, D. L. Oskamp, 1796; 248 *Deliciae naturae selectae*, Bd. 1, Georg Wolfgang Knorr, 1766; 249 o *Herbarium Blackwellianum*, Bd. 2, E. Blackwell, 1754; 249 u *The World's Minerals*, Leonard Spencer, 1922; 250 ol *The Birds of Europe*, Bd. 3, John Gould, 1837; 250 or *The Mineral Kingdom*, Bd. 1, R. A. Brauns, 1912; 250 u *Pomologie française*, A. Poiteau, 1846; 251 ol *The Birds of Europe*, Bd. 3, John Gould, 1837; 251 or *Flora Danica*, G. C. Oeder, 1761; 251 u *British Mineralogy*, Bd. 1, James Sowerby, 1802; 252 o Wellcome Library, London; 252 ul *Phytanthoza iconographia*, Bd. 2, J. W. Weinmann, 1739; 252 ur *British Mineralogy*, Bd. 1, James Sowerby, 1802; 253 o PhotoStock-Israel / Alamy Stock Photo; 253 ul *Die Rosen nach der Natur gezeichnet und coloriert mit kurzen botanischen Bestimmungen begleitet*, Carl Gottlob Rössig, 1807; 253 ur Privatsammlung; 254 o *British Butterflies*, James Duncan, 1840; 255 o *Allgemeines teutsches Garten-Magazin*, Nr. 6, 1809; 255 u *The Mineral Kingdom*, J. G. Kurr, 1859; 258 o *The Birds of New Guinea and the Adjacent Papuan islands*, Bd. 3, John Gould, 1875; 258 ul Historic Images / Alamy Stock Photo; 258 ur *The Mineral Kingdom*, Bd. 2, R. A. Brauns, 1908; 259 o *The Zoology of the Voyage of H.M.S. Sulphur*, Bd. 1, Richard Brinsley Hinds, 1843; 259 ul *Edwards's Botanical Register*, Bd. 15, Sydenham Edwards, John Lindley, James Ridgway, 1829; 259 ur Privatsammlung; 260 ol *Gleanings of Natural History*, Bd. 2, George Edwards, 1758; 260 or LLP collection / Alamy Stock Photo; 260 u *The Mineral Kingdom*, Bd. 2, R. A. Brauns, 1908; 261 ol The Natural History Museum / Alamy Stock Photo; 261 or *Bilderbuch für Kinder*, Justin Bertuch Friedrich, 1802; 261 u *Gems and Precious Stones of North America*, G. F. Kunz, 1890; 262 o *Gleanings of Natural History*, Bd. 2, George Edwards, 1758; 262 ul *British Phaenogamous Botany*, William Baxter, 1834; 262 ur *Underground life: or, Mines and Miners*, Louis Simonin, New York, 1869; 263 ol Wellcome Library, London; 263 or *The New Botanic Garden*, Sydenham Edwards, 1812; 263 u *The Mineral Kingdom*, J. G. Kurr, 1859; 264 ol *The Zoology of the Voyage of H.M.S. Sulphur*, Bd. 1, Richard Brinsley Hinds, 1843; 264 or *Medical Botany*, Bd. 2, William Woodville, 1832; 264 u *Specimens of British Minerals*, Philip Rashleigh, 1797; 265 ol *Histoire naturelle des oiseaux de paradis et des rolliers*, François Le Vaillant, 1806; 265 or *Flora Parisiensis*, Bd. 1, P. Bulliard, 1776; 265 u *British Mineralogy*, Bd. 1, James Sowerby, 1802; 266 o *The Birds of Great Britain*, Bd. 5, John Gould, 1873; 266 u *The Mineral Kingdom*, Bd. 1, R. A. Brauns, 1912; 267 *The New Botanic Garden*, Sydenham Edwards, 1812; 270 ol Album / Alamy Stock Photo; 270 or *Svensk botanik*, Bd. 8, J. W. Palmstruch, 1807; 270 u *British Mineralogy*, Bd. 1, James Sowerby, 1802; 271 ol Florilegius / Alamy Stock Photo; 271 or © Florilegius/Mary Evans; 271 u SSPL/Getty Images; 272 o *The Birds of Great Britain*, Bd. 1, John Gould, 1873; 272 ul The History Collection / Alamy Stock Photo; 272 ur *British Mineralogy*, Bd. 4, James Sowerby, 1802; 273 ol Florilegius / Alamy Stock Photo; 273 or *Traité des arbres et arbustes*, Bd. 2, H. L. Duhamel du Monceau, 1804; 273 u *The World's Minerals*, Leonard Spencer, 1922; 274 ol *The Birds of Europe*, Bd. 3, John Gould, 1837; 274 or *Billeder af nordens flora*, August Mentz, C. H. Ostenfeld, 1917; 274 u *The Mineral Kingdom*, J. G. Kurr, 1859; 275 o *The Birds of Great Britain*, Bd. 4, John Gould, 1873; 275 ul *Billeder af nordens flora*, August Mentz, C. H. Ostenfeld, 1917; 275 ur *The Mineral Kingdom*, Bd. 2, R. A. Brauns, 1908; 276 o *The Birds of Europe*, Bd. 3, John Gould, 1837; 276 ul Historic Images / Alamy Stock Photo; 276 ur *The Mineral Kingdom*, Bd. 2, R. A. Brauns, 1908; 277 o *The Birds of Great Britain*, Bd. 5, John Gould, 1873; 277 ul *Phytanthoza iconographia*, Bd. 2, Johann Wilhelm Weinmann, 1737; 277 ur *Specimens of British Minerals*, Philip Rashleigh, 1797; 278 o Florilegius / Alamy Stock Photo; 278 ul LLP collection / Alamy Stock Photo; 278 ur *The World's Minerals*, Leonard Spencer, 1922; 279 ol *The Birds of Europe*, Bd. 1, John Gould, 1837; 279 or Florilegius / Alamy Stock Photo; 279 u *Gems and Precious Stones of North America*, G. F. Kunz, 1890; 280 o *The Birds of Great Britain*, Bd. 5, John Gould, 1873; 280 u *The Mineral Kingdom*, J. G. Kurr, 1859; 281 Album / Alamy Stock Photo; Umschlagvorderseite, von links, aus: *The Birds of Europe*, John Gould, Bd. 5, 1837; *Exotic Mineralogy*, James Sowerby, 1811; *English Botany*, J. T. B. Syme und James Sowerby, Bd. 2, 1864; *The Botanical Magazine*, Bd. 1, 1788; *The Mineral Kingdom*, J. G. Kurr, 1859; *The Birds of Australia*, John Gould, Bd. 5, 1840; *Neerland's Plantentuin*, Cornelis Antoon Jan Abraham Oudemans, Bd. 2, 1865; *The Birds of Great Britain*, John Gould, Bd. 5, 1873; *The Birds of Great Britain*, John Gould, Bd. 3, 1873; *Choix des plus belles fleurs*, P. J. Redouté, 1833; *Deliciae naturae selectae*, Georg Wolfgang Knorr, Bd. 1, 1766; *Edwards's Botanical Register*, Sydenham Edwards und John Lindley, Bd. 15, 1829, Umschlagrückseite, aus: *The Birds of America*, John James Audubon, 1827–1838.

# REGISTER

Hervorgehobene Seitenzahlen verweisen auf Abbildungen.


**A**

Agricola, Georg **76**, 77
Aikin, Arthur 24
Allan, Robert 87
Anatomie **225**, 227–228, **229**
Anderson, Charles 83
Andrews, James **174**
Anstrichfarben 282–283
Apfelgrün 4, **9**, **11**, 32–35, 98, **136**, **146**, **148–149**, **157**, 175, **180**
*Appendix to Captain Parry's Journal* (Hooker) 186
*Appendix to Captain Parry's Journal of a Second Voyage* (Richardson) 130, **134**
Arterienblutrot **9**, 35, **137**, **181**, 183, **233**, **225**, **238**, **242–243**, **251**
Arzone, Giovanni **182**
Aschgrau 4, **8**, 32–35, **39**, **52–54**, **136**
Augen **50**, 232, **233**, 235
Aurikelviolett 4, **10**, 34–35, 84, **91**, **108–109**, **116**, **132–133**, **180**
Azurblau 4, **8**, **10**, **12**, 32–35, **79**, **90**, **92–93**, **100**, 183

**B**

Banks, Joseph **140**
Barton, William P. C. 186
Bauer, Ferdinand 175
*Beagle Zoology Notes* (Darwin) 127, 130, **131**
Becher, Johann Joachim **76**, 77
Bénard, Robert **229**
Benkö, Ferentz 20
Bergakademie Freiberg 16, 23, 24, 74, 77, 80–83, 84, 178
Berggrün 4, **8**, 32–35, **146**, **148–149**, **151**, **180**
Berliner Blau 4, 32–35, **79**, **90**, **92–93**, **103**, **132–133**
Berthollet, Claude-Louis **21**
Binko, Henry Boch **182**
Blackwood, William 178, 231, 235
Blasses Schwarzviolett 4, 34–35, **91**, **108–109**, **120–121**
Blaugrau 4, **8**, **10**, 33–35, **39**, **52–53**, **59**, **78–79**
Blaugrün 4, **14–15**, 34–35, **146**, **148–149**, **156**, **176–177**, 183
Blauschwarz 4, **8**, 32–35, **40**, **62–63**, **66**
Blautöne
Cyanometer 227
Ridgway **30**
Syme 28, **90**, **92–107**
Blauviolett 4, 33–35, **91**, **108–109**, **111**, **141**, **180**, 183
Bleigrau 27, 32–35, 232
Blutrot 4, **9**, **11**, 23, 32–35, **137**, **181**, 183, **238**, **239**, 242–243, 251, 256–257, 263
Boitard, Pierre 186
*A Botanical Drawing-book* (Sowerby) **173**
*The Botanical Register* (Edwards & Lindley) **111**, **167**, **180–181**, **183**, **203**, **221**, **259**
Bourgery, Marc Jean **225**
Braunorange 4, **14–15**, 35, **124**, **137**, 183, **194**, **216–217**, **221**
Braunrot 4, **9**, 32–35, **137**, **176–177**, **233**, **239**, **256–267**, **266–267**
Braunschwarz 4, **8**, 33–35, **40**, 62–63, 68–69, **128–129**, **233**
Brauntöne
Jameson 27
Richardson 130
Syme **240**, **268–281**
Braunviolettrot 4, **9**, 35, **239**, **256–257**, **264**
Brenner, Elias 224
*British Oology* (Hewitson) **136–137**
Broca, Pierre-Paul **234**, 235
Brokkolibraun 4, **11**, **14–15**, 34–35, **240**, **268–269**, **278**
Brongniart, Alexandre **26**
Brookshaw, George **174**, 175, 183
Buch, Leopold von 83
Buffon, Georges-Louis Leclerc, Comte de 122, **123**

**C**

Caldwall, James **17**
Caran d'Ache, Malfarben 282–283
*A Catalogue of Simple and Mixt Colours* (Waller) 224
Chance, Edgar Percival **14–15**
Chevreul, Michel Eugène 189
Chinesisch Blau 4, **8**, **10**, **11**, 34–35, **90**, **92–93**, **99**, 189
Chromatometer 135, **174**, 175
*Chromotaxia* (Saccardo) 28, **30**, 31, 186, **188**
*Chymische Untersuchungen* (Pott) 77
Cleaveland, Parker 24, 35
*Color Standards and Color Nomenclature* (Ridgway) 31, **142**, 143
Covington, Syms **131**
Cremegelb 4, **9**, **10**, 35, **181**, **193**, **206–207**, **214–215**, **225**
Cronstedt, Axel Fredrik 77, 83
Cullen, William 83
Cuvier, Georges **26**
Cyanometer 227

**D**

d'Alembert, Jean le Rond **75**
Dana, James Dwight 87
Darwin, Charles 27, **126**, 127–130, **131**, 135, **141**
Darwinfinken **131**, 143
Dauthenay, Henri **188**, 189
Davy, Humphry 24
*De characteribus fossilium externis* (Gehler) 80
*De humani corporis fabrica* (Vesalius) 228, **229**
*De re metallica* (Agricola) **76**, 77
*De systematibus mineralogicis* (Wallerius) 77
*Deliciae naturae selectae* (Knorr) **85**, **102**, **249**
Dickinson, Emily **176–177**
Diderot, Denis **75**
Donovan, Edward **123**, **273**
Druckfarben 235, 282–283

**E**

*An Easy Introduction to Drawing Flowers According to Nature* (Sowerby) 172
Edwards, Sydenham **180–181**, 183
siehe auch *Botanical Register*
Eichhorn, Heinrich 232
*An Elementary Treatise on Mineralogy and Geology* (Cleaveland) 24
*Elements of Mineralogy* (Kirwan) 16, 20
Emmerling, Ludwig August 23, 24, 34
Engelmann, Godefroy 235
*The English Lepidoptera* (Harris) 138
Entengrün 4, 34–35, **128–129**, **137**, **147**, **160–161**, **163**, **177**, **180**
Entomologie **128–129**
Erdgrünes Blau 4, **8**, **10**, **11**, **12**, 34–35, **90**, **92–93**, **104**, **125**, **128–129**, **136**, **184–185**
Estner, Franz Joseph Anton **22**, 23, 28, 178
*An Exposition of English Insects* (Harris) 138, **139**

**F**

Farbatlanten 227
Farbdruck 84, 235, 282–283
Färberrot 4, **11**, 35, **181**, **239**, **256–257**, **259**
Farbreferenzen
Andrews **174**
Broca **234**
Caran d'Ache 282–283
Cleaveland 35
CMYK 282–283
Dauthenay & Oberthür **188**, 189
Druckqualität 84–87, 235
Emmerling 34
Estner **22**, 23
Farrow & Ball 282–283
Gerhard 186, **188**
Goethe **29**
Harris 138, **139**
Hayter 186, **187**
Jameson 34, 84, 108, 160, 183, 242, 268
Kirwan 33
Lenz 32–33, 52, 62, 148, 160, 256, 268
Linné 178
Little Greene 282–283
Mérimée 186, **187**
Pantone 282–283
Picardet 32, 52, 108, 148, 160, 206, 242, 256
Prout **230**, 231–232
Ragonot-Godefroy 186, **188**
Ridgway **30**, 31, 138, **142**, 143, 186
Saccardo 28, **30**, 186, **188**
Schäffer 18, 19–20
Sowerby 135, **139**, 172, **173**, **174**, 175
Struve **22**, 23, 28
Subjektivität 19, 232
Syme 28, 34–35, **38–40**, 42, 52, 62, **90–91**, 92, 108, **146–147**, 148, 160, 175, 183–186, **192–194**, 196, 206, 216, **238–240**, 242, 256, 268
Werner 16–20, 24, 32, 80, **81**, 178, **226**
Widenmann **22**, 23, 33
Wilkinson 28, **30**
Willdenow 178, **179**, 183
Winsor & Newton 282–283
Farrow & Ball, Anstrichfarben 282–283
*Fauna boreali-americana* (Richardson) 135
Finken **131**, **142**, 143
Fische 16, 122, 135
Fleischrot 4, **9**, **14–15**, 32–35, **137**, **225**, **238**, **242–243**, **252**
Fliederfarbenviolett 4, **14–15**, 34–35, **91**, **108–110**
*A Flora of North America* (Barton) 186
Florentiner Rot 19
Forbes, James David 186
Forster, Thomas 175
Fourcroy, Antoine-François **21**
Francia, François Louis Thomas **174**, 175
Franklin, John 130, 231
Französisch Grau 4, 34–35, **39**, **52–53**, **56**, **136**, 183

**G**

Galapagosinseln **131**, 143
Gall, Franz Joseph 231
Gallensteingelb 4, 35, **132–133**, **137**, 189, **193**, **206–208**
Galton, Francis 186
Gehirn **230**, 231
Gehler, Johann Karl 80
Gelbbraun 4, **9**, **14–15**, 32–35,135, **137**, **140**, **240**, **268–269**, **274**
Gelbgrau 4, **8**, **14–15**, 33–35, **39**, **52–53**, **58**, **136**
Gelbtöne (Syme) **192–193**, **196–215**
Gelbweiß 4, **8**, **14–15**, 32–35, **38**, **42–43**, **47**, **124**, **136**, **180**, 183
Geognosie 27, 83
Gerhard, Wilhelm 186, **188**
*Gesuch einer Geschichte von Flöz-Gebürgen* (Lehmann) 77, **81**
Glockenblumenviolett 4, 34–35, **91**, **108–109**, **114**, **180**
Gmelin, Johann Friedrich 20
Goethe, Johann Wolfgang von 19, 23, **29**
Gordon, John **230**, 231
Grasgrün 4, **10**, 20, 32–35, **137**, **147**, **160–162**, 175, **180**, **233**
Graublau 4, **10**, 33–35, **90**, **92–93**, **106–107**, **136**
Grauschwarz 4, **8**, 32–35, **40**, **62–65**, **233**
Grautöne
Jameson 27
Syme 28, **39**, **52–61**
Grauweiß 4, **8**, **13**, **14–15**, 28, 33–35, **38**, **42–43**, **51**, **79**, **136**
Grünblau 4, **13**, 34–35, **90**, **92–93**, **105**, **125**, **136**
*Grundriss der Kräuterkunde* (Willdenow) 172, 175, 178, **179**, 183
*Grundriss der Mineralogie* (Mohs) 84
Gründgrau 4, **8**, **11**, 32–35, **39**, **52–53**, **60**, **136**
Grünschwarz 4, **8**, 33–35, 40, **62–63**, **67**, **129**, **233**
Grüntöne
Brookshaw 174
Kirwan 20
Syme **146–171**
Grünweiß 4, **8**, **14–15**, 32–35, **38**, **42–43**, **49**, **177**, **180**
Gummiharzgelb 4, **10**, 35, **181**, 183, **184–185**, **192**, **196–197**, **202**
Guyton de Morveau, Louis Bernard 20, **21**

**H**

Haarbraun 4, **14–15**, 23, 33–35, **137**, 138, **240**, **268–269**, **277**
Haidinger, Wilhelm von 87
*Handbuch der Mineralogie nach A. G. Werner* (Ludwig) 24
*Handbuch des oryktognostischen Theils der Mineralogie* (Widenmann) **22**, 23
Harris, Moses 23, 138, **139**
Hayne, Friedrich Gottlob 183, **187**
Hayter, George 186, **187**
Herbarien **176–177**, **184–185**
Hewitson, William Chapman **45**, **136–137**
*Histoire naturelle* (Swebach-Desfontaines) 18
*Histoire naturelle des oiseaux* (Buffon) 122, **123**
*Histoire naturelle, générale et particulière des crustacés et des insects* (Latreille) 23
*A History of North American Birds* (Ridgway) **142**, 143
Holländisch Orange 4, **10**, **11**, **13**, 35, **129**, 130, **131**, **132–133**, **181**, **184–185**, **194**, **216–218**
Holzbraun 4, **9**, 23, 31, 33–35, **137**, 231, **233**, **240**, **268–269**, **275**
Honiggelb 4, **9**, 32–35, **137**, **176–177**, **181**, **193**, **206–207**, **209**
Hooker, William Jackson **169**, 183, **264**
Hope, James **230**
*Hortus ericæus woburnensis* (Hayter) 186, **187**
Hübner, Johann 74
Humboldt, Alexander von 23, 178
Hunter, James 232, **233**
Hunter, John 183
Hutton, James 87
Hyazinthrot 4, **9**, 32–35, 127, **141**, **181**, **238**, **242–243**, **245**

**I**

Indigoblau 4, **8**, 28, 32–35, **90**, **92–93**, **98**, **180**
Insekten 19, **128–129**, **132–133**, 135, 138, 172, **182**
*Introduction to Entomology* (Kirby & Spence) 129
Iris (Auge) 232, **233**

**J**

Jameson, Robert 19, 24–28, **26**, 34, 74, 83–87, 172, 178, 183

**K**
Kaiserviolett 4, 34–35, **91**, **108–109**, **115**, **141**, **184–185**
Kapp, Christian Erhard 80
Karmesinrot 4, **9**, 32–35, **137**, **140**, **181**, **185**, **239**, **256–257**, **260**
Karminrot 4, **9**, 32–35, **181**, **184–185**, **239**, **256–258**
Karsten, Dietrich Ludwig Gustav 83
Kastanienbraun 4, **14–15**, 34–35, **79**, **137**, 183, **233**, **240**, **268–269**, **273**
Ketham, Johannes de **230**
Kirby, William 129
Kirwan, Richard 16, 20, **21**, 33, 83
Klassifizierung 16, 33, 77, 83, 122, 127, 175
*siehe auch* Taxonomie
Knorr, Georg Wolfgang **85**
siehe auch *Deliciae naturae selectae*
Königsgelb 4, **9**, **13**, 35, **79**, **129**, **132–133**, **192**, **196–197**, **203**
Kugellack 19

**L**
Lamarck, Jean-Baptiste de 24
Latreille, Pierre André 23
Lauchgrün 4, **8**, 32–35, **146**, **148–149**, **152**, **177**, **180**
Lavendelviolett 4, **8**, **11**, 34–35, **91**, **108–109**, **119**
Lavoisier, Antoine de **21**
Lavoisier, Marie-Anne Paulze **21**
Lear, Edward **10–11**, **261**
Leberbraun 4, **9**, 28, 32–35, **240**, **268–269**, **276**
Lehmann, Johann Gottlob 77–80, **81**
*Lehrbuch der Mineralogie* (Emmerling) 23
Leinblütenblau 4, **11**, 34–35, **90**, **92–93**, **102**, **225**
Lenz, Johann Georg 20–23, 28, 32–33, **82**
Lepidopterologie **132–133**
Leske, Nathanael Gottfried 83
*Lessons in Flower Painting* (Andrews) **174**
Lindley, John 180, 183
Linné, Carl von 16, **17**, **76**, 77, 122, 175, 178, **179**, 224–227
Little Greene, Anstrichfarben 282–283
Lizars, Daniel 178
Loder, Justus Christian 228
Lorilleux, Charles 189
Ludwig, Christian Friedrich 24

**M**
Malfarben **182**, 183, 282–283
*Manual of Mineralogy* (Aikin) 24
*Manual of Mineralogy* (Allan) 87
*Manual of Mineralogy* (Jameson) 27
Mathews, Ferdinand Schuyler 186
Mawe, John 24, **25**, **85**
Medical Society of Edinburgh 235
Medizin 224–235
Meißner Porzellan **226**
Mérimée, Léonór 186, **187**
*Méthode analytique des fossiles* (Struve) **22**, 23
Milchweiß 4, **8**, **14–15**, 19, 32–35, **38**, **42–43**, **50**, **136**, **141**, 178
Mineraliensammlungen **8–9**, 77, **78–79**, 83, **86**
*Mineralogia* (Wallerius) 77
Mineralogie 16, 20, **22**, 23, 27, 74–87, **78–79**, **82**, **85**, **86**, 227
*Mineralogisches Handbuch* (Lenz) 20
*Mineralogisches Handlexikon* (Zappe) 24
Mitchell, George 83
Mohs, Karl Friedrich 84
Morgenrot 4, **9**, **10**, **11**, 19, 32–35, **137**, **140**, **181**, **225**, **238**, **242–243**, **250**
Mosaikplättchen 186
Muscheln **140–141**
*Mustertafeln* (Lenz) 23, **82**

**N**
Nachtfalter **132–133**
Natural History Museum **184–185**
*The Natural History of British Birds* (Donovan) **123**
Nelkenbraun 32–34, 130, **233**
*siehe auch* Olivbraun
Neptunismus 24, 77, 83, 87

*A New Elucidation of Colours* (Sowerby) 135, **139**, 172, **174**, 175, 183
*A New Treatise on Flower Painting* (Brookshaw) **174**, 175
*A Nomenclature of Colors for Naturalists* (Ridgway) **30**, 31, 138, 186

**O**
Oberthür, René **188**, 189
Ockergelb 4, **9**, 19, 32–35, **137**, **181**, **193**, **206–207**, **213**
Ölgrün 4, **9**, 33–35, **129**, **137**, **147**, **160–161**, **168–169**
Olivbraun 4, **9**, 35, **137**, **268–269**, **279**
Olivgrün 4, **9**, 32–35, **147**, **160–161**, **167**, **176–177**, **180**
*On Colour* (Wilkinson) 28, **30**
Oologie **136–137**
Orangetöne (Syme) 84, **194**, **216–223**
Orangeweiß 4, **8**, **14–15**, 34–35, **38**, **42–43**, **48**, **136**, **140**
Ornithologie 122, **124–125**
*Outlines of Mineralogy, Geology and Mineral Analysis* (Thomson) 87

**P**
Pabst von Ohain, Carl Eugenius 74, 77, 80
Pantone 143, 282–283
Parry, William 130, **134**
Pathologie 228, 231
Pechschwarz 4, **8**, 32–35, **40**, **62–63**, **68–69**, **78–79**, **128–129**
Perlgrau 4, **8**, **10**, 32–35, **39**, **52–53**, **57**, **136**
Pfirsichblütenrot 4, **14–15**, 32–35, **79**, **181**, **238**, **242–243**, **254–255**
Pflaumfarbenviolett 4, **8**, 34–35, 84, **91**, **108–109**, **117**, **132–133**, **184–185**, **233**
*Philosophia botanica* (Linné) 175
Phrenologie 231
*Physica subterranea* (Becher) **76**, 77
Picardet, Claudine 20, **21**, 23–24, 28, 32
Pigmente 19, 84, 175, 183
Pistaziengrün 4, **9**, **11**, 32–35, **125**, **133**, **147**, **160–161**, **165**
Plutonismus 87
Poda von Neuhaus, Nikolaus 23
Pott, Johann Heinrich 77
*A Practical Essay on Flower Painting in Water Colours* (Pretty) 175
Prange, Christian Friedrich 227
Pretty, Edward 175
Preußisch Blau 4, **11**, 34–35, **90**, **92–93**, **96–97**
*The Principles of Botany* (Willdenow) 175, **179**
Prismen 135, 175
Prout, William **230**, 231–232

**R**
Rabenschwarz 28, 34–35
Radde, Otto 235
Ragonot-Godefroy (Pierre Boitard?) 186, **188**
Rauchgrau 4, **8**, **10**, 24, 32–35, **39**, **52–53**, **55**
Raulederorange 4, **10**, **12**, 35, **132–133**, **181**, **184–185**, **194**, **216–217**, **219**
Rauschgelborange **12**, **13**, 35, **125**, **128–129**, **132–133**, **137**, **194**, **216–217**, **220**, **225**
*Répertoire de couleurs* (Dauthenay & Oberthür) 186, **188**
Richardson, John 130, 135, 143, 183, 231
Ridgway, Robert **30**, 31, 138–143, 186
Rosarot 4, **9**, **11**, 32–35, **137**, **181**, **238**, **242–243**, **253**
Rosellasittich 135, **139**
Rotorange 4, 35, **141**, 183, **194**, **216–217**, **222**
Rotschwarz 4, **8**, 34–35, **40**, **62–63**, **70**
Rottöne
Estner 23
Schäffer **18**, 20
Syme **238–239**, **242–267**
Werner 19, 20
Rotviolett 4, **14–15**, 20, 33–35, **91**, **108–109**, **118**, **140**, **176–177**, **180**, **184–185**
Rotweiß 4, **8**, **14–15**, 32–35, **38**, **42–43**, **45**, **136**, **180**

**S**
Saccardo, Pier Andrea 28–31, 186, **188**
Safrangelb 4, **9**, 31, 35, **125**, **137**, **177**, **181**, 183, **185**, **192**, **196–197**, **204–205**
Saftgrün 4, **10**, **11**, 34–35, **129**, **137**, **147**, **160–161**, **164**, 175, **180**, 183, **233**
Samtschwarz 4, **8**, 34–35, **40**, **62–63**, **72–73**, 183
Säugetiere 135
Schäffer, Jacob Christian **18**, 19–20
Scharlachrot 4, **9**, **10**, **11**, **13**, 19, 32–35, **79**, **125**, **176–177**, **181**, **185**, **238**, **242–243**, **246–247**
Schiffermüller, Ignaz **25**
Schildlausrot 4, **9**, 32–35, **129**, **181**, 183, **239**, **256–257**, **262**
Schlüsselblumengelb 4, **9**, 31, 35, 189, **192**, **196–197**, **199**
Schmetterlinge **132–133**, 138
Schmiedekunst **75**
Schneeweiß 4, **8**, **12**, 32–35, **38**, **42–44**, **124**, **136**, **180**
Schokoladenrot 4, **13**, 35, **124**, **239**, **256–257**, **265**
Schöllkrautgrün 4, **8**, **14–15**, 34–35, **146**, **148–150**
Schottisch Blau 4, 28, 35, **90**, **92–95**, **141**
Schottische Aufklärung 84
Schwarzbraun 4, **9**, 32–35, **137**, **240**, **268–269**, **280–281**
Schwarzgrau 4, **8**, 32–35, **39**, **52–53**, **61**, 183
Schwarzgrün 4, **9**, 34–35, **146**, **148–149**, **153**, **176–177**
Schwarztöne (Syme) 28, **40**, **62–73**
Schwefelgelb **4**, **9**, 32–35, **192**, **196–198**
Scopoli, Giovanni Antonio 23
*A Series of Progressive Lessons* (Francia) **174**
Shaw, George 135
Sieneser Gelb 4, **9**, 35, 84, **181**, 183, **193**, **206–207**, **212**
Sinclair, George 186
Smaragdgrün 4, **8**, **9**, **12**, 32–35, **146**, **148–149**, **158**, **180**
Société française des chrysanthémistes 189
Sowerby, James 135, **139**, 143, 172–175, 185
Spangrün 4, **8**, **10**, **11**, **13**, 19, 32–35, **78–79**, **132–133**, **146**, **148–149**, **154–155**
Spargelgrün 4, **9**, 32–35, **147**, **160–161**, **166**, **180**
*Species plantarum* (Linné) 16
Spence, William 129
Spurzheim, Johann 231
Stiefmütterchenviolett 4, 34–35, 84, **91**, **108–109**, **113**
Strohgelb 4, **9**, **10**, 32–35, **181**, **193**, **206–207**, **210**
Struve, Henri **22**, 23
*Supplement to the English Botany* (Hooker) 186
Swebach-Desfontaines, Jacques **18**
Syme, Patrick 4, 6, 27–28, **29**, 31, 33, 34–35, 74, 84, 87, 122, 127, 130, 135, 138, 143, 172–189, **173**, **182**, 224–235
siehe auch *Werner's Nomenclature of Colours*
*A System of Mineralogy* (Dana) 87
*A System of Mineralogy* (Jameson) 84
*Systema naturae* (Linné) 16, **76**, 77, 178, **179**, 224–227

**T**
*Tabular View of the External Characters of Minerals* (Jameson) 24, 183
Taxonomie 135, 138
*siehe auch* Klassifizierung
Teerfarben 235
Temperamentenrose (Goethe) **29**
Thomson, Thomas 87
Tiefes Orangebraun 4, 35, **137**, **240**, **268–270**
Tiefes Rotbraun 4, **9**, 35, **137**, **240**, **268–269**, **271**
Tiefrotorange 4, **12**, 35, **124**, **128–129**, **137**, **194**, **216–217**, **223**
Tintenschwarz 4, 28, 35, **40**, **62–63**, **71**
*Traité complet de l'anatomie de l'homme* (Bourgery) **225**
*Traité sur la culture des oeillets* (Ragonot-Godefroy) 186, **188**
*A Treatise on Diamonds and Precious Stones* (Mawe) 24, **25**, **56**, **85**
*A Treatise on the External Characters of Minerals* (Jameson) **26**, 27, 28, 84, 178

**U**
Ultramarinblau 4, **11**, **13**, 34–35, **90**, **92–93**, **101**, **128–129**, **132–133**
Umbrabraun 4, **10**, **14–15**, 35, **124**, 183, **185**, **240**, **268–269**, **272**
Uroskopie 227, **230**, 231, 235

**V**
Valmont de Bomare, Jacques-Christophe 83
Veilchenviolett 4, **8**, 34–35, 84, **91**, **108–109**, **112**, **180**
Venenblutrot 4, 35, 183, **225**, **239**, **256–257**, **263**
*Versuch einer Mineralogie* (Estner) **22**, 23, 28, 178
*Versuch eines Farbensystems* (Schiffermüller) **25**
Vesalius, Andreas 228, **229**
Vigani, Giovanni Francesco **78–79**
Violettrot 4, 20, 28, 33–35, **181**, **239**, **256–257**, **261**
Violetttöne (Syme) **29**, 84, **91**, **108–121**
Violettweiß 4, **14–15**, 34–35, **38**, **42–43**, **46**, **136**
Vögel **2**, **10**, **11**, **12**, **13**, 31, 122, **123–125**, **131**, 135–138, **139**, **142**
Vogeleier **14–15**, **136–137**
*Von den äußerlichen Kennzeichen der Foßilien* (Werner) 6, 16, 20, 24, 33, 74, 80, **81**, 178, 226

**W**
Wachsgelb 4, **9**, **12**, 31, 32–35, **192**, **196–197**, **200**, 231, **233**
Walker, John 83
Wallace, Alfred Russel **128–129**, **132–133**
Waller, Richard 224
Wallerius, Johan Gottschalk 77, 83
Waring & Dimes **182**
Weaver, Thomas 24
Weingelb 4, **9**, 33–35, **176–177**, **193**, **206–207**, **211**
Weißtöne
Richardson 130
Syme **38**, **42–51**
Werner, Abraham Gottlob 6, **8**, **9**, 16–31, **21**, 32, 33, 74–87, **81**, 175, 178, **226**
siehe auch *Von den äußerlichen Kennzeichen der Foßilien*
*Werner's Nomenclature of Colours* (Syme) **6–7**, 28, **29**, 31, 33, **38–40**, 87, **90–91**, 127, 130, 135, 138, **146–147**, 172, 178, 183–189, **192–194**, 224–235, **238–240**
Wernerian Natural History Society 27, 74, 83, 84, **86**, 172, 228, 235
Widenmann, Johann Friedrich Wilhelm **22**, 23, 24, 33, 178
*Wiener Farbenkabinet* 227
Wilkinson, John Gardner 28, 30
Willdenow, Carl Ludwig 172, 175, 178, **179**, 183
Winsor & Newton, Malfarben 282–283

**Z**
Zappe, Joseph Maria Redemtus 24, 28
Zeisig, Johann Caspar 74
Zeisiggrün 4, **9**, **10**, 32–35, 80, **147**, **160–161**, **170–171**, **180**
Ziegelrot 4, **9**, 19, 27, 32–35, **78–79**, **132–133**, **137**, **140**, **233**, **238**, **242–244**
Zinnerz **85**
Zinnoberrot 4, **9**, **11**, **12**, 33–35, **78–79**, **137**, **181**, **238**, **242–243**, **248–249**
Zitronengelb 4, **15**, 32–35, **192**, **196–197**, **201**
*Zoology of New Holland* (Shaw) 135, **139**

DANK

*Patrick Baty:* Das Leben mit einem Hausgenossen, der sich vorgenommen hat, Auszüge aus einem in einer fremden Sprache verfassten und in Frakturschrift gedruckten Handbuch aus dem 18. Jahrhundert zu studieren und zu übersetzen, ist nicht immer einfach. Ohne die Unterstützung meiner Frau Alex, die mich von der Außenwelt abgeschirmt und immer ein Wort der Ermutigung für mich parat hatte, hätte ich diese Aufgabe wohl nicht gemeistert. Ihr gilt mein größter Dank. Ebenfalls zu Dank verpflichtet bin ich Tristan de Lancey, Jane Laing, Phoebe Lindsley, Isabel Jessop, Sarah Vernon-Hunt und Susanna Ingram.

*Peter Davidson:* Mein Dank gilt Mary Nemeth, Joyce Dixon, Giulia Simonini und Alison Turnbull, die mir dabei geholfen haben, mein Wissen über *Werner's Nomenclature of Colours* zu vertiefen. Mein Dank auch an meine Freunde und Kollegen an den Schottischen Nationalmuseen, der National Library of Scotland, der Universitätsbibliothek Edinburgh und der Technischen Universität Bergakademie Freiberg. Ein ganz persönlicher Dank schließlich an Robin Hansen vom Natural History Museum, London, der den Kontakt zum Verlag hergestellt hat.

*Elaine Charwat:* Mein Dank geht an das Oxford University Museum of Natural History, an seine Mitarbeiter, Tiere und Objekte, die mir ihr Wissen und ihre Geschichten geschenkt haben. An Isabelle Charmantier von der Linnean Society für ihren Rat und an Lukas, der mich auf meiner Reise begleitet hat.

*Giulia Simonini:* Mein Dank gilt Francesca Terzi, Hans Walter Lack, Friedrich Steinle, Peter Davidson, Joyce Dixon, Mary Nemeth und André Karliczek.

*André Karliczek:* Ich danke Friedrich Steinle, Giulia Simonini und Konrad Scheurmann.

Der *Verlag* dankt Stephen Atkinson und dem Team des Natural History Museum, London, für ihre Unterstützung und ihre Hilfe bei der Artenbestimmung sowie Fergus Egan und Oliver Nelmes.

DIE AUTOREN

*Patrick Baty* ist Experte für historische Farben, Farbberater und Inhaber der Farbenhandlung Papers and Paints in London. 2018 erschien sein Standardwerk *Die Natur der Farben* bei DuMont. In seiner Beratertätigkeit widmet er sich dem Einsatz von Farben bei der Renovierung historischer Bauten. In Zusammenarbeit mit den Farbenherstellern Dulux und Little Greene hat er für die britische Heritage Foundation einen Katalog von historischen Farbtönen entwickelt.

*Peter Davidson* ist Senior Curator of Minerals der Schottischen Nationalmuseen, deren Mineralien- und Meteoritensammlung er betreut und für die er internationale Ausstellungsprojekte entwickelt. In seiner Forschung beschäftigt er sich mit der Geschichte der Mineralogie.

*Elaine Charwat* forscht am University College London im Rahmen ihrer Doktorarbeit über naturkundliche Modelle und Abgüsse als Wissensobjekte im Naturhistorischen Museum der Universität Oxford.

*Giulia Simonini*, Konservatorin, Paläografin und Kunsthistorikerin, verfolgt ein Dissertationsprojekt über Farbsysteme im Europa des 18. Jahrhunderts an der Technischen Universität Berlin.

*André Karliczek* befasst sich mit der Entwicklung von Farbreferenzsystemen, der Medizintheorie der Aufklärung und dem Einfluss von Evolution und Ökologie auf die visuelle Wahrnehmung. Er ist Mitglied im Team des Deutschen Optischen Museums in Jena sowie des Innovationsprojektes *Cultur3D*, das sich der Erforschung neuer Möglichkeiten der 3D-Technologie zur Präsentation von Kulturgütern widmet.

Die englische Originalausgabe
erschien 2021 unter dem Titel *Nature's Palette.*
*A colour reference system from the natural world*
bei Thames & Hudson Ltd, London.


Design: Daniel Streat, Visual Fields

MIX
Papier aus verantwortungsvollen Quellen
FSC® C008047

Erste Auflage 2021


VERLAGSKOORDINATION: Vera Maas
ÜBERSETZUNG: Theodor Fasen
LEKTORAT: Susanne Philippi
SATZ: Hilde Knauer
UMSCHLAGADAPTION: Birgit Haermeyer
DRUCK UND BINDUNG: C&C Offset Printing Co. Ltd

Printed in China
ISBN 978-3-8321-9990-6
www.dumont-buchverlag.de